高职高专立体化教材　计算机系列

ASP.NET程序设计
(微课版)

黄玉春　王雪峰　刘春友　主　编

清华大学出版社
北　京

内 容 简 介

ASP.NET 是微软公司推出的一个主流的 Web 开发平台。本书以实际应用为目的，系统地介绍了使用 ASP. NET 开发 Web 应用要掌握的主要技术。主要内容包括 ASP.NET 开发基础、ASP.NET 常用控件、数据验证技术、ASP.NET 的内置对象、主题与母版页、使用 ADO.NET 操作数据库、数据绑定技术与数据绑定控件、Web Service 技术应用和 ASP.NET MVC 编程基础，最后通过一个实际案例将 ASP. NET 主要知识贯穿在一起。全书提供了大量的应用案例，每章都附有一定数量的习题帮助读者学习提高。

本书理论与实践相结合，注重实际应用。全书语言简洁，条理清晰，例题实用性强，上机操作指导具体实用。

本书可作为高职高专计算机及相关专业的教材，也可供 Web 应用开发人员参考。

图书在版编目(CIP)数据

ASP.NET 程序设计：微课版/黄玉春，王雪峰，刘春友主编. —北京：清华大学出版社，2021.10 (2024.9 重印)
高职高专立体化教材计算机系列
ISBN 978-7-302-59206-8

Ⅰ. ①A…　Ⅱ. ①黄…　②王…　③刘…Ⅲ. ①网页制作工具—程序设计—高等职业教育—教材 Ⅳ. ①TP393.092.2

中国版本图书馆 CIP 数据核字(2021)第 187911 号

责任编辑：石　伟
封面设计：刘孝琼
责任校对：周剑云
责任印制：沈　露
出版发行：清华大学出版社
网　　址：https://www.tup.com.cn, https://www.wqxuetang.com
地　　址：北京清华大学学研大厦 A 座　　**邮　　编：**100084
社 总 机：010- 83470000　　**邮　　购：**010-62786544
投稿与读者服务：010-62776969, c-service@tup.tsinghua.edu.cn
质量反馈：010-62772015, zhiliang@tup.tsinghua.edu.cn
课件下载：https://www.tup.com.cn, 010-62791865
印 装 者：三河市龙大印装有限公司
经　　销：全国新华书店
开　　本：185mm×260mm　　**印　张：**15　　**字　数：**365 千字
版　　次：2021 年 12 月第 1 版　　**印　次：**2024 年 9 月第 3 次印刷
定　　价：49.00 元

产品编号：090069-01

前　言

ASP.NET 是微软公司推出的 Web 开发平台，现已从.NET Framework1.0 发展到.NET Core，并且实现了真正的跨平台技术，成为Web应用开发的主流技术之一。为了满足初学者对 ASP.NET 的学习需求，作者根据自己多年的网页设计经验、ASP.NET 程序设计等课程的教学和 Web 应用开发的体会，编写了本书。

本书力求符合高职学生的认知规律，从实际项目选择素材，精心组织教学内容；基本知识、基本操作注重实用性，做到深入浅出、循序渐进，力求使本书具有可读性、实用性和可操作性。

全书共分 10 章。

第 1 章为 ASP.NET 开发基础，介绍了 ASP.NET 基本概念、ASP.NET 开发环境的搭建以及 ASP.NET 的三种开发模式。通过案例分别介绍了 ASP.NET 应用程序项目和 ASP.NET 网站的开发过程。

第 2 章为 ASP.NET 常用控件，介绍了 ASP.NET 控件的类型、公共属性和事件，然后介绍了 ASP.NET 文本控件、按钮控件、选择控件以及一些其他的常用标准控件。

第 3 章为 ASP.NET 数据验证技术，介绍了 ASP.NET 非空验证、数据比较验证、数据类型验证、数据范围验证、数据格式验证等技术。

第 4 章为 ASP.NET 的内置对象，介绍了 ASP.ENT 内置对象的概念、访问方法以及 ASP.NET 各内置对象的属性、方法和应用，重点介绍了 Request 对象、Response 对象，并介绍了 Application 对象、Session 对象和 Cookie 对象的异同。

第 5 章为主题与母版页，介绍了 ASP.NET 主题和母版页的概念以及主题和母版页的创建和应用方法，并介绍了为主题添加样式的方法。

第 6 章为使用 ADO.NET 操作数据库，介绍了 ADO.NET 的基本知识，主要介绍了 ADO.NET 的五大对象、两种数据库的访问模式，通过案例介绍了 SQL Server 数据库的增删改查操作。

第 7 章为数据绑定技术与数据绑定控件，介绍了数据绑定的概念及数据绑定用到的主要控件；通过案例介绍了数据绑定控件的属性、方法和事件，以及数据的分页技术等。

第 8 章为 Web Service 技术应用，介绍了 Web Service 的概念及 Web Service 的创建与引用方法，然后在此基础上以案例的形式介绍了如何使用 Web Service 实现数据库的基本操作。

第 9 章为 ASP.NET MVC 编程基础，介绍了 ASP.NET MVC 的概念，MVC 程序结构、运行流程及相关规则，通过案例介绍了 ASP.NET MVC 开发程序的完整过程。

第 10 章为综合案例(ASP.NET 4.5 版)，以作者实际开发培训管理系统为蓝本，介绍了完整 Web 应用的开发过程。

全书例题丰富，每一章都有适量的习题和可操作的上机实验供读者选用。

本书由安徽工业职业技术学院黄玉春、怀化职业技术学院刘春友、安徽工业职业技术学院王雪峰共同编著。其中，第 1~4 章由黄玉春编写；第 5、6、7、9 章由刘春友编写；第 8、10 章由王雪峰编写；全书由黄玉春统稿。

在本书的编写过程中，得到了清华大学出版社的大力支持，在此致以衷心的感谢！由于计算机技术发展迅速，加上作者水平有限，书中难免存在缺点和错误，恳请各位专家、读者不吝指正。

编 者

目　　录

第 1 章　ASP.NET 开发基础

【学习目标】

- 了解 ASP.NET 的发展及功用;
- 熟悉 ASP.NET 的开发环境;
- 熟悉 ASP.NET 网页语法;
- 掌握 ASP.NET 网站创建的方法。

【工作任务】

- 搭建和配置 ASP.NET 的开发环境;
- 创建第一个 ASP.NET 网站。

【大国自信】

中国 5G，领跑世界

我国 5G 领跑世界。从 4G 快人一步，到 5G 领跑世界。当流量社会到来，网速就是效率。数秒钟完成一部高清大片的下载，直播更是“分分秒秒无卡顿”。2019 年工业和信息化部正式向中国电信、中国移动、中国联通、中国广电发放 5G 商用牌照，中国正式进入 5G 商用元年。到 2025 年中国 5G 用户数量有望达到亿级规模。

1.1　ASP.NET 简介

ASP.NET 是 Microsoft 公司推出的新一代建立动态 Web 应用程序的开发平台，是一种建立动态 Web 应用程序的新技术。它是.NET 框架的一部分，可以使用任何.NET 兼容的语言(如 Visual Basic.NET、C#和 JScript.NET)编写 ASP.NET 应用程序。当建立 Web 页面时，可以使用 ASP.NET 服务端控件来建立常用的 UI(用户界面)元素，并对它们编程来完成一般任务，把程序开发人员的工作效率提升到其他技术无法比拟的程度。

1.1.1　ASP.NET 发展历程

2000 年 ASP.NET 1.0 正式发布，2003 年 ASP.NET 升级为 1.1 版本。ASP.NET 1.1 的发布更加激发了 Web 应用程序开发人员对 ASP.NET 的兴趣，并对网络技术有巨大的推动作用。微软公司提出“减少 70%代码”的目标后，2005 年 11 月又发布了 ASP.NET 2.0。ASP.NET 2.0 的发布是.NET 技术走向成熟的标志，它在使用上增加了方便、实用的特性，使 Web 开发人员能够更加快捷、方便地开发 Web 应用程序；它不但执行效率大幅度提高，对代码的控制也做得更好，具有高安全性、高管理性和高扩展性。随后，微软推出 ASP.NET 3.5 版本，使网络程序开发更倾向于智能开发，运行起来更像 Windows 下的应用程序一样流畅。

1.1.2 ASP.NET 的优势

ASP.NET 是目前最主流的网络开发技术之一，它本身具有许多优点和特性，具体介绍如下。

1. 高效的运行性能

由于 ASP.NET 应用程序采用页面脱离代码技术，即前台代码保存到 aspx 文件中，后台代码保存到 CS 文件中，编译程序将代码编译为 DLL 文件后，ASP.NET 在服务器上运行时，可直接运行编译好的 DLL 文件，并且 ASP.NET 采用缓存机制，可以提高运行 ASP.NET 的性能。

2. 简易性、灵活性

很多 ASP.NET 功能都可以扩展，这样可以轻松地将自定义功能集成应用到应用程序中。例如，ASP.NET 提供程序模型为不同数据源提供插入支持。

3. 可管理性强

ASP.NET 中包含的新增功能使得管理宿主环境变得更加简单，从而为宿主主体创建了更多增值的机会。

4. 生产效率高

使用新增的 ASP.NET 服务控件和包含现有的控件，可轻松，快捷地创建 ASP.NET 网页和应用程序。新增内容(如成员资格、个性化和主题)可以提供系统的功能，此类功能已经解决了核心开发方案(尤指数据)问题。

1.1.3 .NET Framework 介绍

.NET Framework 是微软公司推出的完全面向对象的软件开发与运行平台，它具有两个主要组件，分别是公共语言运行库(Common Language Runtime，CLR)和.NET Framework 类库。Microsoft.NET 整体框架如图 1-1 所示。

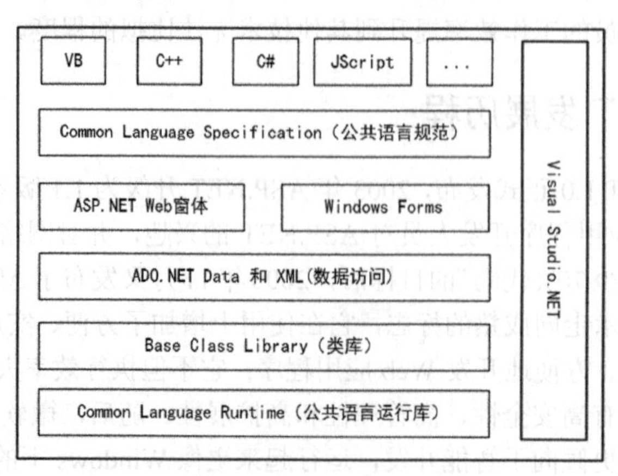

图 1-1 Microsoft.NET 整体框架

公共语言运行库是.NET Framework 的基础，它为多种语言提供了一种统一的运行环境。可将运行库看作一个在代码执行时管理的代理，代码管理的概念是运行库的基本原则。以运行库为目标的代码称为托管代码，不以运行库为目标的代码称为非托管代码。

.NET Framework 的另一个主要组件是类库，使用它可以开发多种应用程序，这些应用程序包括传统的命令行或图形用户界面(GUI)应用程序，也包括基于 ASP.NET 所提供的最新创建的应用程序(如 Web 窗体和 XML Web Server)。

1.1.4 ASP.NET 的运行原理

当一个 HTTP 向服务器请求并被 IIS 接收后，首先 IIS 检查客户端请求的页面类型，并为其加载相应的 DLL 文件，然后在处理过程中将这条请求发送给能够处理这个请求的模块。在 ASP.NET 中，这个模块叫作 HttpHandler(HTTP 处理程序组件)，之所以 aspx 文件可以被服务器处理就是因为在服务器端有默认的 HttpHandler 专门处理 aspx 文件。

ASP.NET 运行原理如图 1-2 所示。

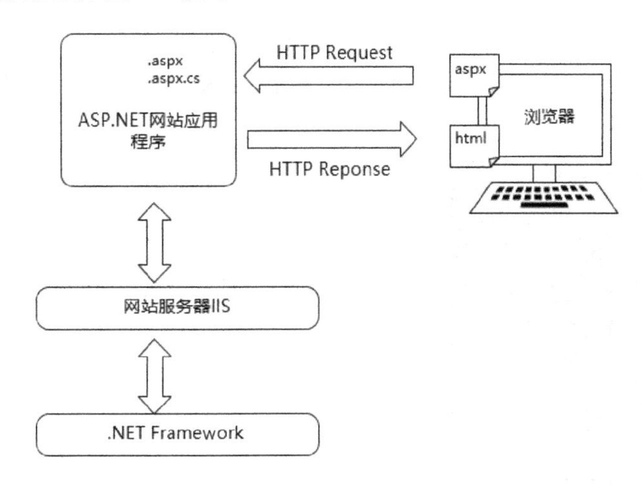

图 1-2 ASP.NET 运行原理

1.2 搭建 ASP.NET 开发环境

1.2.1 安装 Visual Studio 2013

使用 Visual Studio 2013 能够开发的程序包括 Visual C#、Visual Basic、Visual C++和 Visual J++等。Visual C#应用程序开发是 Visual Studio 2013 一个重要的组成部分。

安装 Visual Studio 2013，先从网上下载 Visual Studio 2013 旗舰版，下载完成解压后，双击 vs_ultimate.exe 文件开始安装。自定义选择安装路径时，注意所属路径的预留空间要充足，否则安装会失败，同意许可条款和隐私政策，进行下一步安装，如图 1-3 所示。

新建网站.mp4

在选择安装的可选功能中，可以根据自己的需要勾选，也可以默认全选。这里有个小功能，把鼠标指针放在文字上，会弹出各个功能的详细描述。可以选择默认值，另外要注意预留空间，开始安装，如图 1-4 所示。

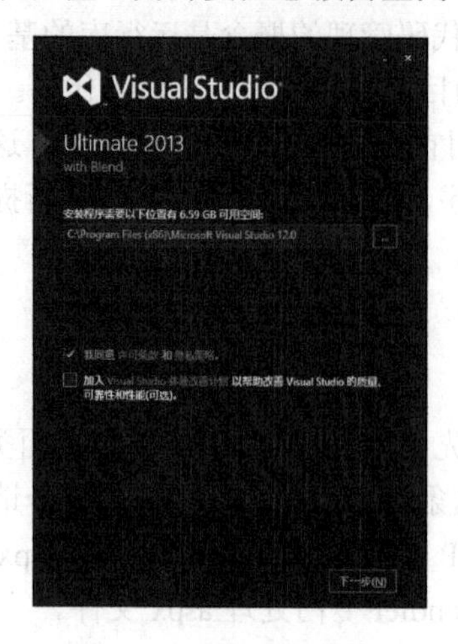

图 1-3　开始安装界面

图 1-4　安装功能选择界面

等待大概 30 分钟，就可以完成安装，如图 1-5 所示。

在安装成功界面中，单击“启动”按钮。重启之后，进入软件启动界面，单击“以后再说”链接，如图 1-6 所示。

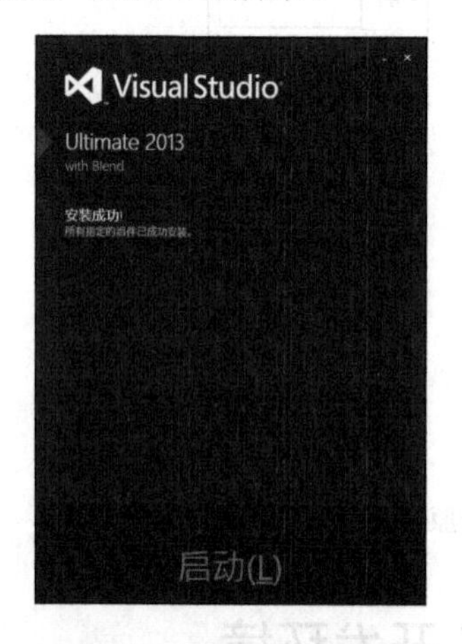

图 1-5　安装成功界面

图 1-6　登录界面

第一次打开 Visual Studio 2013，需要进行一些基本配置，如开发设置、颜色主题，根据自己的需求设置，如图 1-7 所示。单击“启动 Visual Studio”按钮，等待几分钟就可以使用。

由于 Visual Studio 2013 引入了一种联网 IDE 体验，用户可以使用微软的账户登录，而且它还自动采用联网 IDE 体验设备上的同步设置，包括快捷键、Visual Studio 外观(主题、字体等)各种类别的同步设置。

最后要给 Visual Studio 2013 注册，否则软件只有 30 天的试用期。打开 Visual Studio 2013，在工具栏中，单击“帮助”→“注册产品”，在弹出的对话框中，会显示软件的注册状态。

单击“更改我的产品许可证”链接，会弹出一个对话框，要求输入产品密钥。这里提供一个可用的密钥：BWG7X-J98B3-W34RT-33B3R-JVYW9，如图 1-8 所示。至此，Visual

Studio 2013 就安装配置完成。

图 1-7　基本配置界面

图 1-8　输入产品密钥

1.2.2　配置 Visual Studio 2013

通过“选项”对话框来配置 Visual Studio 2013 的开发环境。

1．设置颜色主题

打开 Visual Studio 2013，在菜单栏中选择“工具”→“选项”命令，在打开的“选项”对话框中依次选择“环境”→“常规”选项，在“颜色主题”下拉列表中选择自己需要的环境颜色即可，如图 1-9 所示。

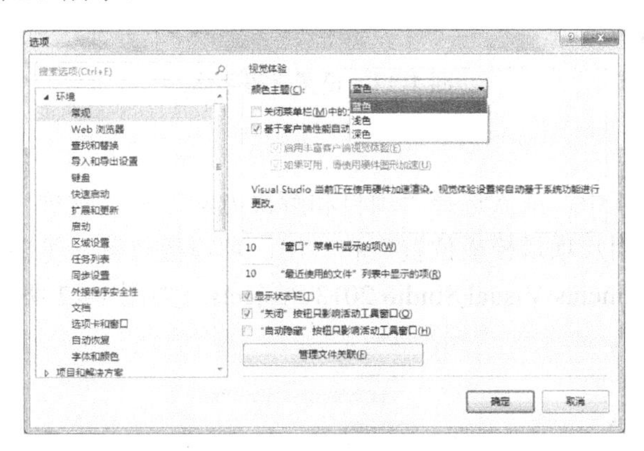

图 1-9　基本配置

2．设置行号显示/隐藏

在“选项”对话框中，依次选择“文本编辑器”→C#→“常规”选项，在右侧选中“行号”复选框即可，如图 1-10 所示。应用此项功能，程序开发人员可以清晰地看到代码在编辑器中的位置以及程序发生错误时错误代码的准确位置。

3．设置代码字体和颜色

在“选项”对话框中，依次选择“环境”→“字体和颜色”选项，可以设置“字体”

“字号”“显示项”“项前景”和“项背景”等参数，如图 1-11 所示。

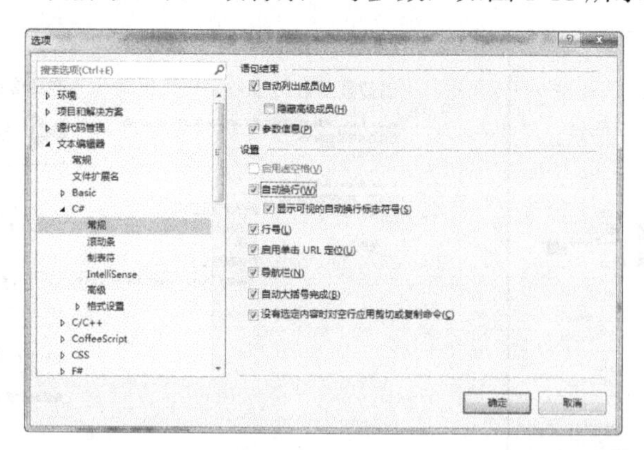

图 1-10　设置行号

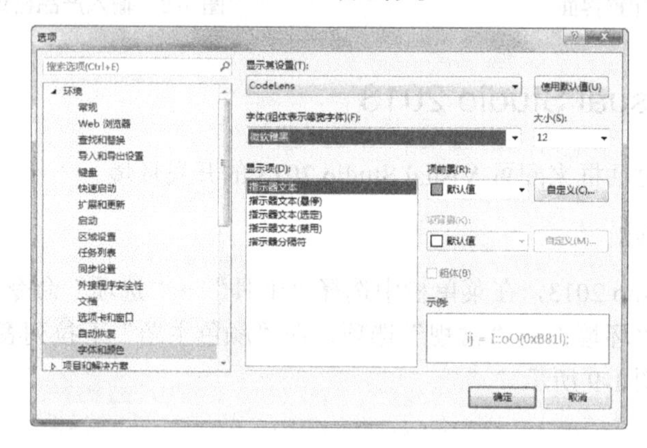

图 1-11　设置代码字体

4．设置项目位置

在“选项”对话框中，依次选择“项目和解决方案”→“常规”选项，可以设置项目的“项目位置”、“用户项目模板位置”和“用户项模板位置”等参数。例如，将“项目位置”设置为 d:\Documents\Visual Studio 2013\Projects，如图 1-12 所示。

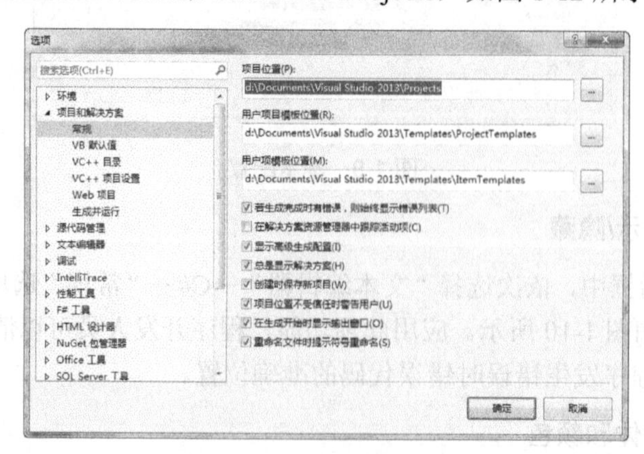

图 1-12　设置项目位置

1.3　ASP.NET 三种开发模式

ASP.NET 是一个使用 HTML、CSS、JavaScript 和服务器脚本创建网页和网站的开发框架。ASP.NET 支持三种不同的开发模式：Web Pages(Web 页面)、Web Forms(Web 窗体)、MVC(Model View Controller，模型—视图—控制器)。

1. Web Pages 模式

Web Pages 是开发 ASP.NET 网站最简单的开发模式。该模式与 PHP 和经典 ASP 相似，它内置了数据库、视频、图形、社交媒体等模板和帮助器。Web Pages 模式围绕单个网页构建网站或 Web 应用程序。例如：

```
<html>
<body>
    <h1>Hello Web Pages</h1>
    <p>The time is @DateTime.Now</p>
</body>
</html>
```

2. Web Forms 模式

Web Forms 是传统的基于事件驱动的 ASP.NET 模式。Web Forms 模式整合了 HTML、服务器控件和服务器代码的事件驱动网页。Web Forms 是在服务器上编译和执行的，再由服务器生成 HTML 显示为网页。

使用 Visual Studio 2013 时，用户能够通过拖曳 UI 元素，在后台自动生成这些界面的代码，称为后台代码。在后台代码中开发人员可以添加操作这些 UI 元素的逻辑代码。微软的可视化 RAD 架构体系由两方面组成，一方面是 UI，另一方面是后台代码。因此，ASP.NET Web 窗体包含 ASPX 和 ASPX.CS。

3. MVC 模式

MVC 是一种使用“模型—视图—控制器(Model View Controller)”设计创建 Web 应用程序的模式。其中，Model(模型)是一组类，描述了要处理的数据以及修改和操作数据的业务规则；View(视图)定义应用程序用户界面的显示方式；Controller(控制器)是一组类，用于处理来自用户、整个应用程序流以及特定应用程序逻辑的通信。

MVC 模式同时提供了对 HTML、CSS 和 JavaScript 的完全控制。

1.4　创建 ASP.NET Web 项目的两种方式

1.4.1　创建 ASP.NET 网站

新建项目.mp4

【例 1-1】创建一个简单的 ASP.NET 网站。

1．新建 Web 站点

(1) 启动 Visual Studio 2013，在菜单栏中选择“文件”→“新建”→“网站”命令，在打开的“新建网站”对话框中依次单击左侧的“已安装”→“模板”→Visual C#选项，之后单击中间面板中的“ASP.NET Web 窗体网站”选项，设置网站的 Web 位置，如图 1-13 所示。

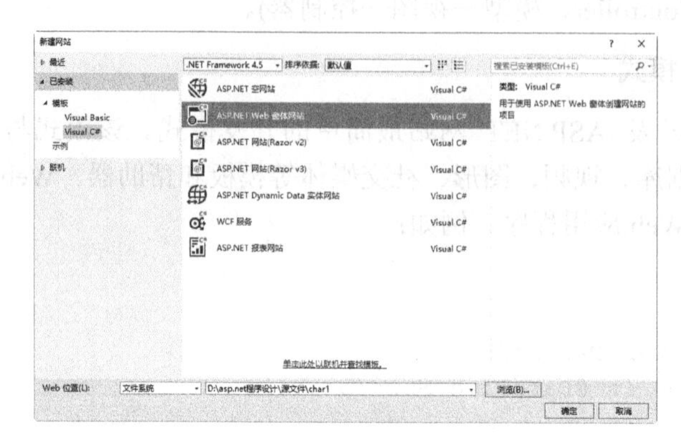

图 1-13　新建网站

(2) 单击“确定”按钮，完成网站创建。新建的 ASP.NET 网站结构如图 1-14 所示。

2．设计 Web 页面

1) 在网站中添加新页面

在解决方案资源管理器中右击网站名称，在弹出的快捷菜单中依次选择“添加”→“添加新项”命令，打开“添加新项”对话框，在中间模板中选择“Web 窗体”选项，在“名称”文本框中输入网页名称，如图 1-15 所示。

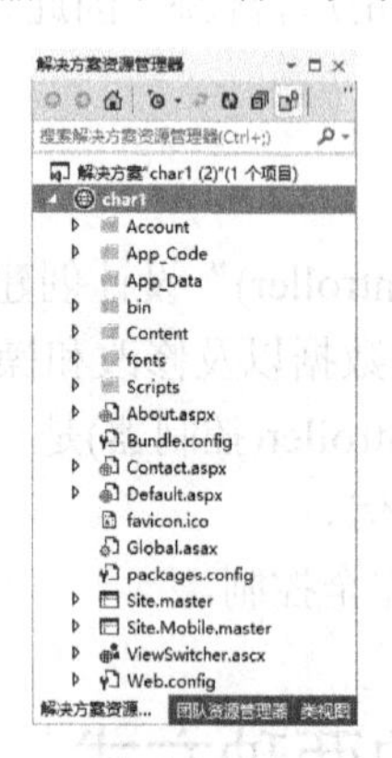

图 1-14　新建网站结构

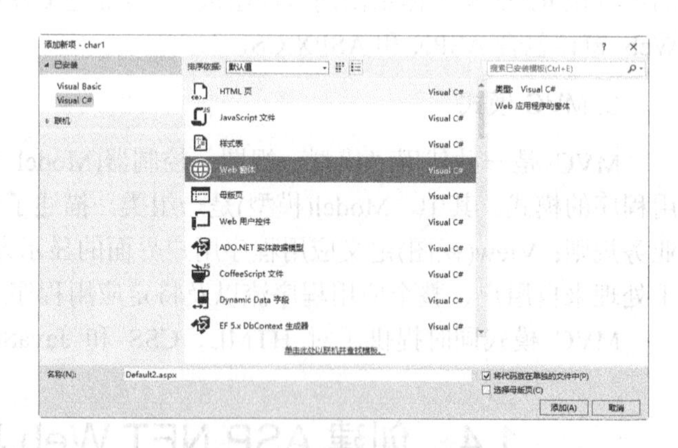

图 1-15　添加 Web 窗体

单击“添加”按钮，Visual Studio 2013 将创建一个新页面并将其在前台打开。此时 Visual Studio 2013 将创建两个文件，其中 default2.aspx 是前台界面文件，用户在页面中添加的文本和控件会在此页面中自动生成代码；default2.aspx.cs 是后台代码文件，用于用户书写后台逻辑代码。

2) 设计页面外观

在设计视图中，用户可以从“工具箱”选项卡中直接选择各种控件添加到 Web 页面中，也可以在页面中直接输入文字。

例如，在页面中输入两行文字 “欢迎学习 ASP.NET！”和“请输入姓名：”，并添加 1 个 Textbox 控件和 1 个 Button 控件，如图 1-16 所示。

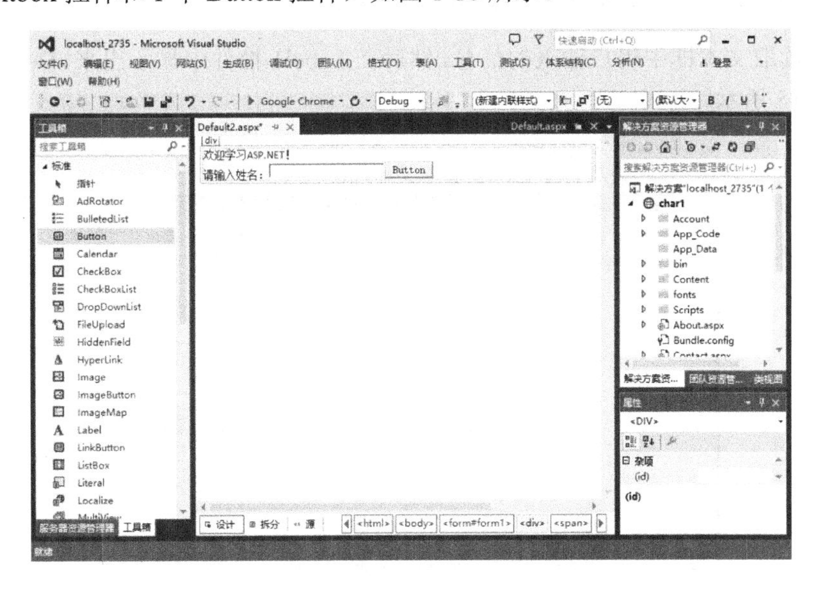

图 1-16 页面设计视图

也可以在源视图中添加或修改 HTML 标记来设计 Web 页面，如图 1-17 所示。在源视图中添加换行标记和一个标签控件，代码如下：

```
<br /> <asp:Label ID="Label1" runat="server" Text="Label"></asp:Label>
```

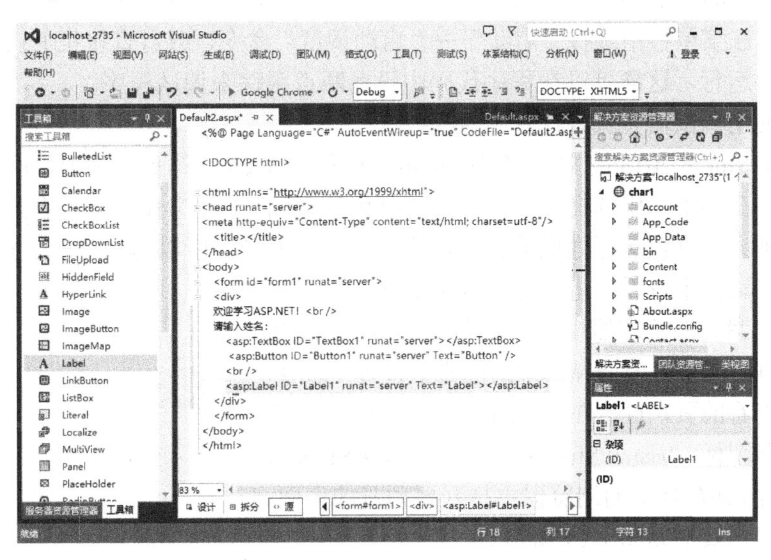

图 1-17 在源视图中添加或修改代码

3) 书写后台代码

在设计视图中双击 Button 控件，Visual Studio 2013 会在前台页面的 Button 控件中增加 onclick= “button1_Click”的属性，同时 Visual Studio 会在新窗口中打开 Default2.aspx.cs 文件，该文件中生成了按钮的 click 事件处理程序的框架，在这个框架中添加如下代码：

```
Label1.Text = "欢迎您：" + TextBox1.Text;
```

该程序读取文本框中用户输入的信息，然后在 Label1 控件中显示出来。Default2.aspx.cs 文件如图 1-18 所示。

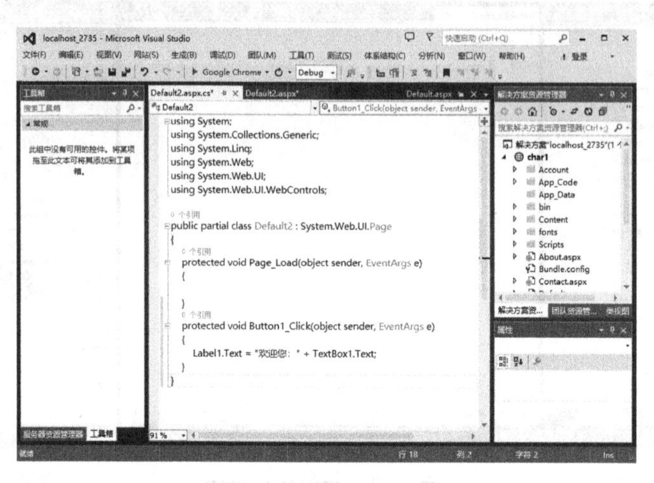

图 1-18 书写后台代码

3. 运行 Web 窗体程序

(1) 使用调试器生成并运行 Web 窗体页。

在 Visual Studio 2013 的文档窗口中单击要运行的 Web 窗体页选项卡，使之成为文档窗口的当前页。在菜单栏中选择“启动”→“启动调试”命令，或者直接按 F5 键。这种方式重新编译后再运行，这样可以在程序代码中设置断点跟踪来调试程序。

(2) 不使用调试器生成并运行 Web 窗体页。

在 Visual Studio 2013 的文档窗口中单击要运行的 Web 窗体页选项卡，使之成为文档窗口的当前页。在菜单栏中选择“启动”→“开始执行(不调试)”命令，或者直接按 Ctrl+F5 组合键。这种方式直接运行生成的程序，不进行重新编译，所以运行速度比较快。

(3) 在浏览器中查看、生成并运行 Web 窗体。

在解决方案资源管理器中右击要预览的 Web 窗体页，在弹出的快捷菜单中选择“在浏览器中查看”命令，或者选中要查看的页，直接在 Visual Studio 2013 工具栏中单击浏览器图标，Visual Studio 2013 会生成 ASP.NET Web 应用程序，并在默认的浏览器中打开要预览的页面。

本例的运行效果如图 1-19 所示。

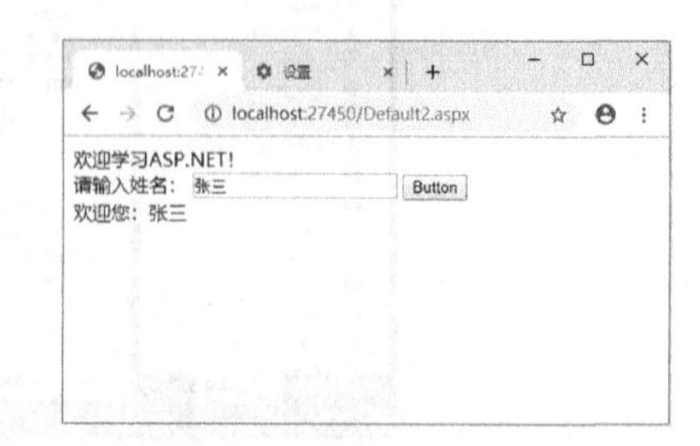

图 1-19 网页的运行效果

4. ASP.NET 网站默认文件夹

ASP.NET 应用程序包含 7 个默认文件夹，分别为 Bin、App_Code、App_GlobalResources、

App_LocalResources、App_WebReferences、App_Browsers 和主题。每个文件夹都存放 ASP.NET 应用程序的不同类型的资源，具体说明如表 1-1 所示。

表 1-1 ASP.NET 网站默认文件夹

方 法	说 明
Bin	包含程序所需的所有已编译的程序集(.dll 文件)，应用程序自动引用 Bin 文件夹中的代码所表示的任何类
App_Code	包含使用页的类(如.cs、.vb 和.js 文件)的源代码
App_GlobalResources	包含编译到具有全局范围的程序集中的资源(.resx 和.resources 文件)
App_LocalResources	包含与应用程序中的特定页、用户控件或母版页关联的资源(.resx 和.resources 文件)
App_WebReferences	包含用于定义在应用程序中使用的 Web 引用的引用协定文件(.wsdl 文件)、架构(.xsd 文件)和发现文档文件(.disco 和.discomap 文件)
App_Browsers	包含 ASP.NET 用于标识个别浏览器并确定其功能的浏览器定义(.browser)文件
主题	包含用于定义 ASP.NET 网页和控件外观的文件集合(.skin 和.css 文件、图像文件及一般资源)

添加 ASP.NET 默认文件夹的方法是：在解决方案资源管理器中，选中方案名称并右击，在弹出的快捷菜单中选择“添加 ASP.NET 文件夹”命令，在其子菜单中可以看到 7 个默认的文件夹，选择指定的命令即可，如图 1-20 所示。

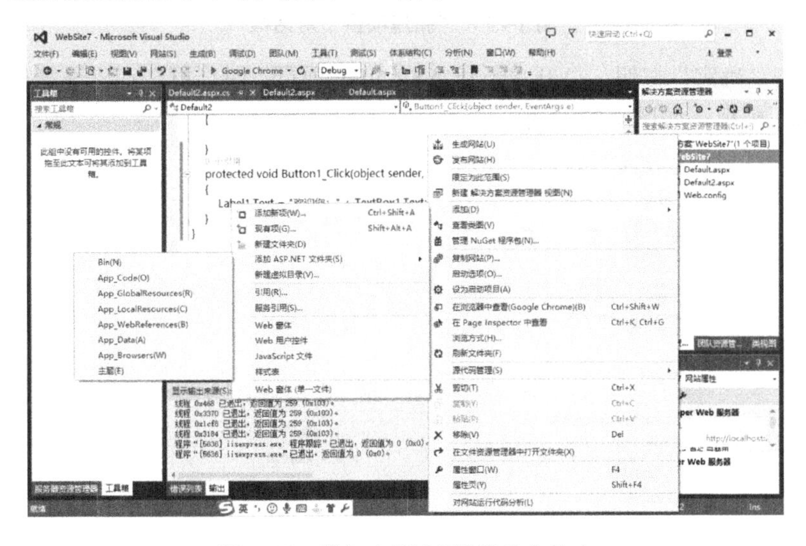

图 1-20 添加 ASP.NET 默认文件夹

5. 添加配置文件 Web.config

在 Visual Studio 2013 中创建网站后，会自动添加 Web.config 配置文件。

手动添加 Web.config 文件的方法是：在解决方案资源管理器中，右击网站名称，在弹出的快捷菜单中选择“添加新项”命令，打开“添加新项”对话框，选择“Web 配置文件”选项，单击“添加”按钮即可。

1.4.2 创建 ASP.NET Web 应用程序项目

【例 1-2】创建一个简单的 ASP.NET Web 应用程序项目。

1. 新建 ASP.NET Web 应用程序项目

(1) 启动 Visual Studio 2013，在菜单栏中选择“文件”→“新建项目”命令，在打开的“新建项目”对话框中依次单击左侧“已安装”→“模板”→Visual C#，之后单击中间列表框中的“ASP.NET Web 应用程序”，设置项目的名称、位置，如图 1-21 所示。

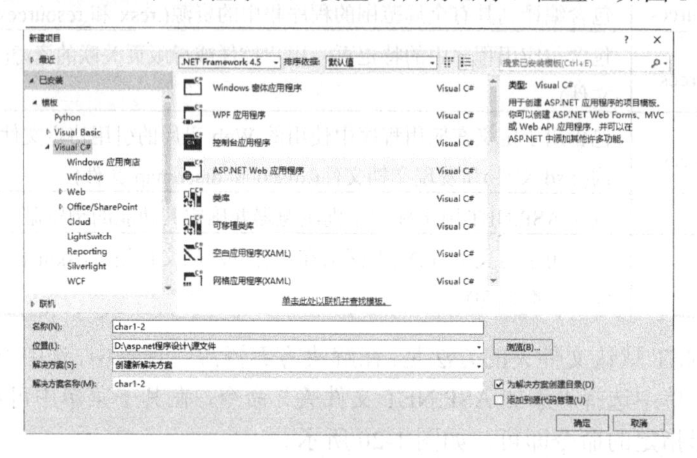

图 1-21 “新建项目”对话框

(2) 单击“确定”按钮，打开“新建 ASP.NET 项目”对话框，在“选择模板”列表框中选择 Empty 模板，如图 1-22 所示。

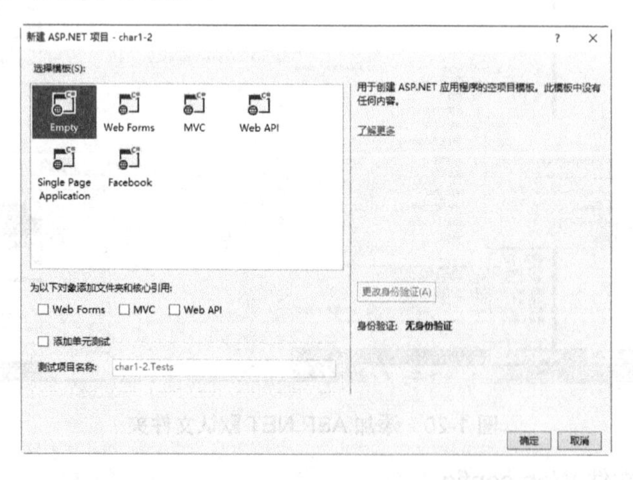

图 1-22 “新建 ASP.NET 项目”对话框

2. 编写 ASP.NET 应用程序

(1) 在解决方案资源管理器中右击项目名称，在弹出的快捷菜单中选择“添加”→“添加新项”命令，打开“添加新项”对话框，在中间的模板列表框中选择“Web 窗体”选项，在“名称”文本框中输入文件名称，如图 1-23 所示。

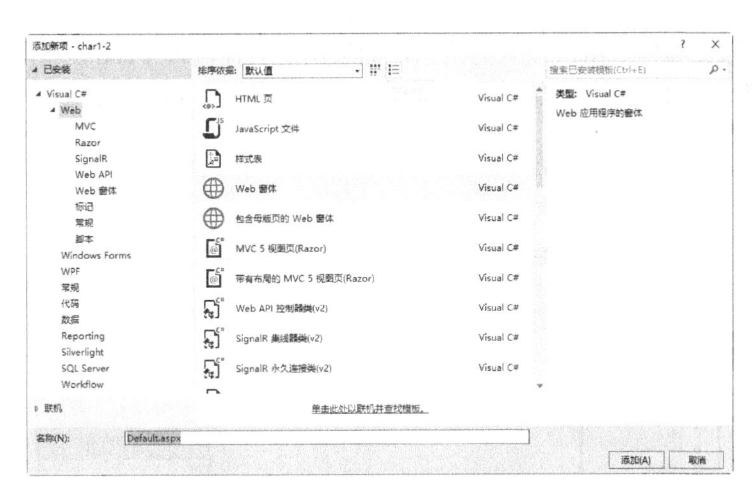

图 1-23　“添加新项”对话框

单击“添加”按钮，Visual Studio 将创建一个新网页并打开其前台页面。至此，Visual Studio 创建了 3 个文件，其中 Default.aspx 是前台界面文件，用户在页面中添加的控件会在此页面中自动生成代码；Default.aspx.cs 是后台代码文件，用户可在其中书写后台逻辑代码；Default.aspx.designer.cs 是设计器文件，在 default.aspx 页面中使用的控件会在此文件中自动生成声明，如图 1-24 所示。

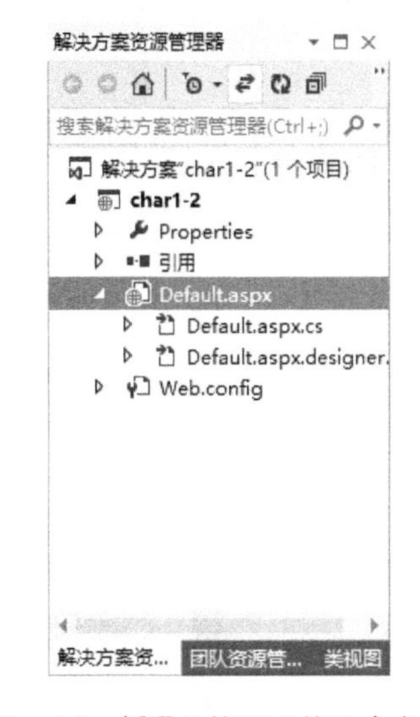

图 1-24　新添加的页面的 3 个文件

(2)　向页面中添加静态文本和控件。

在文档窗口中单击“设计”标签切换到设计视图。在页面 div 元素轮廓中输入静态文本“用户登录”，按 Enter 键，输入文本“用户名称：”，打开工具箱，从工具箱标准选项卡中拖放一个 TextBox 控件到页面中，按 Enter 键后，输入文本“用户密码：”，从工具箱标准选项卡中拖放一个 TextBox 控件到页面中，按 Enter 键后，再从工具箱标准选项卡中拖放一个 Button 控件到页面中，将 Button 控件的 Text 属性改为“登录”，按 Enter 键，再从工具箱中拖放一个 Label 控件到页面中，如图 1-25 所示。

(3)　书写后台代码。

在设计视图中双击 Button 控件，Visual Studio 会在前台页面的 Button 控件中增加 onclick= “button1_Click”的属性，同时 Visual Studio 会在新窗口中打开 default.aspx.cs 文件，该文件中生成了按钮的 click 事件处理程序的框架，在这个框架中添加如下代码：

```
string userName = TextBox1.Text;
string pwd = TextBox2.Text;
if (userName == "andim"  && pwd == "admin")
   Label1.Text = "登录成功！";
else
Label1.Text = "用户名或密码不正确！";
```

该程序读取文本框中用户输入的信息，如果用户名称输入“andim”，用户密码输入“admin”，则在 Label 控件中输出“登录成功！”，否则在 Label 控件中输出“用户名或密码不正确！”。

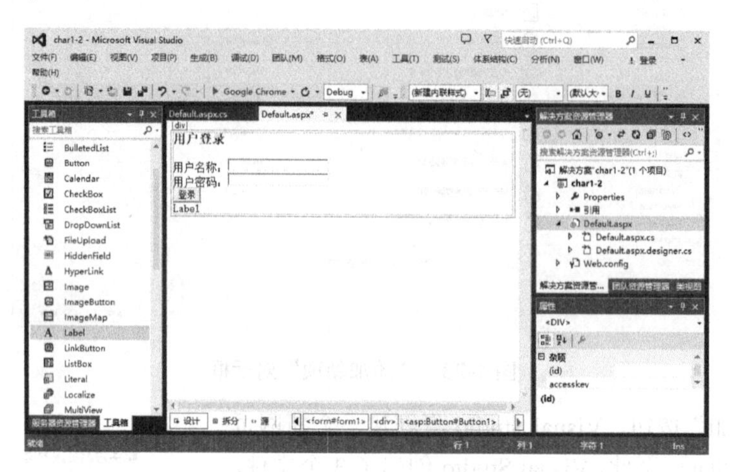

图 1-25　页面设计视图

Default.aspx.cs 文件如图 1-26 所示。

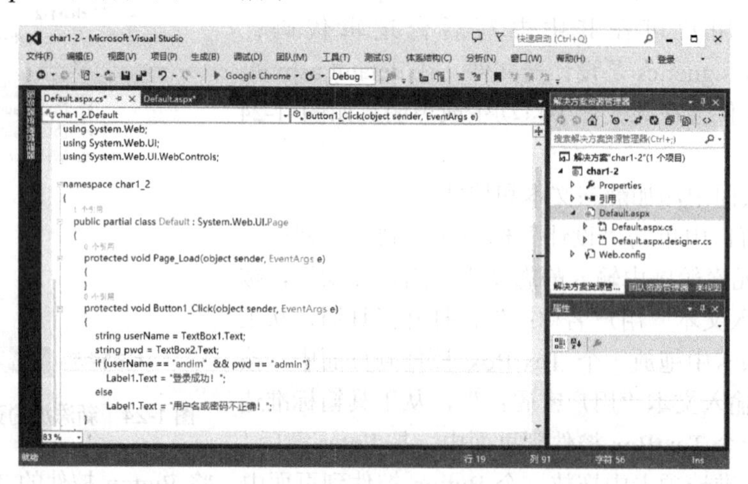

图 1-26　书写后台代码

3．运行 Web 窗体程序

(1)　使用调试器生成并运行 Web 窗体页。

在 Visual Studio 的文档窗口中单击要运行的 Web 窗体页选项卡，使之成为文档窗口的当前页。在菜单栏中选择“启动”→“启动调试”命令，或者直接按 F5 键。这种方式重新编译后再运行，这样可以在程序代码中设置断点跟踪来调试程序。

(2)　不使用调试器生成并运行 Web 窗体页。

在 Visual Studio 的文档窗口中单击要运行的 Web 窗体页选项卡，使之成为文档窗口的当前页。在菜单栏中选择“启动”→“开始执行(不调试)”命令，或者直接按 Ctrl+F5 组合键。这种方式直接运行生成的程序，不进行重新编译，所以运行速度比较快。

(3) 在浏览器中查看、生成并运行 Web 窗体。

在解决方案资源管理器中右击要预览的 Web 窗体页，在弹出的快捷菜单中选择“在浏览器中查看”命令，或者选中要查看的页，直接在 Visual Studio 工具栏中单击浏览器图标，Visual Studio 会生成 ASP.NET Web 应用程序，并在默认的浏览器中打开要预览的页面。

本例的运行效果如图 1-27 所示。

图 1-27　密码输入不正确时的运行界面

1.4.3　新建网站与新建 ASP.NET Web 应用程序的比较

在 Visual Studio 2013 中可以使用新建网站和新建 ASP.NET Web 应用程序两种方式来创建 Web 项目。

1．Web 网站编程模型的优点

Web 网站编程模型具有如下优点。

(1) 动态编译该页面，马上可以看到效果，不用编译整个站点。

(2) 动态编译该页面，可以使错误的部分和使用的部分不相干扰。

(3) 可以为每个页面生成一个程序集(一般不会采用这种方式)。

(4) 可以把一个目录当作一个 Web 应用来处理，直接复制文件即可发布，不需要项目文件(只适合小站点)。

在 Web 项目开发上一般推荐使用 Web 应用程序编程模型。

2．Web 应用程序编程模型的优点

Web 应用程序编程模型具有如下优点。

(1) 网站编译速度快，使用了增量编译模式，只有文件被修改后，这部分才会被增量编译进去。

(2) 在生成的程序集上，WebSite 生成随机的程序集名，通过插件 WebDeployment 才可以生成单一程序集，WebApplication 可以指定网站项目生成单一程序集，因为是独立的程序集，所以和其他项目一样可以指定应用程序集的名字、版本、输出位置等信息。

(3) 可以将网站拆分成多个项目，以方便管理。

(4) 可以从项目中和源代码管理中排除一个文件。

(5) 更强大的代码检查功能，并且检查策略受源代码控制。

1.5　ASP.NET 网页语法

1.5.1　ASP.NET 文件扩展名

网站应用程序中可以包含很多文件类型。例如，在 ASP.NET 中经常使用的 ASP.NET Web 窗体页面就是以.aspx 为扩展名的文件。ASP.NET 网页其他扩展名的具体描述如表 1-2 所示。

表 1-2　ASP.NET 网页扩展名

文　件	扩 展 名
Web 用户控件	.ascx
HTML 页	.htm
XML 页	.xml
母版页	.master
Web 服务	.asmx
全局应用程序类	.asax
Web 配置文件	.config
网站地图	.sitemap
外观文件	.skin
样式表	.css

1.5.2　ASP.NET 页面指令

ASP.NET 页面中的前几行一般是<%@...%>这样的代码，这称为页面的指令，用来定义 ASP.NET 页面分析器和编译器使用的特定于该页面的一些定义。在.aspx 文件中使用的页面指令一般有以下几种。

1)　<%@Page%>

<%@Page%>指令可以定义 ASP.NET 页面分析器和编译器使用的属性，一个页面只能有一个这样的命令。

例如：

```
<%@ Page Language="C#" AutoEventWireup="true" CodeBehind="index.aspx.cs"
Inherits="demo.WebForm1" %>
```

其中，Language 指定选用的.NET Framework 所支持的编程语言，通常值为 C#；AutoEventWireup 指定窗体页的事件是否自动绑定，默认为 true；CodeBehind 用于指定窗体页的后台代码文件；Inherits 与 CodeBehind 属性一起使用，提供本页继承的代码隐藏类。

2)　<%@Import Namespace= “Value”>

<%@Import Namespace= “Value”>指令可将命名空间导入 ASP.NET 应用程序文件。一个指令只能导入一个命名空间；如果要导入多个命名空间，应使用多个@Import 指令来执

行。有的命名空间是 ASP.NET 默认导入的，没有必要再重复导入。

3) <%@OutputCache%>

<%@OutputCache%>指令可设置页或页中包含的用户控件的输出缓存策略。

4) <%@Implements Interface="接口名称"|%>

<%@Implements Interface="接口名称"%>指令用来定义要在页或用户控件中实现接口。

5) <%@Register%>

<%@Register%>指令用于创建标记前缀和自定义控件之间的关联关系，有下面3种写法：

```
<%@ Register tagprefix="tagprefix" namespace="namespace"
assembly="assembly"%>
<%@ Register tagprefix="tagprefix" namespace="namespace" %>
<%@ Register tagprefix="tagprefix" tagname="tagname" src="pathname"%>
```

- tagprefix：与命名空间关联的别名。
- namespace：与 tagprefix 属性关联的命名空间。
- tagname：与类关联的别名。
- src：与 tagprefix、tagname 相关联的声明性用户控件文件的位置，可以是相对的地址，也可以是绝对的地址。
- assembly：与 tagprefix 属性关联的命名空间的程序集，程序集名称不包括文件扩展名。如果将自定义控件的源代码文件放置在应用程序的 App_Code 文件下，ASP.NET 2.0 在运行时会动态编译源文件，因此不必使用 assembly 属性。

1.5.3 ASPX 文件内容注释

服务器端注释(<%--注释内容--%>)允许开发人员在 ASP.NET 应用程序文件的任何部分(除了<script>代码块内部)嵌入代码注释。服务器端注释元素的开始标记和结束标记之间的任何内容，不管是 ASP.NET 代码还是文本，都不会在服务器上进行处理或呈现在结果页上。

例如，使用服务器端注释 TextBox 控件，代码如下：

```
<%--
<asp:TextBox ID="TextBox2" runat="server"></asp: TextBox>
--%>
```

执行后，浏览器上将不显示此文本框。

如果<script>代码块中的代码需要注释，则使用 HTML 代码中的注释(<--注释内容-->)。此标记用于告知浏览器忽略该标记中的语句。例如：

```
<script language="javascript" runat="server">
<!--
   注释内容
-->
</script>
```

1.5.4 代码块语法

代码块语法是定义网站呈现时所执行的内嵌代码规则。定义内嵌代码的标记元素为：

```
<%内嵌代码%>
```

例如，使用代码块语法，根据系统时间显示“上午好！”或“下午好！”，具体代码如下：

```
<%if(DateTime.Now.Hour<12)%>
    上午好!
<%else%>
    下午好!
```

1.5.5 数据绑定语法

在含有数据库访问的 Web 窗体页面的前台代码中，通过数据绑定表达式输出数据源中的字段值。数据绑定表达式包含在<%#和%>分隔符之内，并使用 Eval 方法和 Bind 方法。Eval 方法用于定义单向(只读)绑定，Bind 方法用于定义双向(可更新)绑定。其语法格式如下：

```
<%#Eval("字段名")%>
<%#Bind("字段名")%>
```

1.6 习 题

1. 填空题

(1) ASP.NET 是________公司推出的开发平台框架。

(2) .NET Framework 主要包括________和________。

(3) ASP.NET 项目开发的两种模式是________和________。

(4) .NET Framework 中的类分别放在不同的________中。

(5) ASP.NET 网站在编译时，首先将语言代码编译成________。

2. 选择题

(1) ASP.NET 页面文件默认的扩展名是(　　)。

A. .asp　　B. .aspnet　　C. .net　　D. .aspx

(2) ASP.NET 的标准语言是(　　)。

A. C++　　B. C#　　C. VB　　D. Java

(3) ASP.NET 页面执行的架构是(　　)。

A. C/S　　B. B/S　　C. C/S/S　　D. B/S/W

(4) 发布网站后不可能存在的文件夹是(　　)。

A. App_Data　　B. App_Code　　C. App_Themes　　D. bin

1.7 上 机 实 验

(1) 安装 Visual Studio 2013，并根据需要配置开发环境。

(2) 创建一个空的 ASP.NET Web 应用程序项目，在项目中添加一个 Web 窗体，在窗体上设计页面。单击“确定”按钮，判断两个密码框中的密码是否一致，如果不一致则给出相应的提示，如图 1-28 所示。

图 1-28 页面输入密码不一致时的运行效果

第 2 章　ASP.NET 常用控件

【学习目标】

- 了解 ASP.NET 中常用的服务器控件；
- 掌握常用控件的属性、方法和事件的使用。

【工作任务】

- 熟练使用 ASP.NET 中常用的服务器控件；
- 利用这些基本控件开发功能强大的网络应用程序。

【大国自信】

北斗卫星导航系统进入商用

目前，国家北斗精准服务网已覆盖全国 317 座城市，在我国智慧城市建设中广泛应用。2018 年前后，我国已完成北斗三号全球组网，18 颗卫星的发射，率先为“一带一路”沿线国家提供基本服务；2020 年已形成全球服务能力，建成世界一流的全球卫星导航系统。

2.1　ASP.NET 控件概述

控件是对数据和方法的封装，是用户可以与之交互的抽象对象。控件可以有自己的属性和方法。ASP.NET 能将页面上的所有内容都用控件表示。

服务器控件位于 System.Web.UI.WebControls 命名空间中，所有的服务器控件都是从 WebControls 基类派生出来的。服务器控件在服务器端解析，在 ASP.NET 中，服务器控件就是有 runat="server"标记的控件，这些控件服务器经过处理后会生成客户端代码发送到客户端。

2.1.1　ASP.NET 控件类型

在 Visual Studio 2013 工具箱中控件主要分为标准控件、数据控件、验证控件、导航控件、登录控件、HTML 控件等类型。其中，HTML 控件是客户端控件，其他控件都是服务器控件。HTML 控件可以转换成服务器控件，转换步骤：在 HTML 控件特性中添加 runat=“server”属性即可。当普通 HTML 控件转换成 HTML 服务器控件后即可通过编程来控制它们。

例如，普通 HTML 控件：

```
<input id="Text1" type="text" />
```

转换成 HTML 服务器控件：

```
<input id="Text1" type="text" runat="server" />
```

在不需要服务器端事件或状态管理功能的情况下，尽量使用 HTML 控件，这样可以提高应用程序的性能。

本章主要介绍 ASP.NET 中常用的服务器控件，主要包括文本类型控件、按钮类型控件、选择类型控件、图形显示类型控件、容器控件、文件上传控件和登录控件。

2.1.2　ASP.NET 服务器控件的公共属性

在 ASP.NET 中可以通过三种方式设置服务器控件的属性。

(1) 在“属性”窗口中直接设置控件的属性。

(2) 在 Visual Studio 2013 的“源”视图中，以修改 HTML 代码的方式设置属性。

(3) 通过页面后台代码以编程的方式设置属性。

ASP.NET 服务器控件部分公共的常用属性如表 2-1 所示。

表 2-1　服务器控件部分公共的常用属性

属性名称	说　明
AccessKey	控件的键盘快捷键(AccessKey)。此属性指定用户在按住 Alt 键的同时可以按下的单个字母或数字
BackColor	控件的背景色。BackColor 属性可以使用标准的 HTML 颜色标识符来设置：颜色名称(“black”或“red”)或者以十六进制格式("#ffffff")表示的 RGB 值
BorderColor	控件的边框颜色
BorderWidth	控件边框(如果有的话)的宽度(以像素为单位)
BorderStyle	控件的边框样式(如果有的话)。可能的值包括： • NotSet • None • Dotted • Dashed • Solid • Double • Groove • Ridge • Inset • Outset
CssClass	分配给控件的级联样式表(CSS)类
Enabled	当此属性设置为 true(默认值)时使控件起作用，当此属性设置为 false 时禁用控件
Font	为正在声明的 Web 服务器控件提供字体信息。此属性包含子属性，可以在 Web 服务器控件元素的开始标记中使用属性-子属性语法来声明这些子属性。例如，可以通过在 Web 服务器控件文本的开始标记中包含 Font-Bold 属性而使该文本以粗体显示
ForeColor	控件的前景色
Height	控件的高度

续表

属性名称	说　明
TabIndex	控件的位置(按 Tab 键顺序)。如果未设置此属性，则控件的位置索引为 0。具有相同选项卡索引的控件可以按照它们在网页中的声明顺序用 Tab 键导航
ToolTip	当用户将鼠标指针定位在控件上方时显示的文本
Width	控件的固定宽度。可能的单位包括： • 像素(px) • 磅(pt) • 派卡(pc) • 英寸(in) • 毫米(mm) • 厘米(cm) • 百分比(%) • 大写字母 M 的宽度(em) • 小写字母 x 的高度(ex)
ID	通过 ID 唯一标识和引用一个控件

2.1.3　ASP.NET 控件命名规范

在软件系统开发中，遵循规范化命名是十分必要的。有三个经典的命名规则。

(1)　匈牙利命名法。该命名法是在每个变量名的前面加上若干表示数据类型的字符。基本原则是：变量名=属性+类型+对象描述。如 i 表示 int，所有以 i 开头的变量名都表示 int 类型变量；s 表示 String，所有以 s 开头的变量名都表示 String 类型变量。

(2)　帕斯卡命名法(Pascal 命名法)。其做法是首字母大写，如 UserName，常用在类的变量命名中。

(3)　骆驼命名法(Camel 命名法)。正如它的名称所表示的那样，是指混合使用大小写字母来构成变量和函数的名字。骆驼命名法与帕斯卡命名法相似，只是首字母为小写，如 userName。由于看上去像驼峰，因而得名。

ASP.NET 常用控件命名规范如表 2-2 所示。

表 2-2　常用控件命名规范

控件类型	前　缀	示　例
Button	btn	btnSubmit
Calendar	cal	calMettingDates
CheckBox	chk	chkBlue
CheckBoxList	chkl	chklFavColors
CompareValidator	valc	valcValidAge
DataGrid	dgrd	dgrdTitles
DataList	dlst	dlstTitles
DropDownList	ddl	ddlCountries

续表

控件类型	前　缀	示　例
HyperLink	lnk	lnkDetails
Image	img	imgAuntBetty
ImageButton	ibtn	ibtnSubmit
Label	lbl	lblResults
LinkButton	lbtn	lbtnSubmit
ListBox	lst	lstCountries
Panel	pnl	pnlForm2
PlaceHolder	plh	plhFormContents
RadioButton	rad	radFemale
RadioButtonList	radl	radlGender
RangeValidator	valg	valgAge
TextBox	txt	txtFirstName

2.2　文本类型控件

1. Label 控件

常用控件.mp4

Label 控件又称为标签控件，是一个非常简单的控件，主要用于显示用户不能编辑的文本，如标题或提示等。Label 控件的常用属性就是 Text 属性，用于表示 Label 控件文本内容。其语法格式如下：

```
<asp:Label ID="Label1" runat="server" Text="Label"></asp:Label>
```

2. TextBox 控件

TextBox 控件又称为文本框控件，用于输入或显示文本。TextBox 控件通常用于可编辑文本，但也可以通过设置其属性值，使其成为只读控件。

TextBox 控件相当于一个写字板，可以对输入的文本进行更改；Label 控件相当于一个提示板，不能对文本进行编辑。其语法格式如下：

```
<asp:TextBox ID="TextBox1" runat="server"></asp:TextBox>
```

TextBox 控件的常用属性如下。

(1) AutoPostBack 属性：获取或设置一个值，该值指示无论何时用户在 TextBox 控件中按 Enter 键或 Tab 键时，是否执行自动回发到服务器的操作。

(2) CausesValidation 属性：获取或设置一个值，该值指示当 TextBox 控件设置为在回发发生时，是否执行验证。

(3) Text 属性：获取或设置控件要显示的文本。

(4) TextMode 属性：获取或设置 TextBox 控件的行为模式(单行、多行或密码)，其值为下列值之一。

- SingleLine(默认值)：表示单行输入模式。

- MultiLine：表示多行输入模式。
- Password：表示密码输入模式。

需要说明的是，当 TextBox 控件设为密码输入模式时，不能使用赋值方式设置 TextBox 控件的 Text 属性，可使用控件的 Attributes.Add()方法进行设置。例如，设置密码框的默认密码为“123”，可使用下面的语句来实现：

```
txtPwd.Attributes.Add("value", "123");
```

(5) Columns 属性：文本框的宽度(以字符为单位)。

(6) MaxLength 属性：可输入的最大字符数。

(7) Rows 属性：多行文本框显示的行数。

2.3　按钮类型控件

2.3.1　Button 控件

Button 控件可以分为提交按钮控件和命令按钮控件。提交按钮控件只是将 Web 页面回送到服务器，默认情况下，Button 控件为提交按钮控件。命令按钮控件一般包含与控件相关联的命令，用于处理控件命令事件。其语法格式如下：

```
<asp:Button ID="Button1" runat="server" Text="Button" />
```

1. Button 控件的常用属性

Button 控件常用的属性如下。

(1) Text 属性：获取或设置在 Button 控件中显示的文本。

(2) Enable 属性：设置 Button 控件是否可用。

(3) OnClientClick 属性：设置单击该按钮时所执行的客户端脚本。例如，可以在属性面板中设置 Button 控件的 OnClientClick 属性值为“javascript:return confirm(‘确定要退出吗?’)”，当运行程序时，单击该按钮将会打开一个确认对话框。

(4) PostBackUrl 属性：获取或设置单击 Button 控件时将表单传递给某个页面。例如，可以在属性面板中设置 Button 控件的 PostBackUrl 属性值为 info.aspx，当运作程序时，单击该按钮将会跳转到 info.aspx 页面中。

(5) CausesValidation 属性：获取或设置一个值，该值指示在单击 Button 控件时是否执行了验证。例如，用户在注册时，将会添加多个验证控件，单击“重置”按钮时，并不需要触发验证控件的加法验证，此时就可以将“重置”按钮的 CausesValidation 属性值设置为 false，以防止在单击该按钮时导致控件的激发验证。

(6) CommandName 属性：获取或设置 Button 按钮的 Command 事件的命令参数。

2. Button 控件的常用事件

Button 控件常用的事件是 Click 事件和 Command 事件。

Click 事件是在单击 Button 控件时引发的，不能传递参数，所以处理的事件相对简单；

Command 事件可以传递参数，负责传递参数的是按钮控件的 CommandArgument 和 CommandName 属性。相比于 Click 单击事件，Command 命令事件具有更高的可控性。

3．应用举例

【例 2-1】设计一个用户注册页面，单击“注册”按钮，弹出确认对话框提示注册成功，单击“取消”按钮，弹出对话框提示是否确认要退出，如图 2-1 所示。

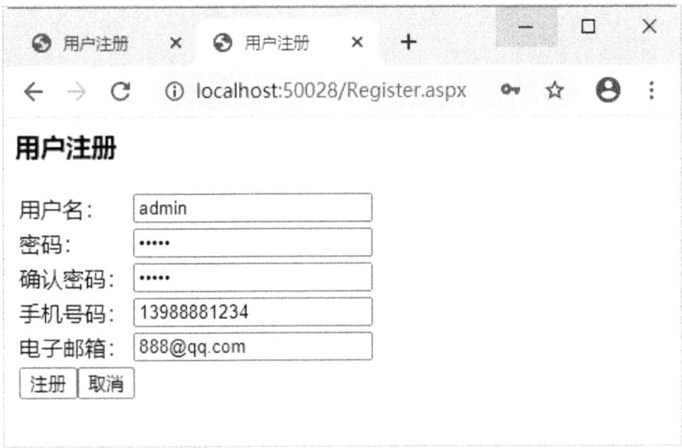

(a) 用户注册页面的运行效果

(b) 单击“注册”按钮弹出的对话框

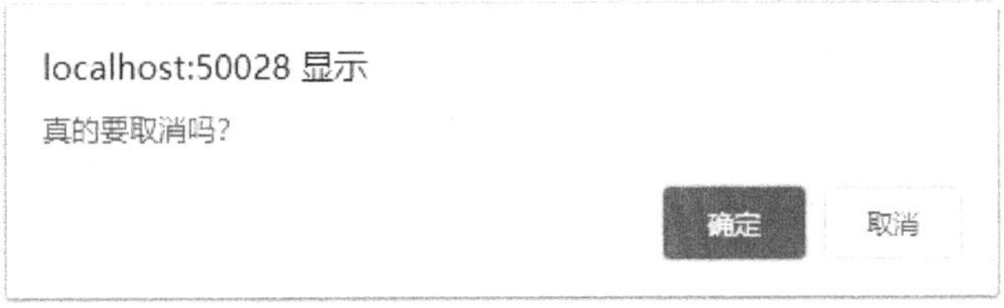

(c) 单击“取消”按钮弹出的对话框

图 2-1　设计用户注册页面

1)　页面设计

```
<%@ Page Language="C#" AutoEventWireup="true"
CodeBehind="Register.aspx.cs" Inherits="char2_1.Register" %>
<!DOCTYPE html>
<html xmlns="http://www.w3.org/1999/xhtml">
<head runat="server">
<meta http-equiv="Content-Type" content="text/html; charset=utf-8"/>
    <title>用户注册</title>
</head>
```

```
<body>
    <form id="form1" runat="server">
    <div>
    <h3>用户注册</h3>
    <table>
        <tr>
            <td>用户名：</td><td>
                <asp:TextBox ID="txtName" runat="server"></asp:TextBox></td>
        </tr>
        <tr>
            <td>密码：</td><td>
                <asp:TextBox ID="txtPwd1" runat="server" TextMode="Password">
</asp:TextBox></td>
        </tr>
        <tr>
            <td>确认密码：</td><td>
                <asp:TextBox ID="txtPwd2" runat="server" TextMode="Password">
 </asp:TextBox></td>
        </tr>
        <tr>
            <td>手机号码：</td><td>
                <asp:TextBox ID="txtTel" runat="server"></asp:TextBox></td>
        </tr>
        <tr>
            <td>电子邮箱：</td><td>
                <asp:TextBox ID="txtEmail"
runat="server"></asp:TextBox></td>
        </tr>
        <tr>
            <td colspan="2">
                <asp:Button ID="btnOK" runat="server" Text="注册"
CommandName="ok" OnCommand="btn_Click" />
<asp:Button ID="btnCancel" runat="server" Text="取消" CommandName="cancel"
OnCommand="btn_Click" /></td>
        </tr>
    </table>
    </div>
    </form>
</body>
</html>
```

2) 后台代码

```
protected void btn_Click(object sender,CommandEventArgs e)
{
    switch(e.CommandName)
    {
        case "ok":
            Response.Write("<script>alert('注册成功！');</script>");break;
```

```
        case "cancel":
            Response.Write("<script>confirm('真的要取消吗?
');</script>");break;
    }
}
```

说明： 本例使用按钮的同一个 Command 事件处理过程，通过设置 CommandName 属性值来区别单击不同的按钮。

2.3.2　LinkButton 控件

LinkButton 控件又称为超链接按钮控件，该控件在功能上与 Button 控件相似，但在呈现样式上不同，LinkButton 控件以超链接的形式显示。其语法格式如下：

```
<asp:LinkButton ID="lnkBtn1" runat="server">LinkButton</asp:LinkButton>
```

1．LinkButton 控件的常用属性

(1)　Text 属性：获取或设置在 LinkButton 控件中显示的文本标题。

(2)　CausesValidation 属性：获取或设置一个值，该值指示在单击 LinkButton 控件时是否执行了验证。

(3)　Enable 属性：获取或设置一个值，该值指示是否启用 Web 服务器控件。

(4)　PostBackUrl 属性：获取或设置单击 LinkButton 控件时从当前页发送到网页的 URL。

2．LinkButton 控件的常用事件

LinkButton 控件的常用事件是 Click 事件和 Command 事件，其用法和 Button 控件完全一致。

2.3.3　ImageButton 控件

ImageButton 控件为图像按钮控件，用于显示具体的图像，在功能上和 Button 控件相同。其语法格式如下：

```
<asp:ImageButton ID="ImageButton1" runat="server" />
```

1．ImageButton 控件的常用属性

(1)　ImageURL 属性：获取或设置在 ImageButton 控件中显示的图像位置。

在设置 ImageURL 属性值时，可以使用相对 URL，也可以使用绝对 URL。相对 URL 使图像的位置与网页的位置相关联，当整个站点移动到服务器上的其他目录时，不需要修改 ImageURL 属性值；绝对 URL 使图像的位置与服务器上的完整路径相关联，当修改站点路径时，需要修改 ImageURL 属性值。建议在设置 ImageButton 控件的 ImageURL 属性值时，使用相对 URL。

(2)　AlternateText 属性：在 ImageURL 属性中指定的图像不可用时显示的替换文字。

2．ImageButton 控件的常用事件

ImageButton 控件常用的事件是 Click 事件和 Command 事件，其用法和 Button 控件完全一致。

2.3.4 HyperLink 控件

HyperLink 控件又称为超链接控件，该控件在功能上和 HTML 的<a href="">标签相似，其显示模式为超链接的形式。HyperLink 控件与大多数 Web 服务器控件不同，当用户单击 HyperLink 控件时并不会在服务器代码中引发事件，该控件只实现导航功能。其语法格式如下：

```
<asp:HyperLink ID="HyperLink1" runat="server">HyperLink</asp:HyperLink>
```

1．HyperLink 控件主要属性

(1) Text 属性：获取或设置 HyperLink 控件的文本标题。

(2) ImageURL 属性：获取或设置 HyperLink 控件显示的图像路径。

(3) NavigateURL 属性：获取或设置单击 HyperLink 控件时链接到的 URL。

(4) Target 属性：获取或设置单击 HyperLink 控件时显示链接到 Web 页内容的目标窗口或框架。通常取下列值之一。

- _blank：在没有框架的新窗口中显示链接页。
- _self：在具有焦点的框架中显示链接页。
- _top：在没有框架的全部窗口中显示链接页。
- _parent：在直接框架级父级窗口或页面中显示链接页。

(5) Enable 属性：获取或设置一个值，该值指示是否启用 Web 服务器控件。

2．应用举例

【例 2-2】使用 HyperLink 控件显示图片并实现超链接。

该示例通过设置 HyperLink 控件的外观属性来控制其外观显示，并通过设置 NavigateURL 属性指定该控件的超链接页面。

(1) 页面设计。新建一个空的项目，添加一个 Web 窗体 Default.aspx，在 Default.aspx 页面上添加一个 HyperLink 控件，其属性设置如表 2-3 所示。

表 2-3 设置 HyperLink 控件属性

属性名称	属 性 值
ID	HyperLink1
NavigateURL	~/Default2.aspx
Target	_top
ImageUrl	~/home.jpg(图片的相对路径)

Default.aspx 文件代码如下：

```
<%@ Page Language="C#" AutoEventWireup="true" CodeBehind="Default.aspx.cs"
Inherits="char2_2.Default"%>
<!DOCTYPE html>
```

```
<html xmlns="http://www.w3.org/1999/xhtml">
<head runat="server">
<meta http-equiv="Content-Type" content="text/html; charset=utf-8"/>
    <title></title>
</head>
<body>
    <form id="form1" runat="server">
    <div>
        <asp:HyperLink ID="HyperLink1" runat="server" ImageUrl="~/home.jpg"
NavigateUrl="~/Default2.aspx" Target="_top">HyperLink</asp:HyperLink>
    </div>
    </form>
</body>
</html>
```

(2) 添加一个用于超链接的 Default2.aspx，在 Default2.aspx 上添加文字信息“测试 HyperLink 跳转页面”。

(3) 运行调试。按 F5 键运行，结果如图 2-2(a)所示，单击图中的 HyperLink 按钮页面链接到 Default2.aspx 上，运行结果如图 2-2(b)所示。

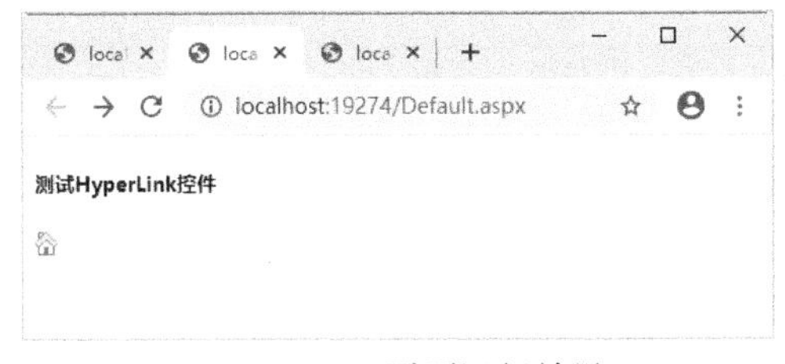

(a) Default 页面运行效果

(b) 单击超链接页面跳转到 Default2.aspx 页

图 2-2　使用 HyperLink 控件显示图片并实现超链接

说明： 如果 HyperLink 控件同时设置了 Text 和 ImageUrl 属性，则 ImageUrl 属性优先。如果图像不可用，则显示 Text 属性中的文本。在支持工具提示功能的浏览器中，Text 属性也变成工具提示。

2.4　选择类型控件

选择类型控件.mp4

2.4.1　ListBox 控件

ListBox 控件用于显示一组列表项，可以从中选择一项或多项。如果列表项的总数超出可以显示的项数，则 ListBox 控件会自动添加滚动条。其语法格式如下：

```
<asp:ListBox ID="ListBox1" runat="server">
    <asp:ListItem>列表项 1</asp:ListItem>
    <asp:ListItem>列表项 2</asp:ListItem>
    <asp:ListItem>列表项 3</asp:ListItem>
</asp:ListBox>
```

1．ListBox 控件的常用属性

(1) Items 属性：表示列表中各个选项的集合。例如，Items[i]表示第 i 个选项，i 从 0 开始。每个选项都有 3 个子选项，其中 Text 属性表示每个选项的文本；Value 属性表示每个选项的选项值；Selected 属性表示该选项是否被选中。

使用 Items 属性为 ListBox 控件添加列表项的方法有两种，下面分别进行介绍。

① 通过属性面板为 ListBox 控件添加列表项。

选中列表项，在属性面板中单击 Items 属性后面的...按钮，弹出“ListItem 集合编辑器”对话框。

在“ListItem 集合编辑器”对话框中，通过单击“添加”按钮可以为 ListBox 控件添加列表项，单击↑和↓按钮可以更改列表项的位置，单击“移除”按钮可以从列表项中将该项删除，如图 2-3 所示。

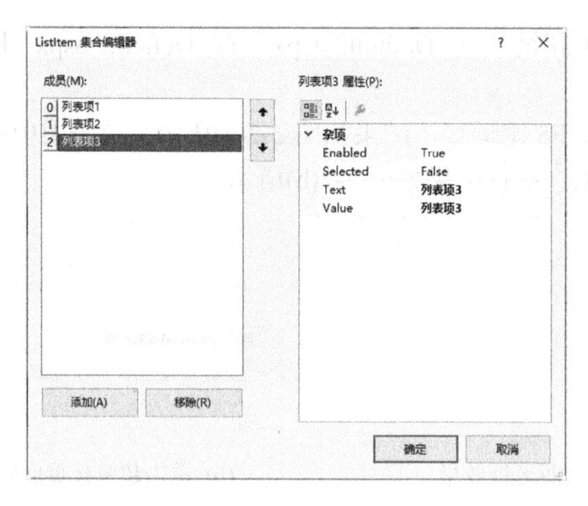

图 2-3 通过“ListItem 集合编辑器”为 ListBox 控件添加列表项

单击“确定”按钮，返回到页面中，在 ListBox 控件中将会呈现已添加的列表项。

例如，使用下面的代码为 ListBox 控件添加列表项。

```
ListBox1.Items.Add("星期日");
ListBox1.Items.Add("星期一");
ListBox1.Items.Add("星期二");
ListBox1.Items.Add("星期三");
ListBox1.Items.Add("星期四");
ListBox1.Items.Add("星期五");
ListBox1.Items.Add("星期六");
```

② 通过 Items.Insert 方法为 ListBox 控件在指定位置添加列表项。

例如，使用下面的代码为 ListBox 控件第一项添加列表项。

```
ListBox1.Items.Insert(0,"=请选择=");
```

(2) SelectionMode 属性：设置列表控件的选择模式。其中，Single 为默认值，表示只允许用户从列表中选择一个项目；Multiple 表示用户可以按住 Ctrl 键或 Shift 键从列表框中选择多个项目。

(3) SelectedIndex 属性：获取所选项的最低序号索引值。如果列表中只有一个项被选中，则该属性表示当前选定项的索引值；若没有选中，则 SelectedIndex 的值为-1。

(4) SelectedItems 属性：获取列表控件中索引最小的选定项。如果列表中只有一个项被选中，则该属性表示当前选定项。通过该属性可以获得选定项的 Text 属性值和 Value 属性值。

(5) SelectedValue 属性：获取列表中选项的值，或选择列表控件中包含指定项的值。

(6) Rows 属性：获取或设置 ListBox 控件中显示的行数。

(7) DataSource 属性：获取或设置填充的数据源。

(8) AutoPostBack 属性：获取或设置一个值，该值是当前用户更改列表中的选定内容时，判断是否自动回发到服务器。

例如，在后台代码中，编写如下代码，将数组绑定到 ListBox 控件中：

```
ArrayList arrList=new ArrayList();
ArrList.Add("星期日");
ArrList.Add("星期一");
ArrList.Add("星期二");
ArrList.Add("星期三");
ArrList.Add("星期四");
ArrList.Add("星期五");
ArrList.Add("星期六");
ListBox1.DataSource=arrList;
ListBox.DataBind();
```

2. ListBox 控件的常用方法

ListBox 控件常用的方法是 DataBind。当 ListBox 控件使用 DataSource 属性附加数据源时，使用 DataBind 方法将数据源绑定到 ListBox 控件上。

3. 应用举例

【例 2-3】 ListBox 控件选项的添加和移除操作。

(1) 页面设计。新建一个空的项目，添加一个 Web 窗体 Default.aspx，代码如下：

```
<%@ Page Language="C#" AutoEventWireup="true" CodeBehind="Default.aspx.cs"
Inherits="char2_4.Default" %>
<!DOCTYPE html>
<html xmlns="http://www.w3.org/1999/xhtml">
<head runat="server">
<meta http-equiv="Content-Type" content="text/html; charset=utf-8"/>
    <title>ListBox 示例</title>
    <style type="text/css">
        .box1{
            width:40%;
            float:left;
        }
```

```
        .box2{
            width:20%;
            float:left;
        }
        .box3{
            width:40%;
            float:left;
        }
    </style>
</head>
<body>
    <form id="form1" runat="server">
    <div>
        <div class="box1">
            <asp:ListBox ID="lstLeft" runat="server" Height="178px"
               Width="125px">
               <asp:ListItem>星期天</asp:ListItem>
               <asp:ListItem>星期一</asp:ListItem>
               <asp:ListItem>星期二</asp:ListItem>
               <asp:ListItem>星期三</asp:ListItem>
               <asp:ListItem>星期四</asp:ListItem>
               <asp:ListItem>星期五</asp:ListItem>
               <asp:ListItem>星期六</asp:ListItem>
            </asp:ListBox>
        </div>
        <div class="box2">
            <asp:Button ID="btnRight" runat="server" Text="&gt;" OnClick=
               "btnRight_Click" />
            <br /><br />
            <asp:Button ID="btnLeft" runat="server" Text="&lt;" OnClick=
               "btnLeft_Click" />
        </div>
        <div class="box3">
            <asp:ListBox ID="lstRight" runat="server" Height="178px" Width=
               "125px"></asp:ListBox>
        </div>
    </div>
    </form>
</body>
</html>
```

(2) 后台代码设计。编写按钮的单击事件，代码如下：

```
protected void btnRight_Click(object sender, EventArgs e)
{
    if(lstLeft.SelectedIndex!=-1)
    {
        lstRight.Items.Add(lstLeft.SelectedItem);
```

```
            lstLeft.Items.Remove(lstLeft.SelectedItem);
            lstRight.ClearSelection();
        }
    }
    protected void btnLeft_Click(object sender, EventArgs e)
    {
        if (lstRight.SelectedIndex != -1)
        {
            lstLeft.Items.Add(lstRight.SelectedItem);
            lstRight.Items.Remove(lstLeft.SelectedItem);
            lstLeft.ClearSelection();
        }
    }
```

(3) 运行调试。按 F5 键运行，运行结果如图 2-4 所示。单击>按钮，把在左侧选中的列表项添加到右侧的列表中，同时移除在左侧选中的列表项；单击<按钮，实现反向添加和移除操作。

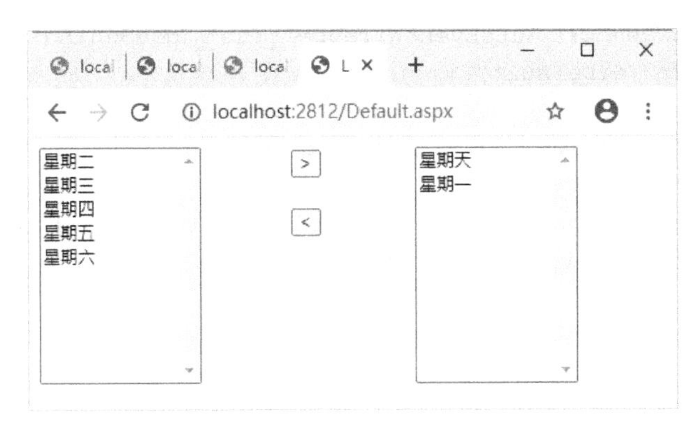

图 2-4 ListBox 控件操作

2.4.2 DropDownList 控件

DropDownList 控件用于创建一个包含多个选项的下拉列表，用户可以从中选中一个选项，与 ListBox 控件的使用类似。DropDownList 控件是一种节省空间的数据显示方式，正常情况下只看到一个选项，单击下拉按钮后可以显示一定数量的选项；如果超过这个数量就会自动出现滚动条。其语法格式如下：

```
<asp:DropDownList ID="DropDownList1" runat="server">
    <asp:ListItem>ListItem1</asp:ListItem>
    <asp:ListItem>ListItem2</asp:ListItem>
</asp:DropDownList>
```

1. DropDownList 控件的常用属性

DropDownList 控件的常用属性和 ListBox 控件的常用属性基本一致，这里不再赘述。

2. DropDownList 控件的常用方法

DropDownList 控件的常用方法是 DataBind。当 DropDownList 控件使用 DataSource 属性附加数据源时，可使用 DataBind 方法将数据源绑定到 DropDownList 控件上。

3. DropDownList 控件的常用事件

DropDownList 控件的常用事件是 SelectedIndexChanged。当 DropDownList 控件中选定选项发生改变时，将会触发 SelectedIndexChanged 事件。

4. 应用举例

【例 2-4】将数据绑定到 DropDownList 控件中，选择控件中的选项，在标签中显示选中的项。

(1) 页面设计。新建一个空的项目，添加一个 Web 窗体 Default.aspx，在页面中设计一个 DropDownList 控件，将其 AutoPostBack 属性设置为 true，ID 属性设置为 ddlCourse。代码如下：

```
<%@ Page Language="C#" AutoEventWireup="true" CodeBehind="Default.aspx.cs"
Inherits="char2_4.Default" %>
<!DOCTYPE html>
<html xmlns="http://www.w3.org/1999/xhtml">
<head runat="server">
<meta http-equiv="Content-Type" content="text/html; charset=utf-8"/>
    <title>DropDownList 示例</title>
</head>
<body>
    <form id="form1" runat="server">
    <div>
        <asp:DropDownList ID="ddlCourse" runat="server" AutoPostBack="True"
            OnSelectedIndexChanged="ddlCourse_SelectedIndexChanged">
        </asp:DropDownList>
        <asp:Label ID="lblInfo" runat="server" Text="Label"></asp:Label>
    </div>
    </form>
</body>
</html>
```

(2) 后台代码设计。

```
protected void Page_Load(object sender, EventArgs e)
{
    if (!IsPostBack)
    {
        ArrayList arrList = new ArrayList();
        arrList.Add("语文");
        arrList.Add("数学");
        arrList.Add("英语");
```

```
        arrList.Add("信息技术");
        ddlCourse.DataSource = arrList;
        ddlCourse.DataBind();
    }
}
protected void ddlCourse_SelectedIndexChanged(object sender, EventArgs e)
{
    lblInfo.Text = "您选择的是：" + ddlCourse.SelectedItem.Text;
}
```

(3) 运行调试。按 F5 键，运行效果如图 2-5 所示。

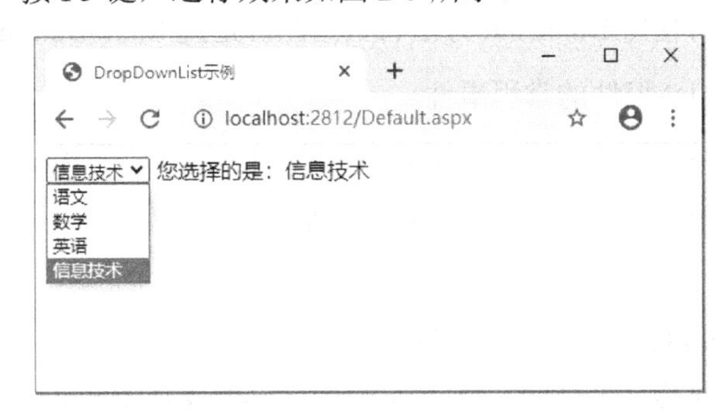

图 2-5 DropDownList 控件操作

2.4.3 RadioButton 控件和 RadioButtonList 控件

RadioButton 控件用于显示单选按钮，在 Web 窗体页上创建单个单选按钮意义不大，本书不再叙述。

RadioButtonList 控件用于生成一组单选按钮，实现在多个项目中做出单一选择的功能，相当于多个 RadioButton 控件。使用 RadioButtonList 控件比使用多个 RadioButton 控件更加方便。其语法格式如下：

```
<asp:RadioButtonList ID="RadioButtonList1" runat="server">
    <asp:ListItem>选项 1</asp:ListItem>
    <asp:ListItem>选项 2</asp:ListItem>
    <asp:ListItem>选项 3</asp:ListItem>
</asp:RadioButtonList>
```

1. RadioButtonList 控件的常用属性

(1) AutoPostBack 属性：获取或设置一个值，该值指示在单击 RadioButtonList 控件时，是否自动回发到服务器。

(2) Items 属性：表示列表中各个选项的集合。

(3) TextAlign 属性：表示文本标签相对于每项的对齐方式。其中，right 为默认值，表示文本右对齐；取值 left，表示文本左对齐。

(4) Selected 属性：布尔值，表示是否被选中。

(5) SelectedIndex 属性：获取所选项的最低序号索引值。如果列表中只有一个项被选中，则该属性表示当前选定项的索引值；若没有选中，则 SelectedIndex 的值为-1。

(6) SelectedItems 属性：获取列表控件中索引最小的选定项。如果列表中只有一个项被选中，则该属性表示当前选定项。通过该属性可以获得选定项的 Text 属性值和 Value 属性值。

(7) RepeatDirection 属性：设置控件的显示方向。其中，Vertical 为默认值，表示纵向排列，取值 Horizontal 表示横向排列。

2．RadioButtonList 控件的常用方法

RadioButtonList 控件的常用方法是 DataBind。当 RadioButtonList 控件使用 DataSource 属性附加数据源时，可使用 DataBind 方法将数据源绑定到 RadioButtonList 控件上。

3．RadioButtonList 控件的常用事件

RadioButtonList 控件的常用事件是 SelectedIndexChanged。当 RadioButtonList 控件中选定选项发生改变时，将会触发 SelectedIndexChanged 事件。

4．应用举例

【例 2-5】使用 RadioButtonList 控件模拟考试系统中的单选题。

(1) 页面设计。新建一个空的项目，添加一个 Web 窗体 Default.aspx，代码如下：

```
<%@ Page Language="C#" AutoEventWireup="true" CodeBehind="Default.aspx.cs"
Inherits="char2_5.Default" %>
<!DOCTYPE html>
<html xmlns="http://www.w3.org/1999/xhtml">
<head runat="server">
<meta http-equiv="Content-Type" content="text/html; charset=utf-8"/>
    <title></title>
</head>
<body>
    <form id="form1" runat="server">
    <div>
        <h3>单选题</h3>
        <p>1.ASP.NET 页面文件默认的扩展名是:</p>
        <asp:RadioButtonList ID="radl1" runat="server" AutoPostBack="True"
            RepeatDirection="Horizontal" OnSelectedIndexChanged=
            "radl1_SelectedIndexChanged">
            <asp:ListItem>.asp</asp:ListItem>
            <asp:ListItem>.aspnet</asp:ListItem>
            <asp:ListItem>.aspx</asp:ListItem>
            <asp:ListItem>.net</asp:ListItem>
        </asp:RadioButtonList>
<asp:Label ID="lblInfo" runat="server" Text="Label"></asp:Label>
    </div>
    </form>
</body>
</html>
```

(2) 后台代码设计。

```
protected void radl1_SelectedIndexChanged(object sender, EventArgs e)
{
    if (radl1.SelectedIndex == 2)
        lblInfo.Text = "正确！";
    else
        lblInfo.Text = "错误！";
}
```

(3) 运行调试。按 F5 键，运行效果如图 2-6 所示。

图 2-6　“单选题”页面运行效果

2.4.4　CheckBox 控件和 CheckBoxList 控件

CheckBox 控件用于显示允许用户设置 true 或 false 条件的复选框。用户可以从一组 CheckBox 控件中选择一项或多项。该控件相对简单，不再赘述。

CheckBoxList 控件用于生成一组复选框，实现在多个项目中选择一项或多项的功能，相当于多个 CheckBox 控件。使用 CheckBoxList 控件要比使用多个 CheckBox 控件方便很多，其语法格式如下：

```
<asp:CheckBoxList ID="CheckBoxList1" runat="server" AutoPostBack="True">
    <asp:ListItem>选项 1</asp:ListItem>
    <asp:ListItem>选项 2</asp:ListItem>
    <asp:ListItem>选项 3</asp:ListItem>
</asp:CheckBoxList>
```

1. CheckBoxList 控件的常用属性

CheckBoxList 控件的常用属性与 RadioButtonList 控件的常用属性相同，在此不再赘述。

2. CheckBoxList 控件的常用事件

CheckBoxList 控件的常用事件是 SelectedIndexChanged。当 CheckBoxList 控件中选定选项发生改变时，将会触发 SelectedIndexChanged 事件。

3. 应用举例

【例 2-6】使用 CheckBoxList 控件模拟考试系统中的多项选择题。

(1) 页面设计。新建一个空的项目，添加一个 Web 窗体 Default.aspx，代码如下：

```
<%@ Page Language="C#" AutoEventWireup="true" CodeBehind="Default.aspx.cs"
Inherits="char2_6.Default" %>
<!DOCTYPE html>
<html xmlns="http://www.w3.org/1999/xhtml">
<head runat="server">
<meta http-equiv="Content-Type" content="text/html; charset=utf-8"/>
   <title></title>
</head>
<body>
   <form id="form1" runat="server">
   <div>
      <h3>多项选择题</h3>
      <p>1.建设生态文明，必须树立什么样的生态文明理念？</p>
      <asp:CheckBoxList ID="chkl1" runat="server"
         RepeatDirection="Horizontal">
         <asp:ListItem Value="A">A.尊重自然</asp:ListItem>
         <asp:ListItem Value="B">B.顺应自然</asp:ListItem>
         <asp:ListItem Value="C">C.保护自然</asp:ListItem>
         <asp:ListItem Value="D">D.改造自然</asp:ListItem>
         <asp:ListItem Value="E">E.征服自然</asp:ListItem>
      </asp:CheckBoxList>
      <asp:Button ID="btnSubmit" runat="server" OnClick="btnSubmit_Click"
         Text="提交答案" />
      <hr />
      <asp:Label ID="lblInfo" runat="server" Text="Label"></asp:Label>
   </div>
   </form>
</body>
</html>
```

(2) 后台代码设计。编写按钮的单击事件，代码如下：

```
protected void btnSubmit_Click(object sender, EventArgs e)
{
   string str = "";
   //获取选中的项
   for (int i = 0; i < chkl1.Items.Count; i++)
   {
      if (chkl1.Items[i].Selected == true)
         str += chkl1.Items[i].Value;
   }
   //判断答题是否正确，本题答案是ABC
   if ((str=="ABC"))
      lblInfo.Text = "您的答案：" + str + ",正确答案：ABC," + "回答正确！";
   else
      lblInfo.Text = "您的答案：" + str + ",正确答案：ABC," + "回答错误！";
}
```

(3) 运行调试。按 F5 键，运行效果如图 2-7 所示。

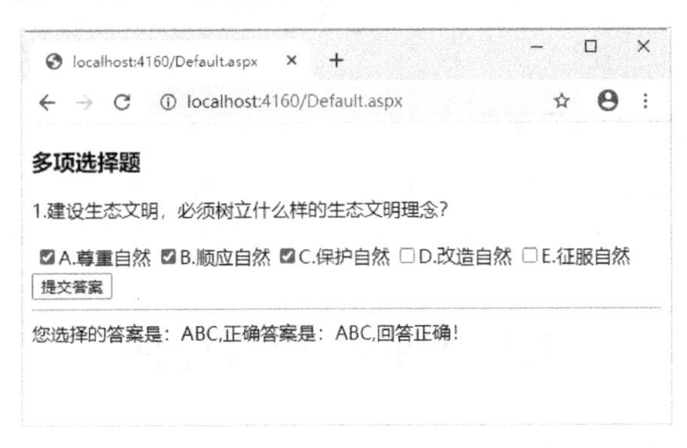

图 2-7　“多项选择题”页面运行效果

2.5　图形显示类型控件

2.5.1　Image 控件

Image 控件用于在页面上显示图像。在使用 Image 控件时，可以在设计或运行时以编程的方式为 Image 对象指定图形文件。其语法格式如下：

```
<asp:Image ID="Image1" runat="server" ImageUrl="~/images/logo.jpg" />
```

Image 控件的常用属性如下。

(1) AlternateText 属性：在图像无法显示时显示的替换文字。

(2) ImageAlign 属性：获取或设置 Image 控件相对于网页上其他元素的对齐方式。

(3) ImageUrl 属性：获取或设置在 Image 控件中显示的图像的位置。

与 HTML 中的图像控件<img scr= “ ”alt=“ ”>相比，Image 控件具有可控性的优点，用户可以通过编程来控制 Image 控件，Image 控件不支持任何事件。

2.5.2　ImageMap 控件

ImageMap 控件允许在图片中定义一些热点(HotSpot)区域；当用户单击这些热点区域时，将会引发超链接或者单击事件。当需要对某幅图片的局部实现交互时，使用 ImageMap 控件，如以图片形式展示的网站地图和流程图等。

1．ImageMap 控件的常用属性

(1) AlternateText 属性：在图像无法显示时显示的替换数字。

(2) HotSpotMode 属性：获取或设置单击 HotSpot 对象时 ImageMap 控件的 HotSpot 对象的默认行为。

(3) HotSpots 属性：获取 HotSpot 对象的集合，这些对象表示 ImageMap 控件中定义的作用点区域。

(4) ImageUrl 属性：获取或设置在 ImageMap 控件中显示的图像的位置。

(5) Target 属性：获取或设置单击 ImageMap 控件时显示链接到的网页内容的目标窗口或框架。

2. ImageMap 控件的常用事件

ImageMap 控件的常用事件是 Click 事件，该事件在用户单击热点区域时发生。当 HotSpotMode 属性设置为 PostBack 时，需要定义并实现该事件的处理程序。

2.6 Panel 容器控件

容器控件.mp4

2.6.1 Panel 控件概述

Panel 控件在页面内为其他控件提供了一个容器，可以将多个控件放入一个 Panel 控件中，作为一个单元进行控制，如隐藏或显示这些控件，同时也可以使用 Panel 控件为一组常见的控件形成独特的外观。

Panel 控件相当于一个储物箱，在这个储物箱内可以放置各种物品(其他控件)。也就是说，可以将零散的物品放置在储物箱中，便于管理和控制。其语法格式如下：

```
<asp:Panel ID="Panel1" runat="server"> </asp:Panel>
```

Panel 控件的常用属性如下。

(1) Visible 属性：用于指定该控件是否可见。

(2) HorizontalAlign 属性：用于设置控件内容的水平对齐方式。通常取下列值之一。

- Center：容器的内容居中。
- Justify：容器的内容均匀展开，与左右边距对齐。
- Left：容器的内容左对齐。
- Right：容器的内容右对齐。
- NotSet：未设置水平对齐方式。该值是默认值。

(3) Enabled 属性：获取或设置一个值，该值指示是否已启用控件。

2.6.2 使用 Panel 控件显示或隐藏一组控件

【例 2-7】使用 Panel 控件显示或隐藏一组控件。

页面中设计了两个 Panel 控件，在 Panel 控件中分别设计了“用户登录”页面和“用户注册”页面，并将“用户注册”页面隐藏，单击“用户注册”链接后，隐藏“用户登录”页面，显示“用户注册”页面。

(1) 页面设计。新建一个空的项目，添加一个 Web 窗体 Default.aspx，代码如下：

```
<%@ Page Language="C#" AutoEventWireup="true" CodeBehind="Default.aspx.cs"
Inherits="char2_7.Default" %>

<!DOCTYPE html>
```

```
<html xmlns="http://www.w3.org/1999/xhtml">
<head runat="server">
<meta http-equiv="Content-Type" content="text/html; charset=utf-8"/>
   <title></title>
</head>
<body>
   <form id="form1" runat="server">
   <div>
      <asp:LinkButton ID="lbtnLogin" runat="server"
OnClick="lbtnLogin_Click">用户登录</asp:LinkButton>
          
      <asp:LinkButton ID="lbtnRegister" runat="server" OnClick=
         "lbtnRegister_Click">用户注册</asp:LinkButton>
      <asp:Panel ID="pnlLogin" runat="server">
         <h3>用户登录</h3>
         用户名称: <asp:TextBox ID="txtName" runat="server">
            </asp:TextBox><br />
         用户密码: <asp:TextBox ID="txtPwd" runat="server">
            </asp:TextBox><br />
         <asp:Button ID="btnLogin" runat="server" Text="登录" />
      </asp:Panel>
      <asp:Panel ID="pnlRegister" runat="server" Visible="False">
         <h3>用户注册</h3>
         用户名称: <asp:TextBox ID="txtUserName" runat="server">
            </asp:TextBox><br />
         用户密码: <asp:TextBox ID="txtPassword" runat="server">
            </asp:TextBox><br />
         确认密码: <asp:TextBox ID="txtPassword2" runat="server">
            </asp:TextBox><br />
         <asp:Button ID="btnRegister" runat="server" Text="注册" />
      </asp:Panel>
   </div>
   </form>
</body>
</html>
```

(2) 后台代码设计。

```
protected void lbtnLogin_Click(object sender, EventArgs e)
{
   pnlLogin.Visible = true;
   pnlRegister.Visible = false;
}

protected void lbtnRegister_Click(object sender, EventArgs e)
{
   pnlRegister.Visible = true;
```

```
    pnlLogin.Visible = false;
}
```

(3) 运行调试。按 F5 键，运行效果如图 2-8 所示。

(a) 单击“用户登录”链接的运行效果　　(b) 单击“用户注册”链接的运行效果

图 2-8　运行效果

2.7　FileUpload 文件上传控件

2.7.1　FileUpload 控件概述

FileUpload 文件上传控件.mp4

FileUpload 控件的主要功能是向指定目录上传文件，该控件包括一个文本和一个“浏览”按钮。可以在文本框中输入完整的文件路径，或者通过按钮浏览并选择需要上传的文件。FileUpload 控件不会自动上传文件，必须设置相关的事件处理程序，并在程序中实现文件上传。其语法格式如下：

```
<asp:FileUpload ID="FileUpload1" runat="server" />
```

1. FileUpload 控件的常用属性

(1) FileName 属性：获取上传文件在客户端的文件名称。

(2) HasFile 属性：获取一个布尔值，用于表示 FileUpload 控件是否已经包含了一个文件。

(3) PostedFile 属性：获取一个与上传文件相关的 HttpPostedFile 对象，使用该对象可以获取上传文件的相关信息。例如，调用 HttpPostedFile 对象的 ContentLength，可以获得上传文件的大小；调用 HttpPostedFile 对象的 ContentType 属性，可以获得上传文件的类型；调用 HttpPostedFile 对象的 FileName 属性，可以获得上传文件在客户端的完整路径(调用 FileUpload 控件的 FileName 属性，仅能获得文件名)。

(4) PostedFile. ContentLength 属性：获取上传文件的大小，单位是字节(Byte)。

(5) PostedFile. ContentType 属性：获取上传文件的类型。

FileUpload 控件可视化设置的属性比较少，大部分属性都要通过代码控制完成。

在.NET 中，FileUpload 控件默认上传文件最大为 4MB。如果要上传大文件，可以通过修改 Web.config 文件来实现。不建议修改此限制，以免造成潜在的安全威胁。

2．FileUpload控件的常用方法

FileUpload控件包括一个核心方法SaveAS(String filename)，其中，参数filename是指被保存在服务器中的上传文件的绝对路径。通常在事件处理程序中调用SaveAS方法。在调用SaveAs方法之前，首先应该判断HasFile属性值是否为true。如果为true，则表示FileUpload控件已经确认上传文件存在，此时，就可以调用SaveAs方法实现文件上传；如果为false，则需要显示相关提示信息。

2.7.2 使用FileUpload控件上传文件

【例2-8】 使用FileUpload控件上传图片文件。

(1) 页面设计。新建一个空的项目，添加一个Web窗体Default.aspx，代码如下：

```
<%@ Page Language="C#" AutoEventWireup="true" CodeBehind="Default.aspx.cs"
Inherits="char2_8.Default" %>
<!DOCTYPE html>
<html xmlns="http://www.w3.org/1999/xhtml">
<head runat="server">
<meta http-equiv="Content-Type" content="text/html; charset=utf-8"/>
   <title></title>
</head>
<body>
   <form id="form1" runat="server">
   <div>
      选择要上传的文件：<asp:FileUpload ID="FileUpload1" runat="server" />
      <br />
      <br />
      <asp:Button ID="btnSubmit" runat="server" Text="上传文件"
         OnClick="btnSubmit_Click" />
      <br />
      <hr />
      <asp:Label ID="lblInfo" runat="server" Text="Label"></asp:Label>
   </div>
   </form>
</body>
</html>
```

(2) 后台代码设计。在“上传文件”按钮的单击事件中添加如下代码：

```
protected void btnSubmit_Click(object sender, EventArgs e)
{
   string fileName, fileExtension, filePath;
   string str="";
   if(!FileUpload1.HasFile)
   {
      lblInfo.Text = "请选择要上传的文件！";
      return;
```

```
        }
        //获取待上传的文件名
        fileName = FileUpload1.FileName;
        //获取文件扩展名
        fileExtension = System.IO.Path.GetExtension(FileUpload1.FileName);
        if(fileExtension!=".jpg"&&fileExtension!=".png")
        {
            lblInfo.Text = "文件类型不正确！请重新选择！";
            return;
        }
        filePath=Server.MapPath("~/uploads/");//获取服务器保存路径
        FileUpload1.PostedFile.SaveAs(filePath+fileName);//上传文件
        str+="上传的文件名称为：";
        str+=fileName;
        str+="<br />上传的文件类型为：";
        str+=FileUpload1.PostedFile.ContentType;
        str+="<br />上传的文件大小为：";
        str+=FileUpload1.PostedFile.ContentLength.ToString();
        str+="字节";
        lblInfo.Text=str;
    }
```

(3) 运行调试。按 F5 键，运行效果如图 2-9 所示。

图 2-9 文件上传页面运行效果

2.8 习 题

1. 填空题

(1) 对 ASP.NET 控件的操作主要有_______、_______、_______和_______四种。

(2) Label 控件即_______，用于在页面上显示文本。

(3) _______控件是创建项列表的控件，可实现列表型数据的显示。

(4) CheckBox 控件即_______ 控件。

(5) CheckBoxList 控件的常用事件为_______，代表选项发生变化时引发的事件。

(6) RadioButton 是_______。RadioButtonList 控件呈现为一组互相_______的单选按钮。

在任一时刻，只有______个单选按钮被选中。

(7) DropDownList是下拉列表框控件，该控件类似于______控件。

2. 选择题

(1) 下面(　　)是单选按钮。

A. ImageButton　　B. LinkButton　　C. RadioButton　　D. BulletedList

(2) CheckBox是常用的控件,它是指(　　)。

A. 列表框　　B. 文本框　　C. 复选框　　D. 标签

(3) 用于在页面上显示文本的控件是(　　)。

A. Label　　B. TextBox　　C. Button　　D. LinkButton

(4) (　　)按钮可以同时被选中多个。

A. RadioButton　　B. CheckBox　　C. ListBox　　D. TextBox

(5) (　　)为ListBox外观设置属性。

A. SelectedIndex　　B. CausesValidation　　C. BorderColor　　D. Checked

(6) 可使用户方便地在网站的不同页面之间实现跳转的控件是(　　)。

A. CausesValidation　　B. HyperLink　　C. Checked　　D. SelectedIndex

(7) 用于在ASP.NET页面上显示图像的控件是(　　)。

A. ImageMap　　B. BorderColor　　C. RadioButton　　D. Image

(8) AccessKey的功能是(　　)。

A. 变量　　B. 存取键　　C. 关键字　　D. 快捷键

(9) 当整个页面被浏览器读入时触发的事件是(　　)。

A. Page_Load　　B. Page_Unload　　C. Page_Init　　D. Click

(10) 要使Button控件不可用，需要将控件的(　　)属性设置为false。

A. Enabled　　B. EnableViewState

C. Visible　　D. CausesValidation

(11) DropDownList被选中项的索引号被置于(　　)属性中。

A. SelectIndex　　B. SelectedItem

C. SelectedValue　　D. TabIndex

(12) DropDownList控件Items集合的Count属性值是(　　)。

A. 选中项的序号　　B. 项的总数目

C. 选择项的数目　　D. 选择项的值

(13) 语句DropDownList1.Item[0].Selected=true;的作用是(　　)。

A. 首项被选中　　B. 测试首项是否被选中

C. 去掉首项的选中　　D. 首项可用

(14) 要使RadioButton控件被选中，需要将其(　　)属性设置为true。

A. Enabled　　B. Visible

C. Checked　　D. AutoPostBack

2.9 上机实验

(1) 在 Visual Studio 2013 中调试书上的各个实例。

(2) 结合本章实例，设计一个个人注册页面，要求输入用户名、密码、性别、出生日期、出生地等信息。

第 3 章　数据验证技术

【学习目标】

- 熟悉 ASP.NET 数据验证控件；
- 掌握各种数据验证控件的使用方法。

【工作任务】

- 使用 RequiredFieldValidator 控件实现数据的非空验证；
- 使用 CompareValidator 控件实现数据比较验证；
- 使用 RegularExpressionValidator 控件实现数据输入格式验证；
- 使用 RangeValidator 控件实现数据范围验证；
- 使用 ValidationSummary 控件实现验证错误信息提示。

【大国自信】

量子卫星

2017 年 8 月 10 日凌晨，“墨子号”在国际上首次成功实现了从卫星到地面的量子密钥分发和从地面到卫星的量子隐形传态，将“绝对保密”的量子通信从理论向实用化再次推进了一大步，并为我国未来继续引领世界量子通信技术发展奠定坚实基础。

在交互式 Web 环境中，通常需要对用户输入的数据进行有效性验证。例如，在一些商业网站、个人网站中都有用户注册等，这些网页必然用到表单。这些表单的填写正确与否，需要通过编写 JavaScript 脚本程序在前端对表单进行控制。如果每次验证表单都要手写代码，必然会影响到工作效率。

ASP.NET 提供了一组验证控件，对客户端用户的输入进行验证，在验证数据时，网页会自动生成相关的 JavaScript 代码，这样不仅响应速度快，而且网页设计人员也不需要额外编写 JavaScript 脚本代码。

ASP.NET 验证控件主要有非空数据验证控件、数据比较验证控件、数据类型验证控件、数据格式验证控件等。下面介绍数据验证控件的使用方法。

3.1　数据验证控件

非空验证与数据比较验证.mp4

3.1.1　非空数据验证控件

当某个字段不能为空时，可以使用非空数据验证(RequiredFieldValidator)控件。该控件常用于文本框的非空验证。在网页提交到服务器前，该控件验证控件的输入值是否为空。如果为空，则显示错误信息和提示信息。RequiredFieldValidator 控件的部分常用属性如下。

1. ControlToValidate 属性

该属性设置要进行验证的控件 ID。此属性必须设置为输入控件的 ID。如果没有指定有效输入控件，则在显示页面时引发异常。另外，该 ID 控件必须和验证控件在相同的容器中。

例如，要验证 TextBox 控件的 ID 属性为 txtPwd，只要将 RequiredFieldValidator 控件的 ControlToValidate 属性设置为 txtPwd 即可，代码如下：

```
this. RequiredFieldValidator1. ControlToValidate="txtPwd";
```

2. ErrorMessage 属性

该属性设置当验证不合法时出现错误的信息。例如，将 RequiredFieldValidator 控件的错误信息文本设为 “用户名不能为空！”，代码如下：

```
this. RequiredFieldValidator1. ErrorMessage=" 用户名不能为空！";
```

3. Display 属性

该属性设置错误信息的显示方式。默认值为 Static，表示错误信息在页面中占有确定位置；默认值为 Dynatic，表示控件错误信息出现时才在页面中占有位置；默认值为 None，表示错误出现时不显示，但是可以在 ValidationSummary 中显示。

4. Text 属性

该属性设置验证不出错时显示的文本(Display 属性需要设为 Static)。

RequiredFieldValidator 控件示例。

```
用户名：<asp:TextBox ID="txtUser" runat="server"></asp:TextBox>
<asp:RequiredFieldValidator ID="RequiredFieldValidator1" runat="server"
ErrorMessage="用户名不能为空！"
ControlToValidate="txtUser"></asp:RequiredFieldValidator>
<asp:Button ID="Button1" runat="server" Text="提交" OnClick="Button1_Click"
/>
```

运行上面的示例，在单击“提交”按钮时，会检查 txtUser 控件是否有输入；如果没有，则显示错误信息“用户名不能为空！”。

说明： 在使用验证控件时，需要将 C:\Program Files (x86)\Microsoft Web Tools\Packages\AspNet.ScriptManager.jQuery.1.10.2\lib\net45\AspNet.ScriptManager.jQuery.dll 文件添加到项目的“引用”中。

3.1.2 数据比较验证控件

数据比较验证(CompareValidator)控件用于将用户输入的数据与常数值或另一个控件的值进行比较，以确定这两个值是否与比较运算(大于、等于、小于等)指定的关系相匹配。例如，在用户注册时判断两次输入的密码是否一致。CompareValidator 控件常用的属性如下。

1．ControlToCompare 属性

该属性获取或设置用于比较的输入控件的 ID，默认值为空字符串。

2．ControlToValidate 属性

该属性设置要进行验证的控件 ID。此属性必须设置为输入控件 ID。如果没指定有效输入控件，则主要在显示页面时引发异常。另外，该 ID 控件必须和验证控件在相同的容器中。

例如，ID 属性为 txtRPwd 的 TextBox 控件与 ID 属性为 txtPwd 的 TextBox 控件进行比较验证，代码如下：

```
This. CompareValidator1. ControlToCompare = "txtPwd";
This. CompareValidator1. ControlToValidate = "txtRePwd";
```

3．ErrorMessage 属性

该属性设置验证不合法时出现错误的信息。

4．Operator 属性

该属性获取或设置验证中使用的比较操作，默认值为 Equal。

Operator 属性指定要对其进行比较验证时使用的比较操作。需要注意的是 ControlToValidate 属性必须位于比较运算符的左边，ControlToCompare 属性位于右边，才能有效进行计算。

例如，要验证 ID 属性为 txtRePwd 的 TextBox 控件与 ID 属性为 txtPwd 的 TextBox 控件是否相等，代码如下：

```
this. CompareValidator1. Operator = ValidationCompareOperator.Equal;
```

5．Display 属性

该属性设置错误信息的显示方式。

6．Type 属性

该属性获取或设置比较的两个值的数据类型，默认值为 string。

例如，要验证 ID 属性为 txtRePwd 的 TextBox 控件与 ID 属性为 txtPwd 的 TextBox 控件的值类型为 string 类型，代码如下：

```
this. CompareValidator. Type= ValidationDataType.string;
```

7．ValueToCompare 属性

该属性获取或设置要比较的值。如果 ValueToCompare 和 ControlToCompare 属性都存在，则使用 ControlToCompare 属性的值。

例如，设置比较的值为“你好”，代码如下：

```
this. CompareValidator1. ValueToCompare= "你好";
```

CompareValidator 控件示例：验证两个密码框中输入的数据是否一致。

```
密码：<asp:TextBox ID="txtPwd1" runat="server"
TextMode="Password"></asp:TextBox>
<br />
```

```
确认密码：<asp:TextBox ID="txtPwd2" runat="server"
TextMode="Password"></asp:TextBox>
<asp:CompareValidator ID="CompareValidator1" runat="server"
ErrorMessage="两次密码不一致！" ControlToCompare="txtPwd1"
ControlToValidate="txtPwd2"></asp:CompareValidator>
<br />
<asp:Button ID="Button1" runat="server" Text="验证" />
```

运行上面的示例，在单击“验证”按钮时，会检查两个密码框中输入的数据是否一致；如果输入的数据不一致，则显示错误信息“两次密码不一致！”。

例如，下面的代码验证日期格式是否正确。

```
出生日期：<asp:TextBox ID="txtDate" runat="server"></asp:TextBox>
<asp:CompareValidator ID="CompareValidator2" runat="server"
ErrorMessage="日期格式不正确！" Operator="DataTypeCheck"
ControlToValidate="txtDate" Type="Date"></asp:CompareValidator>
<asp:Button ID="Button1" runat="server" Text="验证" />
```

3.1.3 数据类型验证控件

通过 CompareValidator 控件还可以对照特定的数据类型来验证用户的输入，以确保用户输入的是数字、日期等。例如，如果要在用户信息页上输入出生日期信息，就可以使用 CompareValidator 控件确保该页在提交前对输入的日期格式进行验证。

验证输入日期格式数据的示例：

```
出生日期：<asp:TextBox ID="txtDate" runat="server"></asp:TextBox>
<asp:CompareValidator ID="CompareValidator2" runat="server"
ErrorMessage="日期格式不正确！" Operator="DataTypeCheck"
ControlToValidate="txtDate" Type="Date"></asp:CompareValidator>
<asp:Button ID="Button1" runat="server" Text="验证" />
```

运行上面的示例，在单击“验证”按钮时，会检查输入的日期数据是否合法；如果输入的数据不合法，则显示错误信息“日期格式不正确！”。

3.1.4 数据格式验证控件

数据格式验证.mp4

使用数据格式验证(RegularExpressionValidator)控件可以验证用户的输入是否与预定义的模式相匹配，这样就可以对电话号码、邮编、网站等进行验证。RegularExpressionValidator 控件允许有多种有效模式，每个有效模式用“|”字符分隔。预定义的模式需要使用正则表达式定义。

RegularExpressionValidator 控件常用的属性如下。

1. ControlToValidate 属性

该属性设置要进行验证的控件 ID。此属性必须设置为输入控件 ID。如果没指定有效输入控件，则主要在显示页面时引发异常。另外，该 ID 控件必须和验证控件在相同的容器中。

2. ErrorMessage 属性

该属性设置验证不合法时出现错误的信息。

3. ValidationExpression 属性

该属性获取或设置被指定为验证条件的正则表达式，默认值为空字符串。

常用的正则表达式字符及含义如表 3-1 所示。

表 3-1　常用的正则表达式字符及含义

正则表达式字符	含　义
[……]	匹配括号中的任何一个字符
[^……]	匹配不在括号中的任何一个字符
\w	匹配任何一个字符
\W	匹配任何一个空白字符
\s	匹配任何一个非空白字符
\S	与任何非单词字符匹配
\d	匹配任何一个数字
\D	匹配任何一个非数字
[\b]	匹配一个退格键字符
{n,m}	最少匹配前面表达式 n 次，最大 m 次
{n,}	最少匹配前面表达式 n 次
{n}	恰恰匹配前面表达式 n 次
?	匹配前面表达式 0 次或 1 次
+	至少匹配前面表达式{1，}次
*	至少匹配前面表达式{0，}次
|	匹配前面表达式或后面表达式
(...)	在单元中组合项目
^	匹配字符串的开头
$	匹配字符串的结尾
\b	匹配字符边界
\B	匹配非字符边界的某个位置

下面列举几个常用的正则表达式。

(1) 验证电子邮件。

\w+([-+.']\w+)*@\w+([-.]\w+)*\.\w+([-.]\w+)*

(2) 验证网址。

http(s)?://([\w-]+\.)+[\w-]+(/[\w- ./?%&=]*)?

(3) 验证邮政编码。

\d{6}

(4) 其他正则表达式。

[0-9] ：表示 0～9 十个数字。

\d*：表示任意个数字。

\d{3,4}-\d{7,8}：表示中国大陆的固定电话号码。

\d{2}-\d{5}：验证由两位数字、一个字符再加 5 位数字组成的 ID 号。

<\s*(\S+)(\s[^>]*)?>[\s\S*<\s*\/\I\s*>：匹配 HTML 标记。

\d{17}[\d|X]|\d{15}：中国大陆 18 位或 15 位身份证号码。

RegularExpressionValidator 控件应用示例。

下面的示例通过使用 RegularExpressionValidator 控件验证输入的电子邮件是否合法。

```
电子邮件：<asp:TextBox ID="txtEmail" runat="server"></asp:TextBox>
<asp:RegularExpressionValidator ID="RegularExpressionValidator1"
runat="server" ErrorMessage="邮件地址格式不对!" ControlToValidate="txtEmail"
ValidationExpression="\w+([-+.']\w+)*@\w+([-.]\w+)*\.\w+([-.]\w+)*"></as
p:RegularExpressionValidator>
<asp:Button ID="Button1" runat="server" Text="验证" />
```

运行上面的示例，在单击“验证”按钮时，会检查输入的数据是否是正确的电子邮件格式。如果输入的数据格式不正确，则显示错误信息“邮件地址格式不对！”。

3.1.5 数据范围验证控件

数据范围验证.mp4

使用数据范围验证(RangeValidator)控件验证用户的输入是否在指定范围之内。可以通过对 RangeValidator 控件的上、下限属性以及指定控件要验证的值的数据类型进行设置完成这一功能。如果用户的输入无法转换为指定的数据类型，如无法转换为日期，则验证失败；如果用户将控件保留为空白，则此控件将通过范围验证。若要强制用户输入数据，则还要添加 RequiredFieldValidator 控件。

一般情况下，输入的月份、一个月中的天数等都可以使用 RangeValidator 控件对数据的范围进行限定，以保证用户输入的准确性。

RangeValidator 控件的常用属性如下。

1. ControlToValidate 属性

该属性设置要进行验证的控件 ID。此属性必须设置为输入控件 ID。如果没有指定有效输入控件，则主要在显示页面时引发异常。另外，该 ID 控件必须和验证控件在相同的容器中。

2. ErrorMessage 属性

该属性设置验证不合法时出现错误的信息。

3. MaximumValue 属性

该属性获取或设置要验证的控件的值。该值必须小于或等于此属性的值，默认值为空字符串。

4. MinimumValue 属性

该属性获取或设置要验证的控件的值。该值必须大于或等于此属性的值，默认值为空字符串。

例如，要验证用户输入的值在20～70之间，代码如下：

```
this. RangeValidator1.MaximumValue ="70";
this. RangeValidator1.MinimumValue="20";
```

5. Type 属性

该属性用于指定进行验证的数据类型。在进行比较之前，值被隐式转换为指定的数据类型。如果数据转换失败，数据验证也会失败。

例如，将 RangeValidator 控件的验证数据类型设置为整数(Integer)，代码如下：

```
this. RangeValidator1. Type=ValidationDataType.Integer;
```

下面的示例通过使用 RangeValidator 控件，验证输入是否是0～99之间的数字。

```
考试成绩：<asp:TextBox ID="txtScore" runat="server"></asp:TextBox>
<asp:RangeValidator ID="RangeValidator1" runat="server" ErrorMessage="请
输入 0-99 之间的数！" ControlToValidate="txtScore" MaximumValue="99"
MinimumValue="0" Type="Integer"></asp:RangeValidator>
<asp:Button ID="Button1" runat="server" Text="验证" />
```

运行上面的示例，在单击“验证”按钮时，会检查输入的数据是否为0～99之间的整数。如果输入的数据不合法，则显示错误信息“请输入0-99之间的数！”。如果输入的数据含有非数字字符，也会提示错误信息。

3.1.6 验证错误信息显示控件

验证错误信息显示(ValidationSummary)控件可以为用户提供将窗体发送到服务器时所出现错误的列表。错误列表可以通过列表、项目列表或单个段落的形式进行显示。

ValidationSummary 控件中为页面上每个验证控件显示的错误信息，是由每个验证控件的 ErrorMessage 属性指定的。如果没有设置验证控件的 ErrorMessage 属性，则不会在 ValidationSummary 控件中为该验证控件显示错误信息，还可以通过设置 HeaderText 属性，在 ValidationSummary 控件的标题部分指定一个自定义标题。

通过设置 ShowSummary 属性，可以控制 ValidationSummary 控件是显示还是隐藏，还可以通过将 ShowMessageBox 属性设置为 true，在消息框中显示摘要。

在使用 ValidationSummary 控件的时候，最好将其他验证控件的 Display 属性设为 None，这样被验证的错误信息将不会在每个验证控件中单个显示，而是在 ValidationSummary 中集中显示。

ValidationSummary 控件的常用属性如下。

1. HeaderText 属性

该属性可供用户控件汇总信息提示。

2. DisplayMode 属性

该属性设置错误信息的显示格式。摘要可以按列表、项目列表或单个段落的形式显示。

例如，设置 ValidationSummary 的显示模式为项目符号，代码如下：

```
This. ValidationSummary1. DisplayMode =
ValidationSummaryDisplayMode.BulletList;
```

3. ShowMessageBox 属性

该属性设置是否以弹出方式显示每个被验证的错误信息。默认值为 false，表示在网页上显示错误信息；取值为 true，表示以弹出对话框的形式来显示错误信息。

4. ShowSummary 属性

该属性设置是否使用错误汇总信息。除了 ShowMessageBox 属性外，ShowSummary 属性也可用于控制验证摘要的显示位置。如果该属性设置为 true，则在网页上显示验证摘要。

5. EnableClientScript 属性

该属性设置是否使用客户端验证，系统默认值为 true。

【例 3-1】验证控件的综合实例。

设计一个用户信息收集页面，要求对输入的信息进行必要的验证。当验证成功时，在页面显示用户输入的信息；当验证失败时，被验证的错误信息通过 ValidationSummary 控件在页面上显示出来。

(1) 页面设计。在页面中添加必要的控件，设置相关的属性。代码如下：

```
<%@ Page Language="C#" AutoEventWireup="true"
CodeBehind="userInfo.aspx.cs" Inherits="char3_1.userInfo" %>
<!DOCTYPE html>
<html xmlns="http://www.w3.org/1999/xhtml">
<head runat="server">
<meta http-equiv="Content-Type" content="text/html; charset=utf-8"/>
    <title>表单验证实例</title>
</head>
<body>
    <form id="form1" runat="server">
    <div>
    <h3>用户信息登记</h3>
    <table>
        <tr>
            <td>用户名：</td>
            <td>
                <asp:TextBox ID="txtName" runat="server"></asp:TextBox>
                <asp:RequiredFieldValidator ID="RequiredFieldValidator1"
                  runat="server" ErrorMessage="姓名不能为空！" ControlToValidate=
                  "txtName" Text="*" ForeColor="Red" >
                  </asp:RequiredFieldValidator>
            </td>
        </tr>
        <tr>
            <td>性别：</td>
            <td>
                <asp:RadioButtonList ID="radlSex" runat="server"
```

```
            RepeatDirection="Horizontal">
            <asp:ListItem >男</asp:ListItem>
            <asp:ListItem>女</asp:ListItem>
        </asp:RadioButtonList>
        <asp:RequiredFieldValidator ID="RequiredFieldValidator2"
            runat="server" ErrorMessage="请选择性别! " ControlToValidate=
            "radlSex" Display="None"></asp:RequiredFieldValidator>
    </td>
</tr>
<tr>
    <td>出生日期: </td>
    <td>
        <asp:TextBox ID="txtBrith" runat="server"></asp:TextBox>
        <asp:CompareValidator ID="CompareValidator1" runat="server"
            ErrorMessage="日期格式不正确! " Operator="DataTypeCheck"
            ControlToValidate="txtBrith" Type="Date" Text="*"
            ForeColor="Red"></asp:CompareValidator>
    </td>
</tr>
<tr><td>手机号码: </td>
    <td>
        <asp:TextBox ID="txtTel" runat="server"></asp:TextBox>
        <asp:RegularExpressionValidator ID="RegularExpressionValidator1"
            runat="server" ErrorMessage="手机号码格式不对! " ControlToValidate=
            "txtTel"  ForeColor="Red" Text="*" ValidationExpression=
            "^(13[0-9]|14[579]|15[0-3,5-9]|16[6]|17[0135678]|18[0-9]
            |19[89])\d{8}$"></asp:RegularExpressionValidator>
    </td>
</tr>
<tr>
    <td>高考成绩(总分): </td>
    <td>
        <asp:TextBox ID="txtScore" runat="server"></asp:TextBox>
        <asp:RangeValidator ID="RangeValidator1" runat="server"
            ErrorMessage="请输入 0-750 之间的数! " ControlToValidate=
            "txtScore" MaximumValue="750" MinimumValue="0" Type="Integer"
            Text="*" ForeColor="Red"></asp:RangeValidator>
    </td>
</tr>
<tr>
    <td>电子邮箱: </td>
    <td>
        <asp:TextBox ID="txtEmail" runat="server"></asp:TextBox>
        <asp:RegularExpressionValidator ID="RegularExpressionValidator2"
            runat="server" ErrorMessage="邮件地址格式不对! " ControlToValidate=
            "txtEmail" ValidationExpression="\w+([-+.']\w+)*@\w+([-.]
            \w+)*\.\w+([-.]\w+)*" Text="*" ForeColor="Red"></asp:
```

```
                    RegularExpressionValidator>
                </td>
            </tr>
            <tr>
                <td colspan="2">
                    <asp:Button ID="btnOK" runat="server" Text="提交"
                        OnClick="btnOK_Click" />
                </td>
            </tr>
        </table>
            <hr />
            <asp:Label ID="lblInfo" runat="server" Text=" "></asp:Label>
            <asp:ValidationSummary ID="ValidationSummary1" runat="server"
                        HeaderText="错误信息如下：" ForeColor="Red" />
        </div>
        </form>
    </body>
    </html>
```

(2) 后台代码设计。编写“提交”按钮的单击事件，当验证通过时，在页面上显示用户输入的信息。代码如下：

```
protected void btnOK_Click(object sender, EventArgs e)
{
    string str="验证通过！基本信息如下：";
    if (IsValid)//如果页面全部通过验证
    {
        str += "</br>姓名：" + txtName.Text;
        str += "</br>性别：" + radlSex.Text;
        str += "</br>出生日期：" + txtBrith.Text;
        str += "</br>手机号码：" + txtTel.Text;
        str += "</br>高考总分：" + txtScore.Text;
        str += "</br>电子邮箱：" + txtEmail.Text;
        lblInfo.Text = str;
    }
    else
        lblInfo.Text= "";
}
```

说明： IsValid 属性是 Page 类的一个属性，用于指示整个页面是否通过验证。若验证未通过，则不提交到服务器端执行。值为 true 表示通过验证，值为 false 表示未通过验证。

(3) 运行调试。按 F5 键，在页面表单中输入信息，当输入的信息通过验证时，运行效果如图 3-1(a)所示；当输入的信息未通过验证时，运行效果如图 3-1(b)所示。

(a) 表单验证成功时的页面运行效果

(b) 表单验证失败时的页面运行效果

图 3-1　表单验证的页面运行效果

3.1.7　自定义验证控件

如果现有的 ASP.NET 验证控件无法满足需求，可以自定义一个服务器端验证函数，然后使用自定义验证(CustomValidator)控件来调用它。自定义验证控件代码格式如下：

```
<asp:CustomValidator ID="CustomValidator1" runat="server"
ErrorMessage="CustomValidator"></asp:CustomValidator>
```

【例 3-2】自定义验证控件示例。

设计一个自定义验证控件，验证文本框中输入的是否为偶数。

(1) 页面设计。页面中设计一个文本框、一个按钮和一个 CustomValidator 控件，代码如下：

```
<%@ Page Language="C#" AutoEventWireup="true"
CodeBehind="Default2.aspx.cs" Inherits="char3_2.Default2" %>
<!DOCTYPE html>
<html xmlns="http://www.w3.org/1999/xhtml">
<head runat="server">
<meta http-equiv="Content-Type" content="text/html; charset=utf-8"/>
   <title>自定义验证控件(CustomValidator)示例</title>
</head>
<body>
   <form id="form1" runat="server">
   <div>
      请输入一个偶数：<asp:TextBox ID="txtInput"
         runat="server"></asp:TextBox>
      <asp:Button ID="btnOK" runat="server" Text="验证" />
      <br />
      <asp:CustomValidator ID="CustomValidator1" runat="server"
         ErrorMessage="输入的不是偶数!" ControlToValidate="txtInput"
         OnServerValidate="CustomValidator1_ServerValidate">
         </asp:CustomValidator>
   </div>
   </form>
</body>
</html>
```

(2) 后台代码设计。编写 CustomValidator 控件的 ServerValidate 事件过程，如果输入的是偶数，将 IsValid 属性设为 true，否则设为 false。编写“验证”按钮的单击事件，提示验证通过和验证未通过的提示信息。代码如下：

```
protected void CustomValidator1_ServerValidate(object source,
   ServerValidateEventArgs args)
{
   try
   {
       if((Convert.ToInt32(args.Value)%2)==0)
          args.IsValid = true;
      else
          args.IsValid = false;
   }
   catch(Exception e)
   {
      args.IsValid = false;
   }
}
protected void btnOK_Click(object sender, EventArgs e)
{
   if (this.IsValid)
```

```
            lblInfo.Text = "验证通过！";
        else
            lblInfo.Text = "验证未通过！";
    }
```

(3) 运行调试。按 F5 键，在页面表单中输入信息，当输入信息通过验证时，运行效果如图 3-2(a)所示；当输入的信息未通过验证时，运行效果如图 3-2(b)所示。

(a) 输入偶数时的页面运行效果

(b) 输入非偶数时的页面运行效果

图 3-2　验证是否为偶数的运行结果

3.2　禁用数据验证

特定条件下，可能需要避开验证。例如，在一个页面中，即使用户没有正确填写所有验证字段，也应该可以提交该页，这时就需要设置 ASP.NET 服务器控件来避开客户端和服务器的验证。通过以下三种方式可以禁用数据验证。

(1) 在特定控件中禁用验证。

将相关控件的 CausesValidation 属性设置为 false。例如，将 Button 控件的 CausesValidation 属性设置为 false，这时单击 Button 控件就不会触发页面上的验证。

(2) 禁用验证控件。

将验证控件的 Enabled 属性设置为 false。例如，将 RegularExpressionValidator 控件的 Enabled 属性设置为 false，页面在验证时将不会触发此验证控件。

(3) 禁用客户端验证。

将验证控件的 EnableClientScript 属性设置为 false。

3.3　习　　题

1. 填空题

(1) 窗体验证包括________和________ 两种形式。

(2) 判断页面的属性________值可确定整个页面的验证是否通过。

(3) 若页面中包含验证控件，可设置按钮的属性________，使得单击该按钮后不会引发验证过程。

(4) 若要对页面中包含的控件分成不同的组进行验证，则应设置这些控件的属性________为相同值。

(5) 通过正则表达式定义验证规则的控件是________。

(6) 设置属性________指定被验证控件的 ID。

(7) RangeValidator 控件设定的最小和最大值可以是________、________、________、________等类型。

2. 选择题

(1) 如果想验证文本框中是否输入了数据，应该使用哪个控件？( )

A. RequiredFieldValidator 控件　　B. CompareValidator 控件

C. ValidationSummary 控件　　D. RangeValidator 控件

(2) ValidationSummary 控件的作用是：( )。

A. 检查总和数　　B. 集中显示所有验证的结果

C. 判断有无超出范围　　D. 检查数值大小

(3) 如果用户信息必须填写手机号码，则注册时，手机号的验证使用的验证控件是：( )。

A. RequiredFieldValidator

B. RegularExpression

C. RequiredFieldValidator 和 RegularExpression

D. CompareValidator 和 RequiredFieldValidator

(4) 在 ASP.NET 中，已知一个 RegularExpressionValidator 控件的 ValidationExpress 属性为“[a-z0-9]{3,5}”，则在 RegularExpressionValidator 控件所验证的 TextBox 控件中输入不合法的是：( )。

A. 12345　　B. abcde　　C. abcABC　　D. 123abc

(5) 以下不是验证控件的是：( )。

A. RequiredFieldValidator　　B. Repeater

C. CompareValidator　　D. RangeValidator

(6) 网上竞拍系统要求验证竞拍物品价格必须在 0～10000 之间。最适合使用的 ASP.NET 验证控件是：( )。

A. RangeValidator　　B. RegularExpressionValidator

C. RequireFieldValidator　　D. CompareValidator

(7) ValidationSummary 控件收集本页中所有验证控件的哪个属性值？( )

A. Text　　B. ErrorMessage

C. Display　　D. ControlToValidate

(8) 如果要验证用户名的合法性(至少 6 位，包含英文字母和数字)，一般情况下使用的验证控件是：( )。

A. RangeValidator　　B. RegularExpressionValidator

C. RequireFieldValidator　　D. CompareValidator

(9) 对于验证控件，以下属性如果不设置会报错的是：( )。

A. Text　　B. ErrorMessage

C. ControlToValidate　　D. Display

(10) 对于验证汇总控件 ValidationSummary，以下哪一个属性可以将错误消息以消息对话框的形式弹出？(　　)

A．ShowMessageBox　　　　B．IsShowMessageBox

C．Show　　　　D．IsShow

3.4 上机实验

(1) 在 Visual Studio 2013 中调试书上的各个实例。

(2) 编写一个用户注册页面，其中包括用户名、密码、确认密码和年龄等字段。使用验证控件对表单进行验证。

要求：每个字段都必须输入内容，并且年龄为 10～100 之间的数字，两次输入的密码要求一致。

第 4 章　ASP.NET 的内置对象

【学习目标】

- 了解 ASP.NET 的内置对象的功用；
- 熟练掌握 Response 对象和 Request 对象的使用；
- 掌握 Application 对象和 Session 对象的使用；
- 掌握 Cookie 对象和 Server 对象的应用。

【工作任务】

- 使用 Response 对象和 Request 对象实现数据的传送和接收；
- 使用 Application 对象和 Session 对象实现数据在页面间的传递；
- 使用 Cookie 对象保存和读取客户端信息；
- 使用 Server 对象实现对服务器端的访问。

【大国自信】

国产大飞机

2017 年 5 月 5 日，国产大型客机 C919 在上海浦东国际机场圆满实现首飞！作为我国首次按照国际适航标准研制的 150 座级干线客机，C919 不仅攻克了 100 多项核心关键技术，还使我国掌握了民机产业五大类、20 个专业、6000 多项民用飞机技术。

C919 首飞成功标志着我国大型客机项目取得重大突破，是我国民用航空工业发展的重要里程碑。

ASP.NET 内置对象是实现与用户交互的重要手段之一，包括 Page 对象、Response 对象、Request 对象、Application 对象、Session 对象、Cookie 对象和 Server 对象，可以实现 ASP.NET 的 Web 窗体之间、用户与网站服务器之间的数据保存与传递。本章主要介绍 ASP .NET 的常用内置对象的概念及其使用，需要重点掌握这些对象的使用方法。

4.1　Page 对象

Page 对象是由 System.Web.UI 命名空间中的 Page 类来实现的，Page 类与扩展名为.aspx 的文件相关联，这些文件在运行时被编译为 Page 对象，并缓存在服务器内存中。在 ASP.NET 中每个页面都派生自 Page 类，并继承了所有类的公开方法和属性。

4.1.1　Page 类的常用属性

1．IsPostBack 属性

IsPostBack 属性用来获取一个布尔值，如果该值为 true，则表示当前页是为响应客户端

回发(如单击按钮)而加载，否则表示当前页是首次加载和访问。

```
protected void Page_Load(object sender, EventArgs e)
{
    if (!Page.IsPostBack)
        Label1.Text = "页面第一次加载！";
    else
        Label1.Text = "页面第二次或第二次以上加载！";
}
```

上面的代码在页面首次加载时显示信息“页面第一次加载！”，页面再次加载时显示信息“页面第二次或第二次以上加载！”。

2. IsValid 属性

IsValid 属性用来获取一个布尔值，该值指示页验证是否成功。如果页验证成功，则为 true；否则为 false。一般在包含有验证服务器控件的页面中使用，只有在所有验证服务器控件都验证成功时，IsValid 属性的值才为 true。

```
private void Button_Click(Object Sender, EventArgs e)
{
   if (Page.IsValid == true)  //也可写成 if (Page.IsValid)
      lblInfo.Text="您输入的信息通过验证!";
   else
      lblInfo.Text="您的输入有误，请检查后重新输入！";
}
```

3. Title 属性

该属性获取或设置页面的标题，可以根据需要动态更换页面标题。

4. IsCrossPostBack 属性

该属性判断是否使用跨页提交数据，取值为 true 或 false。

4.1.2 Page 类的常用方法

1. DataBind 方法

该方法将数据源绑定到被调用的服务器控件及其所有子控件。

2. FindControl(ID)方法

该方法在页面中搜索带指定标识符的服务器控件。

3. RegisterClientScriptBlock 方法

该方法向页面发出客户端脚本本块。

4.1.3 Page 类的常用事件

1. Page_Init 事件

Page_Init 事件用于页面初始化。在 Web 服务器端首先需要加载一个 Page_Init。它和 Page_Load 事件不同，Page_Init 是初始化，Page_Load 是在初始化的基础上进行加载。比如当用户在浏览器页面上触发了某个事件以后，客户端将窗口数据传回到服务器，服务器需要重新加载，然后再将数据返回到客户端，于是客户端也再次加载，但是这一次加载的时候就不会再加载 Page_Init 对象了，而是直接运行 Page_Load 事件。

2. Page_Load 事件

当页面载入时会触发此事件，即当服务器控件加载到 Page 对象中时发生。

3. Page_Unload 事件

当页面完成处理且信息被写入客户端后会触发此事件。

【例 4-1】演示 Page_Init 事件和 Page_Load 事件的区别。

(1) 页面设计。在页面中添加两个列表框用户和一个按钮，代码如下：

```
<%@ Page Language="C#" AutoEventWireup="true" CodeBehind="Default.aspx.cs"
Inherits="char4_1.Default" %>
<!DOCTYPE html>
<html xmlns="http://www.w3.org/1999/xhtml">
<head runat="server">
<meta http-equiv="Content-Type" content="text/html; charset=utf-8"/>
    <title></title>
</head>
<body>
    <form id="form1" runat="server">
    <div>
        <div style="float:left;">
            <h5>Page_Init 事件运行效果</h5>
            <asp:ListBox ID="ListBox1" runat="server"></asp:ListBox>
        </div>
        <div style="float:left;margin-left:20px;">
            <h5>Page_Load 事件运行效果</h5>
            <asp:ListBox ID="ListBox2" runat="server"></asp:ListBox>
        </div>
        <div style="clear:both;" ><asp:Button ID="Button1" runat="server"
Text="引起回发" /></div>
    </div>
    </form>
</body>
</html>
```

(2) 后台代码设计。编写 Page_Init 事件过程和 Page_Load 事件过程，代码如下：

```
protected void Page_Load(object sender, EventArgs e)
{
    ListBox2.Items.Add("页面第一次加载！");
}
protected void Page_Init(object sender,EventArgs e)
{
    ListBox1.Items.Add("页面第一次加载！");
}
```

说明：Button 按钮只是为了引起服务器的回发，不用为其书写事件代码。

(3) 运行调试。按 F5 键运行，页面首次加载后的运行效果如图 4-1(a)所示。单击“引起回发”按钮后，由 Page_Init 事件添加的 ListBox1 控件中的内容不发生变化，而由 Page_Load 事件添加的 ListBox2 控件中的内容发生了变化，运行效果如图 4-1(b)所示。

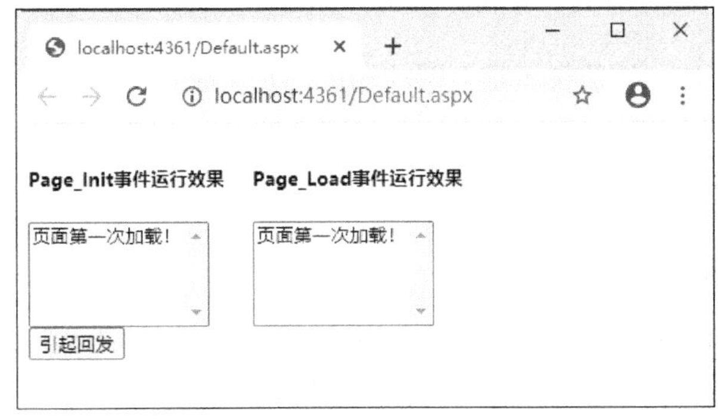

(a) 页面首次加载后的运行效果

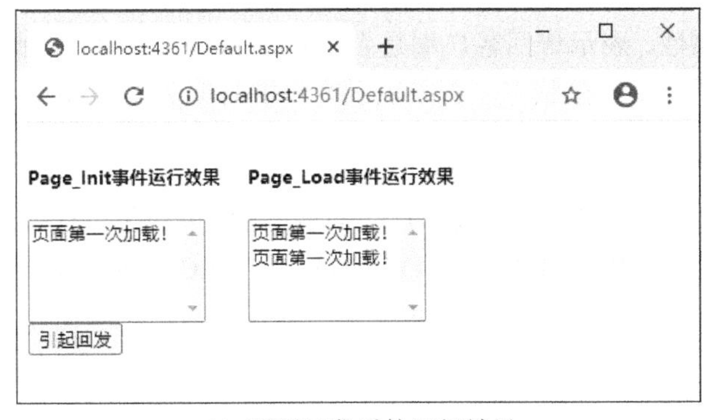

(b) 页面回发后的运行效果

图 4-1　页面加载和回发后的运行效果

从本例可以看出 Page_Init 事件和 Page_Load 事件的区别。若希望事件代码只在页面首次加载时被执行，可以将其放入 Page_Init 事件中，或者放入 Page_Load 事件并利用 Page.IsPostBack 属性判断是否为首次加载。

4.2 Response 对象

Response 对象用于将数据从服务器发送回浏览器。它允许将数据作为请求的结果发送到浏览器中，并提供有关响应的信息；还可以用来在页面中输入数据、在页面中跳转，并传递各个页面的参数。它与 HTTP 的响应消息相对应。

假如将用户请求服务器的过程比喻成客户到柜台买商品的过程，那么在客户描述要购买的商品(如功能、大小、颜色等)后，销售员就会将商品摆在客户面前。销售员将商品摆在客户面前，就相当于 Response 对象将数据从服务器发送回浏览器。

4.2.1 Response 对象的常用属性

1. Buffer 属性

获取或设置一个值，该值指示是否缓冲输出，并完成处理整个响应后将其发送。

2. Cache 属性

获取 Web 页的缓存策略，如过期时间、保密性和变化子句等。

3. Charset 属性

获取或设定 HTTP 的输出字符编码。此属性设置后，客户端浏览器代码中的 HTML 头部信息 meta 属性增加一个属性对：charset=字符集名。

4. IsClientConnected 属性

该属性为只读属性，表示传回客户端是否仍然和 Server 连接。若此属性返回值为 true，表示客户端与服务器处于连接状态，否则表示客户端与服务器已经断开。

5. Cookies 属性

Cookies 是存放在客户端用来记录用户访问网站的一些数据的对象，利用 Response 对象的 Cookies 属性可以在客户端创建一个 Cookies。创建 Cookies 的语法格式如下：

```
Response.Cookies[名称].Values=值;
Response.Cookies[名称].Expires=有效期;
```

例如，创建一个名为 userName、值为“张三”、有效期为一天的 Cookies 信息，代码如下：

```
Response.Cookies["userName"].Values="张三";
Response.Cookies["userName"].Expires=DateTime.Now.AddDays(1);
```

4.2.2 Response 对象的常用方法

1. Write 方法

将数据输出到客户端浏览器。

语法：Response.Write(变量或字符串);

HTML 标记和客户端脚本都可以作为特别字符串输出。例如，下面的代码在被执行时，会在页面弹出一个消息框。

```
Response.Write("<Script>alert('Hello World!');</Script>");
```

2. WriteFile 方法

将指定的文件内容直接写入 HTTP 内容输出流。

语法：Response.WriteFile(filename);

若有大量数据要发送到浏览器，如果使用 Write 方法，其中的参数串会很长，会影响程序的可读性。Response.WriteFile 方法可直接将文件内容输出到客户端。

3. Redirect 方法

将网页重新导向另一个地址，即实现网页的跳转。

语法：Response. Redirect(网址或网页);

使用 Response 对象的 Redirect 方法可以实现页面重定向的功能，并且在重定向到新的 URL 时可以传递参数。

例如，将页面重定向到 welcome.aspx 页的代码如下：

```
Response.Redirect("~/welcome.aspx");
```

在页面重定向 URL 时传递参数，使用“？”分隔页面的链接地址和参数；有多个参数时，参数与参数之间使用“&”分隔。

例如，将页面重定向到 welcome.aspx 页并传递参数的代码如下：

```
Response.Redirect("~/welcome.aspx?parameter=one");
Response.Redirect("~/welcome.aspx?parameter1=one&parameter2=other");
```

4. End 方法

将目前缓冲区中所有的内容发送至客户端然后关闭。

语法：Response.End();

举例如下：

```
Response.Write("Welcome!");
Response.End();
Response.Write("to My Web!");
```

上面的代码在执行时只输出“Welcome!”，而不会输出“to My Web!”。

5. Flush 方法

将缓冲区中所有的数据立即发送至客户端。

语法：Response. Flush ();

6. Clear 方法

清除 Response 缓冲区中存在的内容，后面的继续执行。

语法：Response. Clear ();

在使用该方法时缓冲区必须打开，即 Response 的 BufferOutput 属性必须为 true。使用该方法只能清除 HTML 文件的 Body 部分。

7. TransmitFile 方法

将指定文件下载到客户端。

语法：Response. TransmitFile(filename);

filename 是要下载的文件。若要下载的文件和执行的网页在同一个目录中，直接传入文件名即可。若不在同一目录中，则要指定详细的目录名称。

4.2.3 应用举例

1. 在页面中输出数据

Response 对象通过 Write 方法或 WriteFile 方法在页面上输出数据。输出的对象可以是字符、字符数组、字符串、对象或文件。

【例 4-2】在页面中输出数据。

下面的示例主要是使用 Write 方法和 WriteFile 方法实现在页面上输出数据。在运行程序之前，在 D 盘上新建一个 WriteFile.txt 文件，文件内容为“这是一个文件数据！”。

(1) 页面设计。本例新建一个窗体文件就可以了。

(2) 后台代码设计。编写 Page_Load 事件过程，代码如下：

```
protected void Page_Load(object sender, EventArgs e)
{
    char c = 'a';//定义一个字符变量
    string s = "Hello World! ";//定义一个字符串变量
    Response.Write("<h3>欢迎来到我的主页！</h3>");
    Response.Write("<hr />");
    Response.Write("输出单个字符：");
    Response.Write(c);
    Response.Write("<br>输出一个字符串：" + s );
    Response.Write("<br>输出一个文件：");
    Response.WriteFile(@"D:\WriteFile.txt");
    Response.Write("<script>alert('response.write()方法输出示例!
');</script>");
}
```

(3) 运行调试。按 F5 键运行，页面的运行效果如图 4-2 所示。

如果文件是中文内容，页面可能会出现乱码，则在 Web.config 的<system.web>与</system.web>之间添加以下代码：

```
<globalization requestEncoding="gbk" responseEncoding="gbk"
culture="zh-CN" fileEncoding="gbk"/>
```

图 4-2　Response.Write 方法应用示例

说明：应用 WriteFile 方法输出一个文件时，该文件必须是已经存在的。如果不存在，将产生“未能找到文件”异常。

2．页面跳转并传递参数

response 对象页面跳转并传递参数.mp4

【例 4-3】页面跳转并传递参数。

下面的示例主要通过 Response 对象的 Redirect 方法实现页面跳转并传递参数。执行 Default.aspx 程序，在 TextBox 文本框中输入姓名并选择性别，单击“确定”按钮，跳转到 Welcome.aspx 页。

(1) 页面设计。Welcome.aspx 前台无须设计。Default.asp 设计代码如下：

```
<%@ Page Language="C#" AutoEventWireup="true" CodeBehind="Default.aspx.cs"
Inherits="char4_3.Default" %>
<!DOCTYPE html>
<html xmlns="http://www.w3.org/1999/xhtml">
<head runat="server">
<meta http-equiv="Content-Type" content="text/html; charset=utf-8"/>
   <title>response.redirect 方法示例</title>
</head>
<body>
   <form id="form1" runat="server">
   <div>
      <h3>用户信息</h3>
      <div>
         姓名：<asp:TextBox ID="txtUserName" runat="server"></asp:TextBox>
      </div>
      <div style="float:left;">性别：</div>
      <div style="float:left;">
         <asp:RadioButtonList ID="radlSex" runat="server"
RepeatDirection="Horizontal">
            <asp:ListItem Selected="True" Value="先生">男</asp:ListItem>
            <asp:ListItem Value="女士">女</asp:ListItem>
```

```
            </asp:RadioButtonList>
        </div>
        <div style="clear:both;">
            <asp:Button ID="btnOK" runat="server" Text="确定"
OnClick="btnOK_Click" />
        </div>
    </div>
    </form>
</body>
</html>
```

(2) 后台代码设计。编写 Default.asp 页面“确定”按钮的 Click 事件过程，代码如下：

```
protected void btnOK_Click(object sender, EventArgs e)
{
    string name=this.txtUserName.Text;
    string sex=radlSex.SelectedValue.ToString();
    Response.Redirect("~/welcome.aspx?Name="+name+"&Sex="+sex);
}
```

编写 Welcome.aspx 页面的 Page_Load 事件过程，在页面 welcome.aspx 的初始化事件中获取 Response 对象传递过来的参数，并将其输出在页面上。代码如下：

```
protected void Page_Load(object sender, EventArgs e)
{
    string name = Request.Params["Name"];
    string sex = Request.Params["Sex"];
    Response.Write("欢迎 <em>"+name+"</em> "+sex+"!");
}
```

(3) 运行调试。选中 Default.asp 文件，按 F5 键运行，页面的运行效果如图 4-3(a)所示。在页面文本框中输入姓名并选择性别，单击“确定”按钮，页面跳转到 Welcome.aspx 页面，效果如图 4-3(b)所示。

(a) 页面跳转传递参数

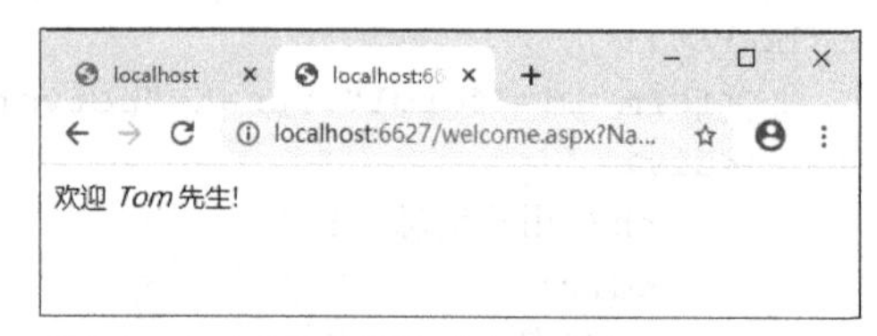

(b) 页面跳转重定向的新页

图 4-3 页面跳转传递参数的运行效果

说明：通过 URL 地址传递多个参数时，应使用&符号作为多个参数之间的连接符。本例中跳转页面地址栏地址为：http://localhost:6627/welcome.aspx?Name=Tom&Sex=先生。

3. 下载文件

【例 4-4】使用 TransmitFile 方法下载文件。

本例使用 Response 对象的 TransmitFile 方法下载 Word 文档。

(1) 页面设计。设计一个页面，单击“下载”按钮，下载文件。代码如下：

```
<%@ Page Language="C#" AutoEventWireup="true" CodeBehind="Default.aspx.cs"
Inherits="char4_4.Default" %>
<!DOCTYPE html>
<html xmlns="http://www.w3.org/1999/xhtml">
<head runat="server">
<meta http-equiv="Content-Type" content="text/html; charset=utf-8"/>
    <title>使用 TransmitFile 方法下载文件</title>
</head>
<body>
    <form id="form1" runat="server">
    <div>
        <p>《实验指导书》<asp:LinkButton ID="LinkButton1" runat="server"
OnClick="LinkButton1_Click">单击下载</asp:LinkButton></p>
    </div>
    </form>
</body>
</html>
```

(2) 后台代码设计。编写 Default.asp 页面“单击下载”按钮的 Click 事件过程，代码如下：

```
protected void LinkButton1_Click(object sender, EventArgs e)
{
    Response.ContentType = "application/msword";
    Response.AddHeader("content-Disposition", "attachment;filename=实验指
导书.docx");
    string filename = Server.MapPath("\\实验指导书.docx");
    Response.HeaderEncoding = System.Text.Encoding.GetEncoding("gb2312");
    Response.TransmitFile(filename);
}
```

(3) 运行调试。按 F5 键运行，页面的运行效果如图 4-4 所示。

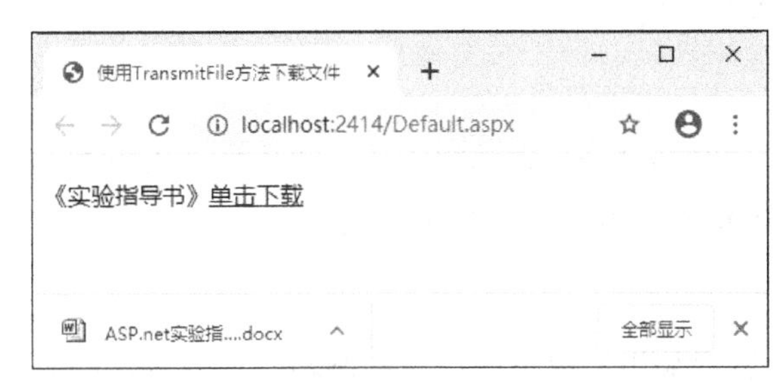

图 4-4　下载文件的页面运行效果

4.3 Request 对象

Request 对象用于检索从浏览器向服务器发送的请求中的信息。它提供对当前页请求的访问，包括标题、Cookie、客户端证书、查询字符串等，与 HTTP 的请求消息相对应。

同样，假如将用户请求服务器的过程比喻成客户到柜台买商品的过程，那么客户向销售员描述要购买商品(如功能、大小、颜色等)的同时，销售员也在记录客户的描述，这就相当于 Request 对象检索从浏览器向服务器发送的请求。

4.3.1 Request 对象的常用属性

1. QueryString 属性

Request 对象的 QueryString 属性用于获取客户端附在 URL 地址后的查询字符串中的信息，通过 QueryString 属性能够获取页面传递的参数。

在超链接中通常需要从一个页面跳转到另外一个页面，跳转的页面需要获取 HTTP 的值进行相应的操作。例如，若在地址栏中输入"news.aspx?id=1"，则可以使用 Request.QueryString["id"]获取传递过来的 id 的值，在使用 QueryString 属性时表单的 method 属性值需要设为 Get。

2. Path 属性

Request 对象的 Path 属性用来获取当前请求的虚拟路径。

3. UserHostAddress 属性

Request 对象的 UserHostAddress 属性用来获取远程客户端 IP 主机地址。

4. Browser 属性

该属性用来判断正在浏览网站的客户端浏览器的版本，以及浏览器的一些信息。语法格式为 Request. Browser.Type.Tostring()。

5. ServerVariables 属性

使用该属性可以读取 Web 服务器端的环境变量，其语法格式为 Request. ServerVariables["环境变量名"]。

6. Form 属性

该属性用于获取客户端在 Form 表单中所输入的信息，表单的 method 属性值需要设为 Post，其语法格式为 Request.From["表单元素名"]。

7. Cookies 属性

Cookies 是存放在客户端用来记录用户访问网站的一些数据的对象，利用 Response 对象的 Cookies 属性可以在客户端创建一个 Cookies。利用 Request 对象的 Cookies 属性可以读取 Cookies 对象的数据，其语法格式如下：

Request. Cookies[名称]

例如，读取一个名为 Name 的 Cookie 对象的值，代码如下：

```
string name= Request. Cookies["name"].Value;
```

4.3.2 Request 对象的常用方法

1. MapPath 方法

该方法用于获取文件在服务器上的物理路径。

语法：Request.MapPath(filename);

filenames 是文件名，如文件和执行的网页在同一个目录中，直接传入文件名即可；若不在同一目录，则要指定详细的目录名称。

2. SaveAs 方法

该方法将 HTTP 请求的信息存储到磁盘中。

语法：Request.SaveAs(string filename,bool includeHeaders);

filename 是指带路径的文件名；includeHeaders 是一个布尔值，表示是否将 HTTP 头保存到磁盘中。

4.3.3 应用举例

1. 获取页面间传送的值

Resquest.Form 用于表单提交的方式为 Post 的情况，Request.QueryString 用于表单提交的方式为 Get 的情况，如果用错则获取不到数据。用户可以通过 Request ["元素名"]代替 Request.Form ["元素名"]实现简化操作。

【例 4-5】 获取页面间传送的值。

request 对象获取页面间传送的值.mp4

下面的示例主要通过 Request 对象 Form 属性在两个页面之间传递登录的用户名。

(1) 页面设计。本例设计两个页面，第一个页面 Login.aspx 设计用户登录界面，第二个页面 Default.aspx 利用 Request.Form["元素名"]来获取用户的登录名。

Login.aspx 代码如下：

```
<%@ Page Language="C#" AutoEventWireup="true" CodeBehind="Login.aspx.cs"
Inherits="char4_5.Login" %>
<!DOCTYPE html>
<html xmlns="http://www.w3.org/1999/xhtml">
<head runat="server">
<meta http-equiv="Content-Type" content="text/html; charset=utf-8"/>
    <title>页面间传值</title>
</head>
<body>
    <form id="form1" runat="server">
```

```
    <div>
    <h3>用户登录</h3>
        用户名称：<asp:TextBox ID="txtUserName" runat="server"></asp:TextBox>
        <br />
        用户密码：<asp:TextBox ID="txtPwd" runat="server" TextMode=
"Password"> </asp:TextBox> <br />
        <asp:Button ID="btnLogin" runat="server" Text="登录" PostBackUrl=
"~/Default.aspx" />
    </div>
    </form>
</body>
</html>
```

该页面利用设置按钮的 PostBackUrl="~/Default.aspx"属性，当单击“登录”按钮时，跳转到 Default.aspx 页面。

Default.aspx 页面代码如下：

```
<%@ Page Language="C#" AutoEventWireup="true" CodeBehind="Default.aspx.cs"
Inherits="char4_5.Default" %>
<!DOCTYPE html>
<html xmlns="http://www.w3.org/1999/xhtml">
<head runat="server">
<meta http-equiv="Content-Type" content="text/html; charset=utf-8"/>
    <title></title>
</head>
<body>
    <form id="form1" runat="server">
    <div>
        <asp:Label ID="Label1" runat="server" Text="Label"></asp:Label>
<br />
        <asp:Label ID="Label2" runat="server" Text="Label"></asp:Label>
    </div>
    </form>
</body>
</html>
```

该页面上设计两个标签，用于显示从上一个页面传递过来的信息。

(2) 后台代码设计。第一个页面 Login.aspx 没有后台代码。第二个页面 Default.aspx 后台代码如下：

```
protected void Page_Load(object sender, EventArgs e)
{
    int time = DateTime.Now.Hour.CompareTo(13);
    string str="";
    if (time > 0)
        str = "上午好！";
    else
```

```
        str = "下午好！";
    Label1.Text = Request.Form["txtUserName"]+str;
    Label2.Text = "欢迎您使用本网站！";
}
```

(3) 运行调试。选中 Login.asp 文件，按 F5 键运行，页面的运行效果如图 4-5(a)所示。在页面文本框中输入用户名和密码，单击“登录”按钮，页面跳转到 Default.aspx 页面，效果如图 4-5(b)所示。

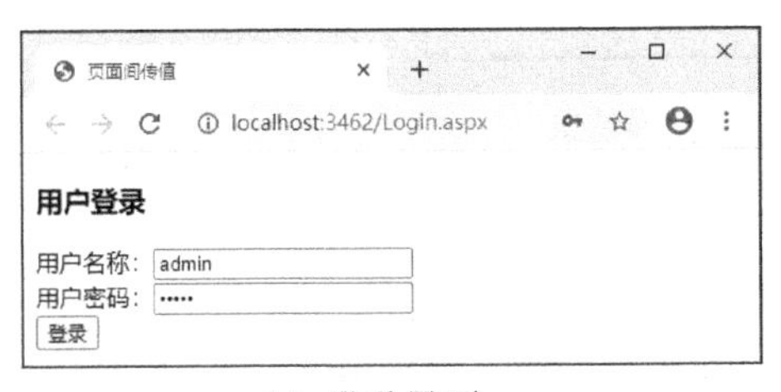

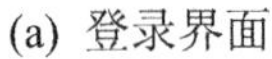

(a) 登录界面

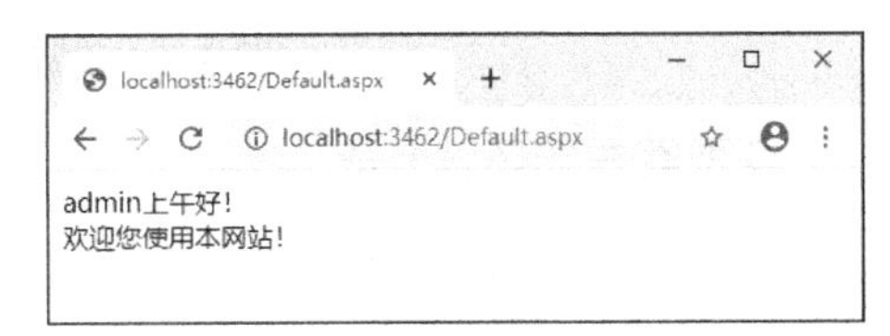

(b) 获取传值的欢迎页面

图 4-5　获取传值

2. 获取客户端浏览器信息

用户能够使用 Request 对象的 Browser 属性访问 HttpBrowserCapabilities 属性，获得当前正在使用哪种类型的浏览器浏览网页，并且可以获得该浏览器是否支持某些特定功能。下面就通过一个示例进行介绍。

【例 4-6】获取客户端浏览器信息。通过 Request 对象的 Browser 属性获取客户端浏览器信息。

(1) 页面设计。在项目中添加一个网页，在页面中添加一个标题即可。

```
<title>获取客户端浏览器信息</title>
```

(2) 后台代码设计。编写 Page_Load 事件过程，代码如下：

```
protected void Page_Load(object sender, EventArgs e)
{
    HttpBrowserCapabilities b=Request.Browser;
    Response.Write("客户端浏览器信息：");
    Response.Write("<hr>");
    Response.Write("类型："+b.Type+"<br>");
    Response.Write("名称："+b.Browser+"<br>");
    Response.Write("版本："+b.Version+"<br>");
    Response.Write("操作平台："+b.Platform+"<br>");
    Response.Write("是否支持框架："+b.Frames+"<br>");
    Response.Write("是否支持表格："+b.Tables+"<br>");
    Response.Write("是否支持 Cookies："+b.Cookies+"<br>");
    Response.Write("<hr>");
}
```

(3) 运行调试。按 F5 键运行，页面的运行效果如图 4-6 所示。

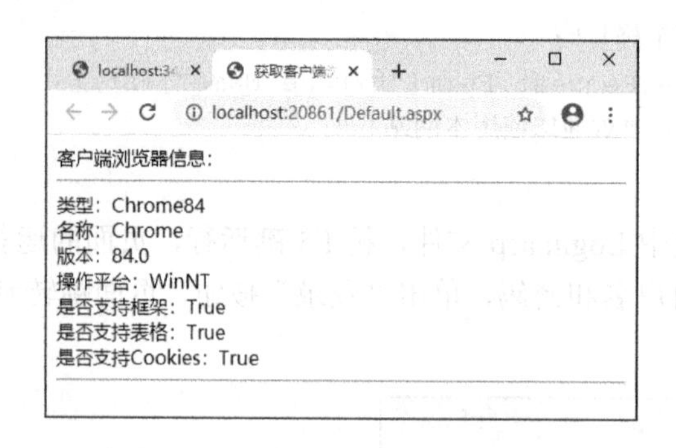

图 4-6　获取客户端浏览器信息

3. 获取客户端环境变量

(1) 获取客户端的 IP 地址。

通过 Request 对象的 UserHostAddress 属性可以获取远程客户端 IP 地址。代码如下：

```
TextBox1.Text = Request.UserHostAddress;
```

还可以通过 Request 对象的 ServerVariables 属性来获得客户端 IP 地址，其语法结构如下：

```
TextBox1.Text = Request.ServerVariables["REMOTE_ADDR"];
```

ServerVariables 属性的返回值包含了 Web 服务器的详细信息和当前页面的路径信息，其中 REMOTE_ADDR 代表客户端 IP 地址。

(2) 获取当前页面路径。

在开发网站时，如开发电子商城时，由于用户登录可以发生在很多页面之中，并不一定要求在一开始就登录，因此登录之后切换的页面不一定是首页，而是当前页，可以使用 Request 对象的 CurrentExecutionFilePath 属性获取当前页。切换页面并返回到当前页面的路径代码如下：

```
Response.Redirect(Request.CurrentExecutionFilePath);
```

4.4　Application 对象

Application 对象用于共享应用程序级信息，即多个用户共享一个 Application 对象。在第 1 个用户请求 ASP.NET 文件时，将启动应用程序并创建 Application 对象。一旦 Application 对象被创建，它就可以共享和管理整个应用程序的信息。在应用关闭之前，Application 对象将一直存在。所以，Application 对象是用于启动和管理 ASP.NET 应用程序的主要对象。

4.4.1　Application 对象的常用方法

1. Add 方法

该方法的作用是新增一个 Application 对象名。

语法：Application.Add(“对象名称”, “对象的值”);

2．Clear 方法

该方法清除全部的 Application 对象变量。
语法：Application.Clear();

3．Remove 方法

该方法移除指定的一个 Application 对象变量。
语法：Application.Remove(“Application 变量名”);

4．Set 方法

该方法更新一个 Application 对象变量的内容。
语法：Application.Set(“对象名称”,对象的值);

5．Lock 方法

该方法锁定全部的 Application 变量，防止其他客户端更改 Application 变量的值。
语法：Application.Lock();

6．UnLock 方法

该方法解除锁定 Application 变量，允许其他客户端更改 Application 变量的值。
语法：Application.UnLock();

4.4.2　Application 对象的常用事件

1．Application_Start 事件

该事件在应用程序启动时被触发。它在应用程序的整个生命周期中仅发生一次，此后除非 Web 重新启动才会再次触发该事件。

2．Application_End 事件

该事件在应用程序结束时被触发，即 Web 服务器关闭时被触发。在该事件中常放置用于释放应用程序所占资源的代码段。

4.4.3　Application 对象的应用

访问计数器主要是用来记录应用程序曾经被访问次数，用户可以通过 Application 对象和 Session 对象实现这一功能。下面通过一个示例进行介绍。

【例 4-7】设计一个网站访问计数器。

(1) 新建一个网站，添加一个全局应用程序类(即 Global.asax 文件)，在该文件的 Application_Start 事件中将把访问数初始化为 0。代码如下：

```
protected void Application_Start(object sender, EventArgs e)
{
    //在应用程序启动时运行的代码
```

```
    Application["count"] = 0;
}
```

当有新的用户访问网站时，将建立一个新的 Session 对象，并在 Session 对象的 Session_Start 事件中对 Application 对象加锁，以防止因为多个用户同时访问页面造成并行，同时将访问人数加 1；当用户退出该网站时，将关闭该用户的 Session 对象，同理对 Application 对象加锁，然后将访问人数减 1。代码如下：

```
protected void Session_Start(object sender, EventArgs e)
{
    //在会话启动时运行的代码
    Application.Lock();
    Application["count"] = (int)Application["count"] + 1;
    Application.UnLock();
}
protected void Session_End(object sender, EventArgs e)
{
    //在会话结束时运行的代码
    //注意：只有在 Web.config 文件中的 sessionstate 模式设置为 InProc 时，
    //才会引发 Session_End 事件。如果会话模式设置为 StateServer
    //或 SQLServer，则不会引发该事件
    Application.Lock();
    Application["count"] = (int)Application["count"] - 1;
    Application.UnLock();
}
```

(2) 在项目中添加一个页面 Default.aspx，在页面上添加了 1 个 Label 控件，用于显示访问人数。

(3) 设计 Default.aspx 文件的后台代码，将访问人数在网站的 Default.aspx 中显示出来。代码如下：

```
protected void Page_Load(object sender,EventArgs e)
{
    Label1.Text = "您是网站的第"+Application["count"].ToString()+"个访问者";
}
```

(4) 运行调试。按 F5 键运行，页面的运行效果如图 4-7 所示。

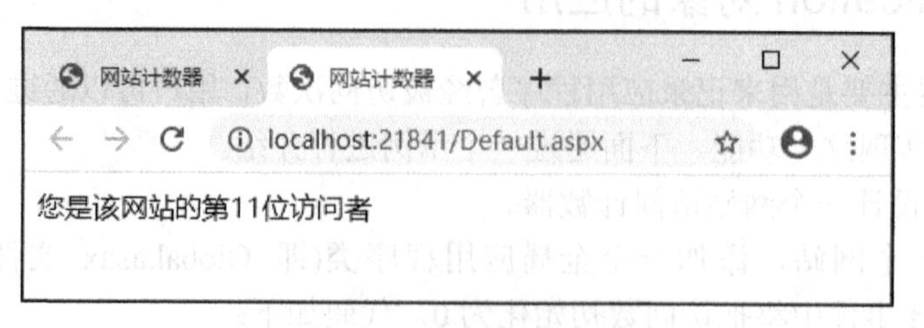

图 4-7　统计网站访问量

4.5　Session 对象

Session 对象用于存储在多个页面调用之间特定用户的信息。Session 对象只针对单一网站使用者，不同的客户端无法互相访问。Session 对象终止于联机机器离线时，也就是当网站使用者关掉浏览器或超过设定 Session 对象的有效时间时，Session 对象变量就会关闭。

说明： Session 对象是与特定用户相联系的。各个 Session 对象是完全独立的，不会互相影响。也就是说，一个用户对应一个 Session 对象，保存在 Session 对象中的用户信息，其他用户是看不到的。

4.5.1　Session 对象的常用属性

1. SessionID 属性

该属性返回一个会话标识符，创建会话时，为每个用户返回一个唯一的 SessionID。此 SessionID 是由服务器通过复杂运算产生的一组随机数值，与当前服务器内的其他会话 SessionID 不会重复。新会话开始时，服务器将产生的 SessionID 作为 Cookie 存储到用户的浏览器中作为会话标记，以后用户请求页面时，浏览器会发送 SessionID 给服务器，用来识别会话。

若要输出当前会话的标识符，则实现的语句是：

```
Response.Write(Session.SessionID);
```

2. Timeout 属性

该属性以分钟为单位定义 Session 会话过期的时间期限。若用户在该时间内没有刷新或请求页面，则结束当前会话。

会话超时的时限可在 IIS 服务器中设置，其默认值为 20min。也可在页面中根据需要，利用该属性来设置。会话过期的时间设置太长，可能会导致打开的会话太多，从而增大服务器内存资源的开销。对于高访问率的站点，应设置较短的时间期限。

例如，若要设置会话超时的时间为 5min，则设置语句为：

```
Session.Timeout=5 ;
```

4.5.2　Session 对象的常用方法

1. Add 方法

该方法创建一个 Session 对象。

语法：Session.Add("对象名称",对象值);

2. Abandon 方法

该方法用来结束当前会话并清除会话中的所有信息；如果用户重新访问页面，可以创建新会话。

语法：Session.Abandon();

3. Clear 方法

该方法清除全部的 Session 对象变量，但不会结束会话。
语法：Session.Clear();

4. Remove 方法

该方法清除某一个 Session 变量。
语法：Session.Remove("Session 变量名");

4.5.3 Session 对象的常用事件

对应于 Session 的生命周期，Session 对象也有自己的事件，即 Session_Start 与 Session_End，它们存放在 Global.asax 文件中。

1. Session_Start 事件

当客户端浏览器第一次请求 Web 应用程序的某个页面时触发 Session_Start 事件。此事件是设置会话期间变量的最佳时机，所有的内建对象(Response、Request、Server、Application、Session)都可以在此事件中使用。

2. Session_End 事件

当一个会话超时或 Web 服务器被关闭时触发 Session_End 事件。此事件中只有 Server、Application 及 Session 对象是可用的。

4.5.4 Session 对象的应用

1. 将数据存入 Session 对象

将数据存入 Session 对象通常有两种方式。
(1) Session["对象名称"]=对象值；
(2) Session.Add("对象名称",对象的值)。

2. 读取 Session 对象的值

读取 Session 对象的值的语法格式如下：
变量= Session["对象名称"];

3. 使用 Session 对象在页面间传值

session 对象页面传值.mp4

【例 4-8】使用 Session 对象在页面间传值。
本示例使用 Session 对象保存当前登录用户的信息。
(1) 新建一个项目。在项目中添加两个网页 Login.aspx 和 Welcome.aspx。
(2) Login.aspx 页面设计。代码如下：

```
<%@ Page Language="C#" AutoEventWireup="true" CodeBehind="Login.aspx.cs"
Inherits="char4_8.Login" %>
```

```
<!DOCTYPE html>
<html xmlns="http://www.w3.org/1999/xhtml">
<head runat="server">
<meta http-equiv="Content-Type" content="text/html; charset=utf-8"/>
    <title>用户登录</title>
</head>
<body>
    <form id="form1" runat="server">
    <div>
        <h4>利用 Session 记录用户信息</h4>
        用户名称：<asp:TextBox ID="txtName" runat="server"></asp:TextBox><br />
        用户密码：<asp:TextBox ID="txtPwd" runat="server" TextMode= "Password" >
</asp:TextBox><br />
        <asp:Button ID="btnLogin" runat="server" Text="登录" />
    </div>
    </form>
</body>
</html>
```

(3) Login.aspx 后台代码设计。编写“登录”按钮的单击事件过程，代码如下：

```
protected void btnLogin_Click(object sender, EventArgs e)
{
    if(txtName.Text.Trim().Length>0&&txtPwd.Text.Trim()!="")
    {
        Session["userName"] = txtName.Text.Trim();
        Session["LoginTime"] = DateTime.Now;
        Response.Redirect("Welcome.aspx");
    }
    else
    {
        Response.Write("<script>alert('用户名和密码不能为空！');</script>");
    }
}
```

(4) Welcome.aspx 页面设计。该页面用于显示欢迎信息，代码如下：

```
<%@ Page Language="C#" AutoEventWireup="true" CodeBehind="Welcome.aspx.cs"
Inherits="char4_8.Welcome" %>
<!DOCTYPE html>
<html xmlns="http://www.w3.org/1999/xhtml">
<head runat="server">
<meta http-equiv="Content-Type" content="text/html; charset=utf-8"/>
<title>欢迎页面</title>
<style type="text/css">
.f1{color:red;}
</style>
</head>
<body>
```

```
    <form id="form1" runat="server">
    <div>
      <h5>欢迎使用本系统!用户名:<asp:Label ID="lblUser" runat="server" Text=""
CssClass="f1"></asp:Label></h5>
      <h3>欢迎使用本系统! </h3>
      用户名:<asp:Label ID="lblUser" runat="server" Text=""
CssClass="f1"></asp:Label>
      登录时间:<asp:Label ID="lblTime" runat="server" Text="" CssClass="f1">
</asp:Label>
    </div>
    </form>
</body>
</html>
```

(5) Welcome.aspx 后台代码设计。编写 Page_Load 事件过程，代码如下：

```
protected void Page_Load(object sender, EventArgs e)
{
    if (Session["userName"] ==null)
        Response.Redirect("Login.aspx");
    else
    {
        string name = Session["userName"].ToString();
        string LoginTime = Session["LoginTime"].ToString();
        lblUser.Text = name;
        lblTime.Text = LoginTime;
    }
}
```

(6) 运行调试。按 F5 键运行，页面的运行效果如图 4-8(a)所示。填写用户名和密码，单击“登录”按钮，跳转到 Welcome.aspx 页面，效果如图 4-8(b)所示。

(a) 用户登录页面　　(b) 欢迎页面

图 4-8　使用 Session 对象在页面间传值运行效果

4.6　Cookie 对象

Cookie 对象用于保存客户端浏览器请求的服务器页面，也可用它存放非敏感型的用户信息，信息保存的时间可以根据用户的需要进行设置。并非所有的浏览器都支持 Cookie，并且数据信息是以文本的形式保存在客户端计算机中的。

Cookie 对象将数据保存在客户端，Windows7 系统下默认保存在 C:\Users\Administrator\AppData\Roaming\Microsoft\Windows\Cookies 的文本文件中。Cookie 对象记录了浏览器的信息、何时访问 Web 服务器、访问过哪些页面等信息。浏览器每次向服务器发送请求，都会自动附上这段信息，使用 Cookie 的主要优点是服务器能依据它快速获得浏览器的信息，而不必将浏览者信息存储在服务器上，可减少服务器的磁盘占用量。

4.6.1　Cookie 对象的常用属性

1．Name 属性

该属性设置或获得 Cookie 变量的名称。

2．Values 属性

该属性设置或获取 Cookie 变量的 Value 值。

3．Expires 属性

该属性设定 Cookie 变量的有效时间，默认为 1000 分钟；若设为 0，则可以实时删除 Cookie 变量。

4.6.2　Cookie 对象的常用方法

1．Add 方法

该方法创建一个 Cookie 变量。

语法：Response.cookie.Add(Cookie 变量名);

2．Clear 方法

该方法清除 Cookie 集合内的变量。

语法：Request.Cookies.Clear();

3．Remove 方法

该方法通过变量名称或索引删除 Cookie 对象。

语法：Response.Cookies.Remove(Cookie 变量名);

4.6.3　Cookie 对象的应用

1．使用 Cookie 对象保存和读取客户端信息

要存储一个 Cookie 变量，可以使用 Response 对象的 Cookies 集合。其使用语法如下：

```
Response.Cookies[varName].Value=值;
Response.Cookies[varName].Expirs=DateTime.AddDays(1);
```

其中，varName 为变量名。Expirs 设置变量的有效期；如果没有设置有效期，Cookie

对象会随着浏览器的关闭而失效。

要取回 Cookie，使用 Request 对象的 Cookies 集合，并将指定的 Cookies 集合返回。其使用语法如下：

```
变量名=Request.Cookies[varName].Value;
```

2. 利用 Cookie 实现密码记忆功能

cookie 对象记住密码.mp4

【例 4-9】利用 Cookie 实现用户登录时记住密码。

(1) 页面设计。新建一个项目，添加一个 Default.aspx 窗体，代码如下：

```
<%@ Page Language="C#" AutoEventWireup="true" CodeBehind="Default.aspx.cs"
Inherits="char4_9.Default" %>
<!DOCTYPE html>
<html xmlns="http://www.w3.org/1999/xhtml">
<head runat="server">
<meta http-equiv="Content-Type" content="text/html; charset=utf-8"/>
    <title></title>
</head>
<body>
    <form id="form1" runat="server">
    <div>
        用户名称:<asp:TextBox ID="txtNmae" runat="server"></asp:TextBox><br />
        用户密码: <asp:TextBox ID="txtPwd" runat="server" TextMode="Password" >
</asp:TextBox> <br />
        <asp:CheckBox ID="CheckBox1" runat="server" Text="记住密码" /> <br />
        <asp:Button ID="btnLogin" runat="server" Text="登录"
OnClick="btnLogin_Click" />
        <asp:Button ID="btnReset" runat="server" Text="重置" />
    </div>
    </form>
</body>
</html>
```

(2) 后台代码设计。编写“登录”按钮的单击事件和 Page_Load 事件，代码如下：

```
protected void Page_Load(object sender, EventArgs e)
{
    if(Request.Cookies["password"]!=null)
    {
        if(DateTime.Now.CompareTo(Request.Cookies["password"].Expires)>0)
        {
            txtPwd.Attributes.Add("value",
Request.Cookies["password"].Value);
        }
    }
}
protected void btnLogin_Click(object sender, EventArgs e)
```

```
{
    if (CheckBox1.Checked)
    {
        Response.Cookies["password"].Value = txtPwd.Text;
        Response.Cookies["password"].Expires =
DateTime.Now.AddSeconds(20);
    }
}
```

(3) 运行调试。按 F5 键运行，页面的运行效果如图 4-9 所示。

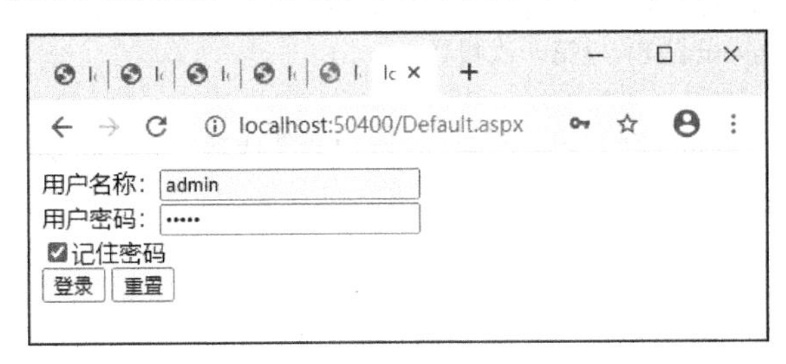

图 4-9　利用 Cookies 实现记住密码功能

首次访问，两个文本框均为空，输入用户名和密码后选中“记住密码”复选框，20 秒内再次加载该页面时，密码会自动填入对应的文本框中。

3. 利用 Cookie 控制投票次数

【例 4-10】利用 Cookie 控制一天内投一次票。

(1) 页面设计。新建一个项目，添加一个 Default.aspx 窗体，代码如下：

```
<%@ Page Language="C#" AutoEventWireup="true" CodeBehind="Default.aspx.cs"
Inherits="char4_10.Default" %>
<!DOCTYPE html>
<html xmlns="http://www.w3.org/1999/xhtml">
<head runat="server">
<meta http-equiv="Content-Type" content="text/html; charset=utf-8"/>
    <title>利用 Cookies 控制投票</title>
</head>
<body>
    <form id="form1" runat="server">
    <div>
    <h3>您最喜欢的足球明星是：</h3>
        <asp:RadioButtonList ID="RadioButtonList1" runat="server"
RepeatDirection="Horizontal">
            <asp:ListItem>梅西</asp:ListItem>
            <asp:ListItem>C 罗</asp:ListItem>
            <asp:ListItem>内马尔</asp:ListItem>
            <asp:ListItem>贝利</asp:ListItem>
        </asp:RadioButtonList>
        <asp:Button ID="btnOK" runat="server" Text="点击投票"
OnClick="btnOK_Click" />
```

```
    </div>
    </form>
</body>
</html>
```

(2) 后台代码设计。编写“点击投票”按钮的单击事件过程，代码如下：

```
protected void btnOK_Click(object sender, EventArgs e)
{
    string UserIP = Request.UserHostAddress.ToString();
    HttpCookie oldCookie=Request.Cookies["userIP"];
    if(oldCookie==null)//第一次投票
    {
        Response.Write("<script>alert('投票成功！感谢您的参与！');</script>");
        HttpCookie newCookie = new HttpCookie("userIP");
        newCookie.Expires = DateTime.Now.AddDays(1);
        newCookie.Values.Add("ipAddress", UserIP);
        Response.AppendCookie(newCookie);
        return;
    }
    else
    {
        string userIP=oldCookie.Values["ipAddress"];
        if(UserIP.Trim()==userIP.Trim())
        {
            Response.Write("<script>alert('一个 IP 地址一天只能投票一次！感谢您的
参与！');</script>");
            return;
        }
        else
        {
            HttpCookie newCookie=new HttpCookie("userIP");
            newCookie.Values.Add("ipAddress",UserIP);
            newCookie.Expires=DateTime.Now.AddDays(1);
            Response.AppendCookie(newCookie);
            Response.Write("<script>alert('投票成功！感谢您的参与！
');</script>");
            return;
        }
    }
}
```

(3) 运行调试。按 F5 键运行，首次单击“点击投票”按钮，提示“投票成功！感谢您的参与！”信息，一天内再次单击“点击投票”按钮，提示“一个 IP 地址一天只能投票一次！感谢您的参与！”信息，如图 4-10 所示。

图 4-10　利用 Cookies 实现记住密码功能

4.7　Server 对象

Server 对象定义了一个与 Web 服务器相关的类，提供对服务器上的方法和属性的访问，用于访问服务器上的资源。Server 对象能够帮助程序判断当前服务器的状态。

4.7.1　Server 对象的常用属性

1．MachineName 属性

该属性获取服务器的计算机名称，是一个只读属性。

2．ScriptTimeout 属性

该属性获取和设置请求超时值，单位为秒。

4.7.2　Server 对象的常用方法

1．MapPath 方法

该方法返回与文本服务器上的指定虚拟路径相对的物理文件路径。
语法：Server.MapPath(“虚拟路径”);

2．Execute 方法

该方法在当前请求的上下文中执行指定资源的处理程序。
语法：Server.Execute(“页面文件”);

3．Transfer 方法

该方法终止当前页面的执行，并为当前请求开始执行新页面。
语法：Server.Transfer(“页面文件”);

4．HtmlEncode 方法

该方法对要在浏览器中显示的字符串进行编码。
语法：Server.HtmlEncode(“字符串”);
例如，要在客户端显示以下文本：

```
<script>window.alert("ASP.net,您今天访问了吗? ");</script>
```

就可以使用 HtmlEncode()方法来实现：

```
Response.Write(Server.HtmlEncode("<script>window.alert('ASP.net,您今天访问了吗? ');</script>"));
```

5．HtmlDecode 方法

该方法对编码字符串按 HTML 语法进行解释。
语法：Server.HtmlDecode(“字符串”);
例如，执行下面的代码会弹出一个消息框。

```
Response.Write(Server.HtmlDecode(Server.HtmlEncode("<script>window.alert('ASP.net,您今天访问了吗? ');</script>")));
```

4.7.3 Server 对象的应用

1．将虚拟路径转换为实际路径

MapPath 方法用来返回与 Web 服务器上的指定虚拟路径相对应的物理文件路径。语法如下：

```
Server.MapPath(path);
```

其中，path 表示 Web 服务器上的虚拟路径；如果 path 值为空，则该方法返回包含当前应用程序的完整物理路径。例如：
显示指定文件 Default.aspx 的物理文件路径：

```
Response.Write(Server.MapPath("Default.aspx"));
```

显示当前目录的实际路径：

```
Response.Write(Server.MapPath("./"));
```

显示当前根目录的实际路径：

```
Response.Write(Server.MapPath("/"));
```

2．使用 Server.Execute 方法和 Server.Transfer 方法重定向页面

Execute 方法用于将执行从当前页面转移到另一个页面，并将执行返回到当前页面。执行所转移的页面在同一浏览器窗口中执行，然后原始页面继续执行。故执行 Execute 方法后，原始页面保留控制权。

Transfer 方法用于将执行完全转移到指定页面。与 Execute 方法不同，执行该方法时主调页面将会失去控制权。

【例 4-11】重定向页面。

下面的示例实现的主要功能是通过 Server 对象的 Execute 方法和 Transfer 方法重定向页面。

(1) 页面设计。新建一个项目，在项目中添加两个 Web 窗体(Default.aspx 和

NewPage.aspx)，NewPage.aspx 无须编写任何代码。Default.aspx 窗体代码如下：

```
<%@ Page Language="C#" AutoEventWireup="true" CodeBehind="Default.aspx.cs"
Inherits="char4_11.Default" %>
<!DOCTYPE html>
<html xmlns="http://www.w3.org/1999/xhtml">
<head runat="server">
<meta http-equiv="Content-Type" content="text/html; charset=utf-8"/>
    <title></title>
</head>
<body>
    <form id="form1" runat="server">
    <div>
        <asp:Button ID="btnExecute" runat="server" Text="Execute 方法"
OnClick= "btnExecute_Click" /> <br />
        <asp:Button ID="btnTransfer" runat="server" Text="Transfer 方法"
OnClick= "btnTransfer_Click" />
    </div>
    </form>
</body>
</html>
```

(2) 后台代码设计。

```
protected void btnExecute_Click(object sender, EventArgs e)
{
    Server.Execute("NewPage.aspx");
    Response.Write("执行了 Server.Execute 又回到 Default.aspx 页");
}

protected void btnTransfer_Click(object sender, EventArgs e)
{
    Server.Transfer("NewPage.aspx");
    Response.Write("是否回到 Default.aspx 页？");
}
```

(3) 运行调试。按 F5 键运行，单击“Transfer 方法”按钮，跳转到 NewPage.aspx 页面；单击“Execute 方法”按钮，执行完 NewPage.aspx 页面后又跳转到 Default.aspx 页面，如图 4-11 所示。

图 4-11　用 Execute 方法执行指定页面

说明：使用 Server 对象的 Transfer 方法和 Response 的 Redirect 方法都可以实现网页重定向功能，不同的是， Redirect 方法重定向，页面 URL 将会显示重定向后的地址，而 Transfer 方法重定向，浏览器的 URL 不会变化，仍然是转向前的地址。

4.8 习　题

1. 填空题

(1) ASP.NET 提供了大量的内置对象，其中________对象用于读取客户端的信息，________对象的作用恰恰相反，主要用于控制对浏览器的输出。

(2) Session 对象的生命周期为，在________产生，在________结束。

(3) 使用 Application 对象时为了防止竞争，使用前锁定语句为________。使用后解锁语句为________。

2. 选择题

(1) 下列(　　)对象不能在页面间传送数据。

A. Applicaton　　B. Session　　C. ViewState　　D. 查询字符串

(2) 下列(　　)对象不是使用 Key/Value 方式保存数据的。

A. Applicaton　　B. Session　　C. ViewState　　D. 查询字符串

(3) 下列(　　)对象的数据不是保存在服务器中。

A. Applicaton　　B. Session　　C. ViewState　　D. Cache

(4) 商务网站中客户的购物信息最佳的保存场所是(　　)。

A. Applicaton　　B. Session　　C. ViewState　　D. 查询字符串

(5) Session 与 Cookie 状态之间最大的区别在于(　　)。

A. 存储的位置不同　　B. 类型不同　　C. 生命周期不同　　D. 容量不同

(6) 获取服务器的名称，可以用(　　)对象。

A. Response　　B. Session　　C. Server　　D. Cookie

(7) 如要定义一个永久 Cookie，则必须设置 Cookie 的(　　)属性。

A. Value　　B. Item　　C. Path　　D. Expires

(8) 以下程序段执行完毕，页面显示的内容是(　　)。

```
String strTemp = "user_name";
Session[strTemp]="Kim";
Session[strTemp] = "John";
Response.Write(Session["user_name"]);
```

A. Kim　　B. John

C. KimJohn　　D. 语法有错，无法正常输出

(9) 关于 Application 对象，下列说法错误的是(　　)。

A. 用于共享应用程序级信息，即多个用户共享一个 Application 对象

B. 用于共享页面级信息，即多个用户共享一个 Application 对象

C. 在整个应用程序中都可以访问该对象的值，直到应用程序结束

D. Application 对象的用法和 Cookie 对象相同

(10) ASP.NET 中包含多种维护状态的技术，下列选项保存在客户端的是什么对象？(　　)

A. ViewState　　B. Session　　C. Application　　D. Cookie

(11) 对于每个访问应用程序的用户，系统都会启动单个以下什么对象？(　　)

A. Server　　B. Session　　C. 应用程序　　D. 请求

(12) 在 ASP.NET 中，如果我们要实现一个网站计数器，最好将相关数据存放在什么对象中？(　　)

A. Application　　B. Session　　C. Cookie　　D. ViewState

3. 问答题

简述.NET 中常用的几种页面间传递参数的方法，并说出各自的优缺点。

4.9 上机实验

(1) 在 Visual Studio 2013 中调试书上的各个实例。

(2) 设计一个简单的聊天室程序，要求用 Session 对象记录登录用户的信息，用 Application 对象实现聊天室功能，如图 4-12 所示。要求：进入聊天室前必须登录，不允许发送空信息。

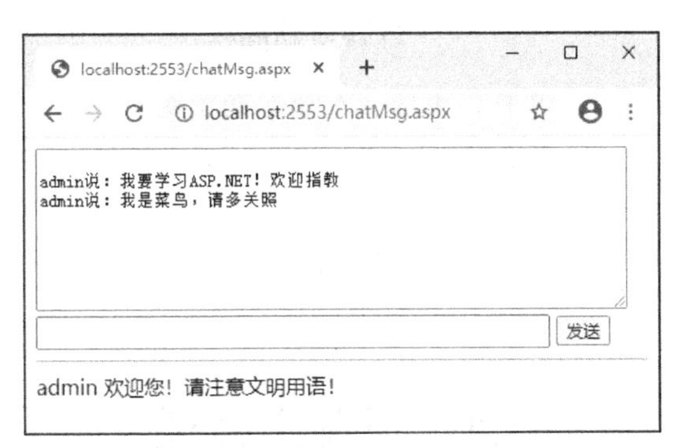

图 4-12　实时在线聊天

第 5 章　主题与母版页

【学习目标】

- 熟悉母版页的运行机制和优点;
- 掌握创建母版页和内容页;
- 掌握创建嵌套母版页;
- 掌握访问母版页中的控件及相关属性;
- 熟悉主题及其组成元素;
- 掌握如何创建主题;
- 掌握动态加载网站主题技术。

【工作任务】

- 创建母版页和内容页;
- 创建嵌套母版页;
- 访问母版页中的控件及相关属性。

【大国自信】

珠峰最新高程

8848.86 米！2020 年 12 月 8 日，中国、尼泊尔两国向全世界正式宣布珠穆朗玛峰的最新高程。“信心”跃然而出，网友点赞“给力”。这个数据是珠峰“身高”的最权威答案，反映了人类对自然的求知探索精神，也体现出我国综合实力和科技水平。值得一提的是，本次珠峰测量用到的高精度测量仪器均由我国自主研发，同时也是人类首次在珠峰峰顶开展重力测量。

5.1　母版页概述

母版页是为了 ASP.NET 应用程序创建统一的用户界面和样式。在制作网站或 Web 应用程序的时候，使用母版页可以创建通用的页面布局，可以使多个页面共享相同的内容。使用母版页，简化了以往重复设计每个 Web 页面的工作。母版页中承载了网站的统一内容、设计风格，减轻了网页设计人员的工作量，提高了工作效率。

母版页由两个部分构成：一个母版页和一个(或多个)内容页。

1．母版页

母版页为具有扩展名.master 的 ASP.NET 文件，它具有可以包括静态文本、HTML 元素和服务器控件的预定义布局。母版页由特殊的@Master 指令识别，该指令替换了用于普通.aspx 页的@Page 指令。

2．内容页

内容页与母版页关系紧密，内容页主要包含页面中的非公共内容。通过创建各个内容页来定义母版页的占位符控件的内容，这些内容页为绑定到特定母版页的 ASP.NET 页(.aspx 文件以及可选的代码隐藏文件)。

3．母版页运行机制

在运行时，母版页按照下面的步骤处理：

(1) 用户通过输入内容页的 URL 来请求某页。

(2) 获取该页后，读取@Page 指令。如果该指令引用一个母版页，则也读取该母版页。如果是第一次请求这两页，则两个页都要进行编译。

(3) 包含更新的内容的母版页合并到内容页的控件树中。

(4) 各个 Content 控件的内容合并到母版页中相应的 ContentPlaceHolder 控件中。

(5) 浏览器中呈现得到的合并页。

4．母版页的优点

使用母版页，可以为 ASP.NET 应用程序页面创建一个通用的外观。开发人员可以利用母版页创建一个单页布局，然后将其应用到多个内容页。母版页具有以下优点：

(1) 使母版页可以集中处理页的通用功能，以便只在一个位置上进行更新，在很大程度上提高了工作效率。

(2) 使用母版页可以方便地创建一组公共控件和代码，并将其应用于网站中所有引用该母版页的网页。例如，可以在母版页上使用控件来创建一个应用于所有页的功能菜单。

(3) 可以通过控件母版页中的占位符 ContentPlaceHolder 对网页进行布局。

由内容页和母版页组成的对象模型，能够为应用程序提供一种高效、易用的实现方式，并且这种对象模型的执行效率比以前的处理方式有了很大的提高。

5.2　创建母版页

创建母版页的具体步骤如下：

(1) 在网站的解决方案下右击网站名称，在弹出的快捷菜单中选择“添加新项”命令。

(2) 打开“添加新项”对话框，如图 5-1 所示。选择“母版页”，默认名为 MasterPage.Master。单击“添加”按钮即可创建一个新的母版页。

(3) 母版页 MasterPage.master 中的代码如下：

```
<%@ Master Language="C#" AutoEventWireup="true"
CodeFile="MasterPage.master.cs" Inherits="MasterPage" %>
<!DOCTYPE html>
<html xmlns="http://www.w3.org/1999/xhtml">
<head runat="server">
<meta http-equiv="Content-Type" content="text/html; charset=utf-8"/>
    <title></title>
```

```
        <asp:ContentPlaceHolder id="head" runat="server">
        </asp:ContentPlaceHolder>
    </head>
    <body>
        <form id="form1" runat="server">
        <div>
            <asp:ContentPlaceHolder id="ContentPlaceHolder1" runat="server">
            </asp:ContentPlaceHolder>
        </div>
        </form>
    </body>
    </html>
```

以上代码中 ContentPlaceHolder 控件为占位符控件，它锁定的位置可替换为内容出现的区域。

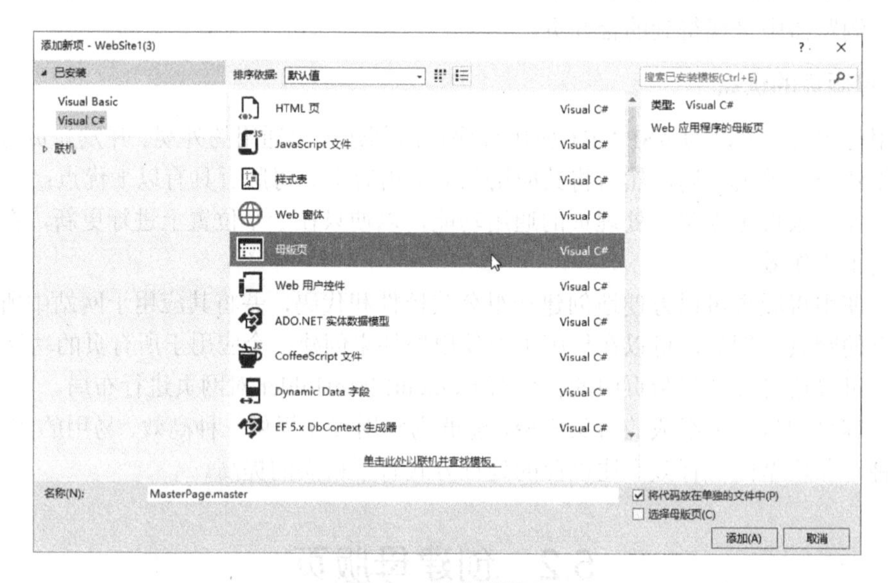

图 5-1　创建母版页

5.3　创建内容页

创建完母版页后，接下来就要创建内容页。内容页的创建与母版页类似，具体创建步骤如下：

(1) 在网站的解决方案下右击网站名称，在弹出的快捷菜单中选择“添加新项”命令。

(2) 打开“添加新项”对话框，如图 5-2 所示。在对话框中选择“Web 窗体”并将其命名为 Default.aspx，同时选中“将代码放在单独的文件中”和“选择母版页”复选框，单击“添加”按钮，弹出如图 5-3 所示的“选择母版页”对话框，在其中选择一个母版页，单击“确定”按钮，即可创建一个新的内容页。

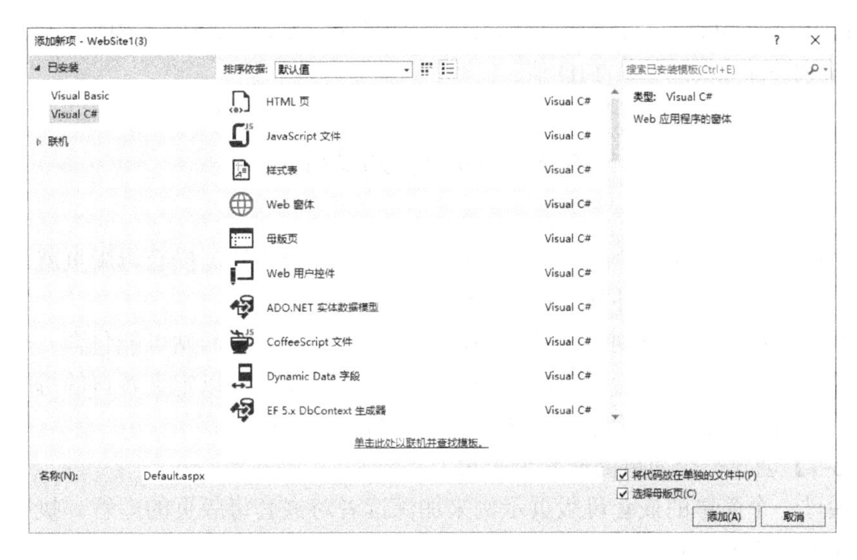

图 5-2　“添加新项”对话框

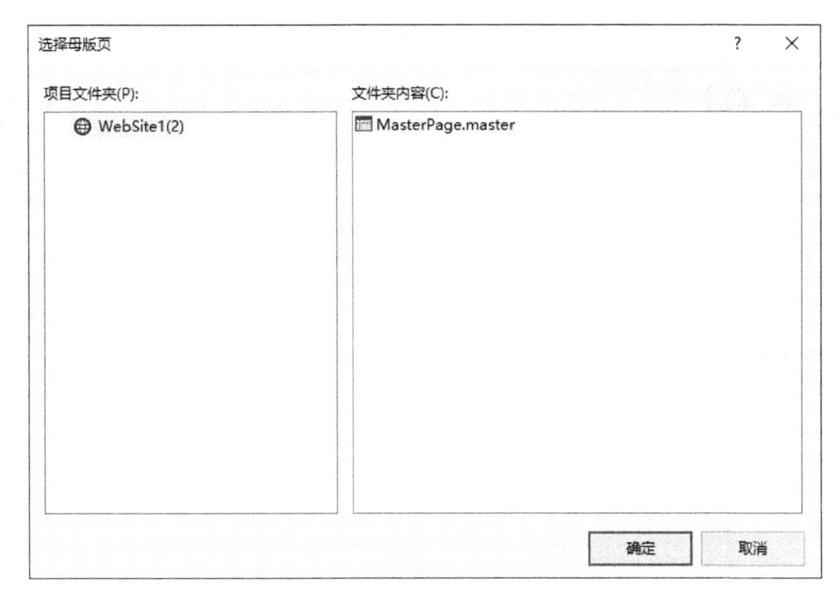

图 5-3　“选择母版页”对话框

(3)　内容页的代码如下：

```
<%@ Page Title="" Language="C#" MasterPageFile="~/MasterPage.master"
AutoEventWireup="true" CodeFile="Default.aspx.cs" Inherits="Default" %>
<asp:Content ID="Content1" ContentPlaceHolderID="head" Runat="Server">
</asp:Content>
<asp:Content ID="Content2" ContentPlaceHolderID="ContentPlaceHolder1"
Runat="Server">
</asp:Content>
```

通过以上代码可以发现，母版页中有几个 ContentPlaceHolder 控件，在内容页中就会有几个 ContentPlaceHolder 控件生成，Content 控件的 ContentPlaceHolderID 属性值对应着母版页 ContentPlaceHolder 控件的 ID 值。

5.4　嵌套内容页

所谓“嵌套”，就是一个套一个，大的容器里套小的容器。嵌套母版页就是指创建一个大母版页，在其中包含另外几个小的母版页。

利用嵌套的母版页可以创建组件化的母版页。例如，大型网站可能包含一个用于定义站点外观的总体母版页，然后，不同的网站内容合作伙伴又可以定义各自的母版页，这些子母版页引用网站母版页，并相应定义合作伙伴的内容外观。

【例 5-1】创建一个简单的嵌套母版页。

下面通过一个简单的嵌套母版页示例来加深读者对嵌套母版页的理解。执行程序，示例运行结果如图 5-4 所示。

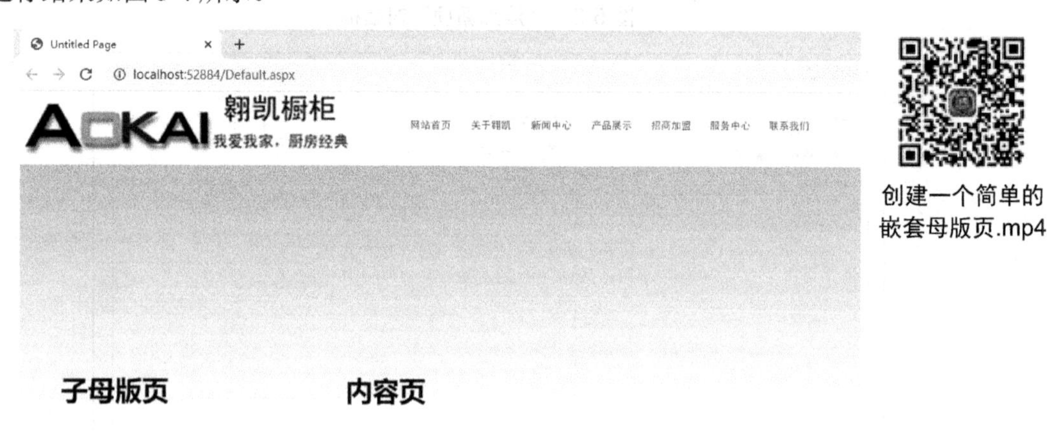

创建一个简单的嵌套母版页.mp4

图 5-4　嵌套母版页

程序实现的主要步骤为：

(1) 新建一个网站，将其命名为 01。

(2) 在该网站的解决方案下，右击网站名称，在弹出的快捷菜单中选择“添加新项”命令，打开“添加新项”对话框，首先添加两个母版页，分别命名为 MainMaster(主母版页)和 SubMaster(子母版页)，然后再添加一个 Web 窗体，命名为 Default.aspx，并将其作为 SubMaster(子母版页)的内容页。

嵌套母版页由主母版页、子母版页和内容页组成，主母版页包含的内容主要是页面的公共部分，主母版页嵌套子母版页，内容页绑定子母版页。

(3) 主母版页的构建方法与普通的母版页的构建方法一致。由于主母版页嵌套一个子母版页，因此必须在适当的位置设置一个 ContentPlaceHolder 控件实现的占位。主母版页的设计代码如下：

```
<%@ Master Language="C#" AutoEventWireup="true"
CodeFile="MainMaster.master.cs" Inherits="MainMaster" %>
<!DOCTYPE html PUBLIC "-//W3C//DTD XHTML 1.0 Transitional//EN"
"http://www.w3.org/TR/xhtml1/DTD/xhtml1-transitional.dtd">
<html xmlns="http://www.w3.org/1999/xhtml" >
<head runat="server">
   <title>主母版页</title>
</head>
<body>
   <form id="form1" runat="server">
   <div>
      <table style="width: 1000px; height: 680px" cellpadding="0"
cellspacing="0">
         <tr>
            <td style="background-image: url(Image/banner.jpg); width:
1000px; height: 110px">
            </td>
         </tr>
         <tr>
            <td style="background-image: url(Image/2.jpg);width: 1000px;
height: 490px" align="center" valign="middle">
      <asp:contentplaceholder id="MainContent" runat="server">
      </asp:contentplaceholder>
            </td>
         </tr>
         <tr>
            <td style="background-image: url(Image/3.jpg); width: 1000px;
height: 80px">
            </td>
         </tr>
      </table>
   </div>
   </form>
</body>
</html>
```

(4) 子母版页以.master 为扩展名，其代码包括两部分，即代码头声明和 Content 控件。子母版页与普通母版页相比，子母版页中不包括<html>、<body>等 Web 元素。在子母版页的代码头中添加了一个属性 MasterPageFile，以设置嵌套子母版页的主母版页路径，通过设置这个属性，实现主母版页和子母版页之间的嵌套。子母版页的 Content 控件中声明的 ContentPlaceHolder 控件用于为内容页实现占位，子母版页设计代码如下：

```
<%@ Master Language="C#" AutoEventWireup="true"
```

```
CodeFile="SubMaster.master.cs" Inherits="SubMaster" MasterPageFile
="~/MainMaster.master" %>
<asp:Content id="Content1" ContentPlaceholderID="MainContent"
runat="server">
    <table style="background-image: url(Image/2.jpg); width:1000px; height:
490px">
    <tr>
    <td align ="center" valign ="middle">
        <h1>子母版页</h1>
    </td>
    <td align ="center" valign ="middle">
        <asp:contentplaceholder id="SubContent" runat="server">
        </asp:contentplaceholder>
    </td>
    </tr>
    </table>
</asp:Content>
```

(5) 内容页的构建方法与普通内容页的构建方法一致。它的代码包括两部分，即代码头声明和 Content 控件。由于内容页绑定子母版页，因此代码头中的属性 MasterPageFile 必须设置为子母版页的路径。内容页的设计代码如下：

```
<%@ Page Language="C#" MasterPageFile="~/SubMaster.master"
AutoEventWireup="true" CodeFile="Default.aspx.cs" Inherits="_Default"
Title="Untitled Page" %>
<asp:Content ID="Content1" ContentPlaceHolderID="SubContent"
Runat="Server">
<table style="width :451px; height :391px">
<tr>
<td>
<h1>内容页</h1>
</td>
</tr>
</table>
</asp:Content>
```

5.5 访问母版页的控件和属性

内容页中引用母版页中属性、方法和控件有一定的限制。对于属性和方法的规则是：如果它们在母版页被声明为公共成员，则可以引用它们，包括公共属性和公共方法。在引用母版页上的控件时，没有只能引用公共成员这种限制。

5.5.1 使用 Master.FindControl()方法访问母版页上的控件

在内容页中，Page 对象具有一个公共属性 Master，该属性能够实现对相关母版页基类

MasterPage 的引用。母版页中的 MasterPage 相当于普通 ASP.NET 页面中的 Page 对象，因此，可以使用 MasterPage 对象实现对母版页中各个子对象的访问，但由于母版页中的控件是受保护的，不能直接访问，name 就必须使用 MasterPage 对象的 FindControl 方法实现。

【例 5-2】访问母版页上的控件。

下面通过使用 FindControl 方法，获取母版页中用于显示系统时间的 Label 控件，执行程序，示例运行结果如图 5-5 所示。

访问母版页上的控件.mp4

图 5-5　访问母版页上的控件

程序实现的主要步骤如下：

(1) 新建一个网站，将其命名为 02。

(2) 首先添加一个母版页，默认名称为 MasterPage.master，再添加一个 Web 窗体，命名为 Default.aspx，作为母版页的内容页。

(3) 分别在母版页和内容页上添加一个 Label 控件。母版页的 Label 控件的 ID 属性为 LabMaster，用来显示系统日期。内容页的 Label 控件的 ID 属性为 LabContent，用来显示母版页中的 Label 控件值。

(4) 在 MasterPage.master 母版页的 Page_Load 事件中，使母版页的 Label 控件显示当前系统日期的代码如下：

```
protected void Page_Load(object sender, EventArgs e)
{
        this.labMaster.Text = "今天是"+DateTime.Today.Year+"年" +
DateTime.Today.Month+"月"+DateTime .Today.Day+"日";
}
```

(5) 在 Default.aspx 内容页中的 Page_LoadComplete 事件中，使内容页的 Label 控件显示母版页中的 Label 控件值的代码如下：

```
Protected  void Page_LoadComplete(object sender,EventArgs e)
{
    Label MLabel1=(Label)this.Master.FindControl("labMaster");
    this.labContent.Text=MLabel1.Text;
}
```

5.5.2 引用@MasterType 指令访问母版页上的属性

引用母版页中的属性和方法，需要在内容页中使用 MasterType 指令，将内容页的 Master 属性强类型化，即通过 MasterType 指令创建与内容页相关的母版页的强类型引用。另外，在设置 MasterType 指令时，必须设置 Path 属性，以便指定与内容页相关的母版页储存地址。

【例 5-3】访问母版页上的属性。

下面通过使用 MasterType 指令引用母版页的公共属性，并将 Welcome 字样赋给母版页的公共属性。执行程序，示例运行结果如图 5-6 所示。

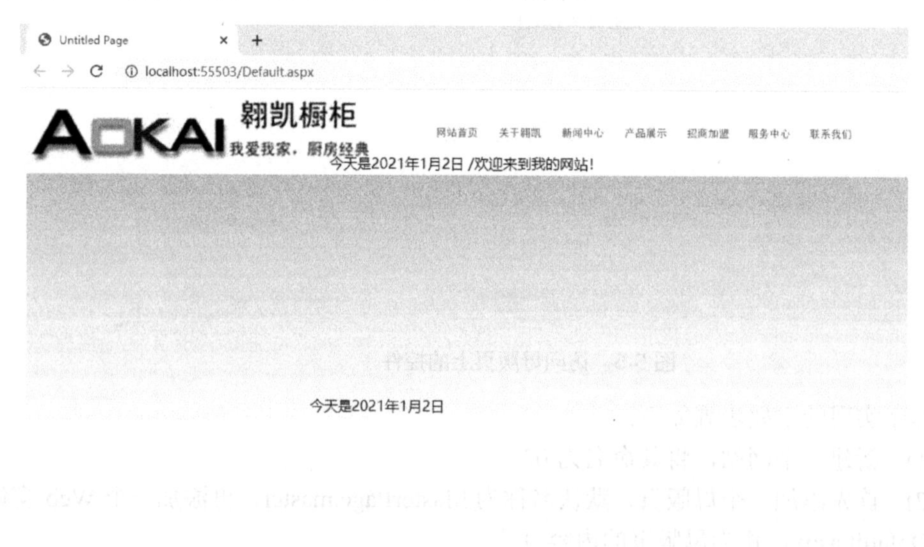

图 5-6 访问母版页上的属性

程序实现的主要步骤如下：

(1) 程序前面步骤参见例 5-2。

(2) 在母版页中定义了一个 String 类型的公共属性 mValue，代码如下：

```
public partial class MasterPage : System.Web.UI.MasterPage
{
```

```
    string mValue = "";
    public string MValue
    {
        get
        {
            return mValue;
        }
        set
        {
            mValue = value;
        }
    }
}
```

(3) 在内容页代码头的设置中，增添了<%@MasterType%>，并在其中设置了 VirtualPath 属性，用于设置被强类型化的母版页的 URL 地址。

(4) 在内容页的 Page_Load 事件下，通过 Master 对象引用母版页中的公共属性，并将 Welcome 字样赋给母版页中的公共属性。代码如下：

```
Protected void Page_Load(object sender,EventArgs e)
{
    Master.mValue="/欢迎来到我的网站！";
}
```

5.6 主　　题

使用主题可以同时控制 HTML 元素和 ASP.NET 控件在页面上的皮肤。通过应用主题，可以为网站中的页提供一致的外观。

5.6.1 主题组成元素

主题由外观、级联样式表(CSS)、图像和其他资源组成。主题中至少包含外观，它是在网站或 Web 服务器上的特殊目录中定义的。

1. 外观

外观文件是主题的核心内容，用于定义页面中服务器控件的外观。它包含各个控件(如 Button、TextBox 或 Calendar 控件)的属性设置。控件外观设置类似于控件标记本身，但只包含要作为主题的一部分来设置属性。例如，下面定义了 TextBox 控件的外观代码：

```
<asp:TextBox runat="server" BackColor="PowderBlue"
ForeColor="RoyalBlue"/>
```

控件外观的设置与控件声明代码类似。在控件外观设置中只能包含作为主题的属性定义。上述代码中设置了 TextBox 控件的前景色和背景色属性。如果将以上控件外观应用到单个 Web 页上，那么页面内所有 TextBox 控件都将显示所设置的控件外观。

2. 级联样式表

主题还可以包含级联样式表(.css 文件)。将.css 文件放在主题目录中时，样式表自动作为主题的一部分应用。使用文件扩展名.css 在主题文件夹中定义样式表。主题中可以包含一个或多个级联样式表。

3. 图像和其他资源

主题还可以包含图像和其他资源，如脚本文件或视频文件等。通常，主题的资源文件与该主题的外观文件位于同一个文件夹中，也可以在 Web 应用程序中的其他地方，例如，主题目录的某个子文件夹中。

5.6.2 文件存储和组织方式

在 Web 应用程序中，主题文件必须存储在根目录的 App_Themes 文件夹下(除全局主题之外)，开发人员可以手动或者使用 Visual Studio 2013 在网站的根目录下创建该文件夹，具体步骤是在“解决方案资源管理器”中右击项目名称，在弹出的快捷菜单中选择“添加 ASP.NET 文件夹”→“主题”命令即可。

外观文件是主题的核心部分，每个主题文件夹下都可以包含一个或者多个外观文件。如果主题较多，页面内容较复杂时，外观文件的组织就会出现问题。这样就需要开发人员在开发过程中，根据实际情况对外观文件进行有效的管理。

外观文件通常根据 SkinID、控件类型及文件 3 种方式组织。

(1) 根据 SkinID 组织。在设置控件外观时，将具有相同的 SkinID 放在同一个外观文件中，这种方式适用于网站页面较多、设置内容复杂的情况。

(2) 根据控件类型组织。组织外观文件时，按控件类型进行分类。这种方式适用于页面中包含控件较少的情况。

(3) 根据文件组织。组织外观文件时，根据网站中的页面进行分类。这种方式适用于网站中页面较少的情况。

5.7 创 建 主 题

主题由多个文件组成，其中包括页面外观的样式表、修饰服务器控件的外观文件以及组成主题的其他任何支持的图像或文件。

5.7.1 创建外观文件

外观文件分为“默认外观”和“已命名外观”两种类型。如果控件外观没有包含 SkinID 属性，就是默认外观。此时，向页面应用主题，默认外观自动应用于同一类型的所有控件。已命名外观是设置了 SkinID 属性的控件外观。已命名外观不会自动按类型应用于控件，而应当通过设置控件的 SkinID 属性将已命名外观显式应用于控件。通过创建已命名外观，可以为应用程序中同一控件的不同实例设置不同的外观。

控件外观设置的属性可以是简单属性，也可以是复杂属性。简单属性是控件外观设置中最常见的类型，如控件背景颜色(BackColor)、控件的宽度(Width)等。复杂属性主要包括集合属性、模板属性、数据绑定表达式等类型。下面通过实例介绍如何创建简单的外观文件。

【例 5-4】创建默认外观和命名外观。

程序实现的主要步骤如下：

(1)　新建一个网站，默认主页为 Default.aspx。

(2)　在应用程序根目录下创建一个 App_Themes 文件夹，用于存储主题。添加一个主题，在 App_Themes 文件夹上单击鼠标右键，在弹出的快捷菜单中选择“添加 ASP.NET 文件夹”→“主题”命令，设置主题名为 TextBoxSkin。在主题下新建一个外观文件，设置其名称为 TextBoxSkin.skin，用来设置页面中 TextBox 控件的外观。TextBoxSkin.skin 外观文件的源代码如下：

创建主题.mp4

```
<asp:TextBox runat="server" Text="文本框外观 1" BackColor="#FFEOCO"
BorderColor="#FFC080" Font-Size="12pt"  ForeColor="#C04000"
Width="149px"/>
<asp:TextBox  Skinld="textboxSkin" runat="server"  Text="文本框外观 2"
BackColor="#FFFFCO" BorderColor="Olive"  BorderStyle="Dashed"
Font-Size="15pt"  Width="224px"/>
```

在代码中创建了两个 TextBox 控件的外观，其中没有设置 SkinID 属性的是 TextBox 控件的默认外观，设置了 SkinID 属性的是 TextBox 控件的命名外观，其 SkinID 属性值为 textboxSkin。注意：任何控件的 ID 属性都不可以在外观文件中出现。如果向外观文件中添加了不能设置主题的属性，将会导致错误发生。

(3)　在网站的默认页 Default.aspx 中添加两个 TextBox 控件，应用 TextBoxSkin.skin 中的控件外观。首先在<%@Page%>标签中设置一个 Theme 属性用来应用主题。如果为控件设置默认外观，则不用设置控件的 SkinID 属性；如果为控件设置了命名外观，则需要设置控件的 SkinID 属性。Default.aspx 文件的源代码如下：

```
<%@ Page  Language="C#"  AutoEventWireup="true"
CodeFile="Default.aspx.cs"  Inherits="_Default" Theme="TextBoxSkin"%>
<head runat="server">
<title>创建一个简单的外观</title>
</head>
<body>
<form id="form1" runat="server">
<div>
    <table>
        <tr>
             <td style="width: 100px">默认外观：</td>
             <td style="width: 247px">
             <asp:TextBox  ID="TextBox1" runat="server"></asp: TextBox>
</td>
```

```
            </tr>
            <tr>
                <td style="width: 100">命名外观: </td>
                <td style= width: 247px">
                <asp:TextBox ID="TextBox2 " runat="server" kinID="textbox Skin">
    </asp: TextBox></td>
            </tr>
        </table>
    </div>
    </form>
    </body>
```

说明：如果在控件代码中添加了与控件外观相同的属性，则页面最终显示以控件外观的设置效果为主。

5.7.2 为主题添加 CSS 样式

主题中的样式表主要用于设置页面和普通 HTML 控件的外观样式，下面通过实例演示如何为主题添加 CSS 样式。

【例 5-5】建立一个示例，通过对页面背景、页面中普通文字、超链接文本以及 HTML 提交按钮来创建样式。

程序实现的主要步骤如下：

(1) 新建一个网站，默认主页为 Default.aspx。

(2) 在应用程序根目录下创建一个 App_Themes 文件夹，用于存储主题。添加一个名为 MyTheme 的主题，在 MyTheme 主题下添加一个样式表文件，默认名称为 StyleSheet.css。页面中共有 3 处被设置了样式，一是页面背景颜色、文本对齐方式及文本颜色；二是超文本的外观、悬停效果；三是 HTML 按钮的边框颜色。StyleSheet 文件的源代码如下：

```
body{
    text-align: center;
    color: red;
    background-color: #00CCFF;
    font-weight: bold;
}
 a: link{
    color: White;
    text-decoration: underline;
}
 a: visited{
    color: White;
    text-decoration: underline;
}
 a: hover{
    color: Fuchsia;
    text-decoration: underline;
```

```
    ront-style: italic;
}
input{
    border-color: Yellow;
}
```

说明：主题中的 CSS 文件与普通的 CSS 文件没有任何区别，但主题中包含的 CSS 文件主要针对页面和普通的 HTML 控件进行设置，并且主题中的 CSS 文件必须保存在主题文件夹中。

(3) 在网站的默认网页 Default. aspx 中，应用主题中的 CSS 文件样式的源代码如下：

```
<% Page Language="C#" AutoEventWireup="true" CodeFile="Default. aspx
cs" Inherits="Default" Theme="my Theme"%>
<html>
<head runat="server">
<title>为主题添加 css 样式</title>
</head>
<body>
<form id="form1"runat="server">
    <div>为主题添加 css 样式
        <table>
            <tr>
                <td style="width: 100px">
                <a href=" Default.aspx">天气预报</a> </td>
                <td style="width: 100px">
                <a href=" Default.aspx">天气预报</a> </td>
            </tr>
            <tr>
                <td style="width: 100px">
                <input id="Button1" type="button" value="button"/></td>
                <td style="width: 100px"></td>
            </tr>
        </table>
    </div>
</form>
</body>
</html>
```

5.8 应用主题

程序开发人员可以对页或网站应用主题，或对全局应用主题。在网站级设置主题会对站点上的所有页和控件应用样式和外观，除非对个别页重写主题。在页面级设置主题会对该页及其所有控件应用样式和外观。默认情况下，主题重写本地控件设置。或者，程序开发人员可以设置一个主题作为样式表主题，以便该主题仅应用于未来控件上显示设置的控件设置。

1. 为单个页面指定和禁用主题

为单个页面指定主题可以将@Page 指令的 Theme 或 Style SheetTheme 属性设置为要使用的主题的名称。代码如下：

```
<%@ Page Theme="ThemeName"%>
```

或

```
<%@ Page StyleSheetTheme="ThemeName"%>
```

StyleSheetTheme 属性的工作方式与普通主题(使用 Theme 设置的主题)类似。不同的是当使用 StyleSheetTheme 时，控件外观的设置可以被页面中声明的同一类型控件的相同属性所代替。例如，如果使用 Theme 属性指定主题，该主题指定所有的 Button 控件的背景都是黄色。那么即使在页面中为个别的 Button 控件的背景设置了不同颜色，页面中的所有 Button 控件的背景仍然是黄色。如果需要改变个别 Button 控件的背景，则需要使用 StyleSheetTheme 属性指定主题。

如果想要禁用单个页面的主题，只要将@Page 指令的 EnableTheming 属性设置为 False 即可。代码如下：

```
<%@ Page Enable Theming="False"%>
```

如果想要禁用控件的主题，只要将控件的 EnableTheming 属性设置为 False 即可。以 Button 控件为例，代码如下：

```
<asp: Button  id="Button 1" runat="server"  EnableTheming="False"/>
```

2. 为应用程序指定和禁用主题

为了快速地为整个网站的所有页面设置相同的主题，可以设置 Web. config 文件中的 <pages>配置节的内容。Web. config 文件的配置代码如下：

```
<configuration>
<system. Web>
<pages  theme ="ThemeName"></pages>
</system. Web>
<connnectionStrings/>
```

或

```
<configuration>
<system. Web>
<pages  StyleSheetTheme ="ThemeName"></pages>
</system. Web>
<connnectionStrings/>
```

说明：禁用整个应用程序的主题设置，只要将<pages>配置节中的 Theme 属性或者 StylesheetTheme 属性值设置为空("")即可。

5.9 习 题

选择题

(1) 母版页的扩展名为( )。

A. .master B. .cif C. .library D. .template

(2) 内容页是通过其首页的( )属性与母版页建立联系的，该属性在<%@Page%>指令中使用，用于指定母版页的虚拟路径。

A. AutoEventWireup B. CodeFile

C. Inherits D. MasterPageFile

(3) 内容页中的所有内容都必须放在( )控件中，如果将任何内容放在该控件之外，都会引发异常。

A. ContentPlaceHolder B. Literal

C. Content D. Label

(4) 通过内容页的 MasterPageFile 属性指定的母版页要( )于在 Web 配置文件中配置的母版页。

A. 领先 B. 落后 C. 优先 D. 以上都对

(5) FindControl()方法可以根据控件的唯一( )在命名容器中查找控件，并返回对控件的引用。

A. ID B. Name C. Property D. Mark

(6) 在创建主题时要注意其( )。因为主题文件夹的内容会自动在后台编译成新的类，所以要注意主题的名称不要和项目中已有的类名产生冲突。

A. 名称 B. 命名方式

C. 站点中的类名 D. 类名

(7) 皮肤文件名最好和要修改的( )名一样，并以.skin 作为其扩展名。

A. 元素 B. 属性 C. 控件 D. 对象

(8) 在一个主题中，每个控件只能有一个( )。但是可以包含多个命名皮肤，并且每个命名皮肤的名称必须唯一。

A. 默认皮肤 B. 命名皮肤

C. CSS 样式文件 D. 文本文件

(9) 如果要禁止页面中的某个特定控件应用皮肤，可以使用( )属性。

A. Themeable B. UnEnableTheming

C. UnThemeable D. EnableTheming

(10) 设置( )属性，可以禁用控件主题。

A. EnableTheming B. SkinID

C. AutoEventWireup D. Theme

5.10 上 机 实 验

使用嵌套母版页的方式开发如图 5-7 所示的博客主页。

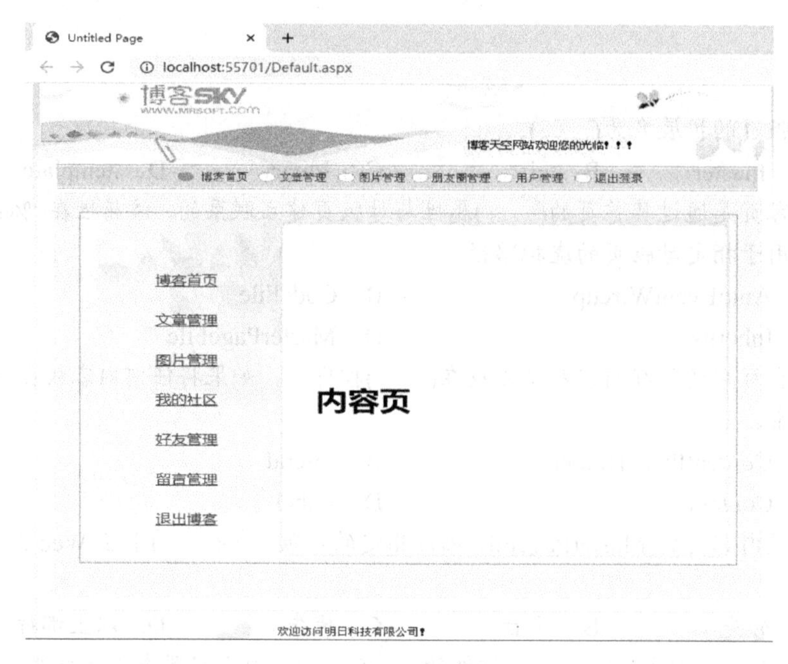

图 5-7　博客主页

第 6 章　使用 ADO.NET 操作数据库

【学习目标】

- 了解 ADO.NET;
- 熟练掌握 ADO.NET 的主要对象的使用;
- 熟练使用 ADO.NET 访问数据库。

【工作任务】

- 运用各种数据库的连接技术实现与数据库的关联;
- 使用 Command 对象操作数据库，实现添加、修改和删除;
- 运用 DataReader 对象读取数据库中的数据;
- 使用 DataSet 对象将数据存储到内存中;
- 运用 DataSet 对象和 DataAdapter 对象查询数据;
- 使用 DataAdapter 对象更新数据库中的数据。

【大国自信】

天河二号重夺世界超级计算机头名

2013 年 6 月，国防科技大学研制的中国超级计算机“天河二号”以每秒 33.86 千万亿次的浮点运算速度，成为全球最快的超级计算机，并且比第二名快了近一倍。继 2010 年“天河一号”首次夺冠之后，我国“天河”系列计算机再次登上世界超级计算机 500 强排名榜首。在 11 月份的排名中，天河二号再次蝉联冠军！

天河二号服务阵列采用了国产的新一代“飞腾-1500” CPU，这是当前国内主频最高的自主高性能通用 CPU。

6.1　ADO.NET 简介

ADO.NET 提供对 Microsoft SQL Server 数据源以及通过 OLEDB 和 XML 公开的数据源的一致的访问。应用程序开发者可以使用 ADO.NET 来连接这些数据源，并检索、处理和更新所包含的数据。

ADO.NET 通过数据处理将数据访问分解为多个可以单独使用或一前一后使用的不连续组件。ADO.NET 包含用于连接到数据库、执行命令和检索结果的.NET Framework 数据提供程序，用户可以直接处理检索到的结果，或将检索到的结果放入 ADO.NET DataSet 对象中，以便于来自多个源的数据或在层之间进行远程处理的数据组合在一起，以特殊方式向用户公开。

ADO.NET 主要包含 Connection、Command、DataReader、DataSet 和 DataAdapter 对象，具体介绍如下：

(1) Connection 对象主要提供与数据库的连接功能。

(2) Command 对象用于返回数据、修改数据、运行储存过程以及发送或检索参数信息的数据库命令。

(3) DataReader 对象通过 Command 对象提供从数据库检索信息的功能。DataReader 对象以只读的、向前的、快速的方式访问数据库。

(4) DataSet 是 ADO.NET 的中心概念，它是支持 ADO.NET 断开分布式数据方案的核心对象。它是一个数据库容器，可以把它当作是存在于内存中的数据库。DataSet 是数据的内存驻留表示形式，无论数据源是什么，它都会提供一致的关系编程模型；它可以用于多种不同的数据源，如用于访问 XML 数据或用于管理本地应用程序的数据。

(5) DataAdapter 对象提供连接 DataSet 对象和数据源的桥梁，它使用 Command 对象在数据源中执行 SQL 命令，以便于将数据加载到 DataSet 中，并确保 DataSet 中数据的更改与数据源保持一致。

6.2 使用 Connection 对象连接数据库

当连接到数据源时，首先选择一个.NET 数据提供程序。数据提供程序包含一些类，这些类能够连接到数据源，高效地读取数据、修改数据、操纵数据以及更新数据源。微软公司提供如下四种数据提供程序的连接对象：

(1) SQL Server .Net 数据提供程序的 SQLConnection 连接对象。

(2) OLEDB .NET 数据提供程序的 OleDbConnection 连接对象。

(3) ODBC .NET 数据提供程序的 ODBCConnection 连接对象。

(4) Oracle .NET 数据提供程序的 OracleConnection 连接对象。

使用 Connection 对象连接数据库.mp4

数据库连接字符串常用的参数及说明如下。

(1) Provider：用于设置或返回连接提供程序的名称，仅用于 OleDbConnection 对象。

(2) Connection Timeout：在终止尝试并产生异常前，更改连接到服务器的连接时间长度(以秒为单位)。默认值是 15 秒。

(3) Initial Catalog(或 Database)：数据库的名称。

(4) Data Source(或 Server)：连接打开时使用的 SQL Server 名称，或者是 Microsoft Access 数据库的文件名。

(5) Password(或 pwd)：SQL Server 账户的登录密码。

(6) User ID(或 uid)：SQL Server 登录账户。

(7) Integrated Security：此参数决定连接是否安全连接，可能的值有 true、false 和 SSPI，SSPI 是 true 的同义词。

6.2.1 使用 SQLConnection 对象连接 SQL Server 数据库

对数据库进行任何操作之前，先要建立数据库的连接。ADO.NET 专门提供了 SQL Server .NET 数据提供程序用于访问 SQL Server 数据库。SQL Server .NET 数据提供程序提供了专用于访问 SQL Server 7.0 及更高版本数据库的数据访问类集合，如 SqlConnection、

SqlCommand、SqlDataReader 及 SqlDataAdapter 等数据访问类。

SqlConnection 类是用于建立与 SQL Server 服务器连接的类，其语法格式如下：

```
SqlConnection  con=new SqlConnection("Server=服务器名;User Id=用户;Pwd=密码;DataBase=数据库名称");
```

例如，下面的代码通过 ADO.NET 连接本地 SQL Server 中的 pubs 数据库：

```
//创建连接数据库的字符串
String SqlStr="Server=(local);User id=sa;Pwd=;DataBase=pubs";
//创建 SQLConnection 对象
//设置 SQLConnection 对象连接数据库的字符串
SqlConnection  con=new  SqlConnection(SqlStr);
//打开数据库的连接
con.Open();
...
//数据库相关操作
...
//关闭数据库的连接
con.Close();
```

这里需要明确一点：打开数据库连接后，在不需要操作数据库时要关闭此连接。因为数据库联机资源是有限的，如果没有及时关闭连接就会消耗内存资源。这就类似于需要照明时打开电灯，不需要时就要及时关闭电灯一样。

6.2.2 使用 OleDbConnection 对象连接 OLEDB 数据源

OLEDB 数据源包含具有 OLEDB 驱动程序的任何数据源，如 SQL Server、Access、Excel 和 Oracle 等。OLEDB 数据源连接字符串必须提供 Provide 属性及其值。

(1) 使用 OleDb 方式连接 Access 数据库的语法格式：

```
OleDbConnection  myConn=new  OleDbConnenction("provide=提供者;Data Source=Access 文件路径");
```

例如，在 ASP.NET 中以下代码表示 OleDb 连接 Access 数据库的方法和完整连接字符串，其中，Access 数据库文件路径可以是相对路径或绝对路径：

```
String  StrLoad=Server.MapPath("db_access.mdb");
OleDbConnection  myConn=new
OleDbConnection("Provide=Microsoft.Jet.OLEDB;DataSource="+StrLoad+";");
```

(2) 使用 OleDb 方式连接 SQL Server 数据库的语法格式：

```
OleDbConnection  myConn=new OleDbConnection("Provider=OLEDB 提供程序的名称;DataSource=存储要连接数据库的 SQL 服务器;Initial  Catalog=连接的数据库名;Uid=用户名;Pwd=密码");
```

例如，通过 OleDbConnection 对数据库进行连接，再打开连接后输出连接对象的状态，代码如下：

```
Using System.Data.OleDb;
Public partial class_Default:Sstem.Web.UI.Page
{
   Protected void Page_Load(object sender,EventArgs e)
{
OleDbConnectionString  myConn=new  OleDbConnection();
myConn.ConnectionString="Provider=SQLOLEDB;Data
Source=TIE\\SQLEXPRESS;Initial Catalog=db_09;User Id=sa;pwd=";
myConn.Open();
Response.Write(myConn.State);
myConn.Close();
}
}
```

6.2.3 使用 OdbcConnection 对象连接 ODBC 数据源

如果要与 ODBC 数据源连接需要使用 OLBC .NET　Framework 数据提供程序，其命名空间位于 System.Data.Odbc。

在 ASP.NET 应用程序中使用 ODBC 数据源可以采用下面的方法：

```
String strCon="Driver=数据库提供程序名;Server=数据库服务器名;
Trusted_Connection-yes;Database=数据库名;";
OdbcConnection  odbcconn=new  OdbcConnection(strCon);
Odbcconn.Open();
Odbccon.Close();
```

6.2.4 使用 OracleConnection 对象连接 Oracle 数据库

连接和操作 Oracle 数据库，ASP.NET 提供了专门的 Oracle.NET Framework 数据提供程序，它位于命名空间 System.Data.OracleClient，并包含在 System.Data.OracleClient.dll 程序集中。

下面的示例演示了如何在 ASP.NET 应用程序中连接 Oracle 数据库：

```
String strCon="Data  Source=Oracle8i;Integrated Security=yes";
OracleConnection  oracleconn=new  OracleConnection(strCon);
Oracleconn.Open();
Oracleconn.Close();
```

6.3 使用 Command 对象操作数据

使用 Connection 对象与数据源建立连接后，可以使用 Command 对象对数据源执行查询、添加、删除和修改等各种操作，操作实现的方式可以是使用 SQL 语句，也可以是使用储存过程。根据所用的.NET Framework 数据提供程序的不同，Command 对象也可以分成 4 种，分别是 SQLCommand、OleDbCommand、ODBCCommand 和 OracleCommand。在实际的编程过程中应根据访问的数据源不同，选择相应的 Command 对象。下面介绍 Command

对象的常用属性和方法。

1．Command 对象的常用属性

(1)　CommandType 属性：获取或设置 Command 对象要执行命令的类型。

(2)　CommandText 属性：获取或设置要对数据源执行的 SQL 语句、储存过程名或表名。

(3)　CommandTimeOut 属性：获取或设置在终止对执行命令的尝试并生成错误之前的等待时间。

(4)　Connection 属性：获取或设置此 Command 对象使用的 Connection 对象的名称。

(5)　Parameters 属性：获取 Command 对象需要使用的参数集合。

2．Command 对象的常用方法

(1)　ExecuteNonQuery()方法：执行 SQL 语句并返回受影响的行数。

(2)　ExecuteReader()方法：执行并返回数据集的 Select 语句。

(3)　ExeCuteScalar()方法：执行查询，并返回查询所返回的结果集中第 1 行的第 1 列。

Command 命令可根据指定的 SQL 语句实现的功能来选择 SelectCommand、InsertCommand、UpdateCommand 和 DeleteCommand 等命令。

6.3.1　使用 Command 对象查询数据

查询数据库中的记录时，首先创建 SQLConnection 对象连接数据库，然后定义查询字符串，最后将查询到的数据记录绑定到数据控件上。

本章所用到的数据库名为 db_09，数据库中有三个表，分别是学生信息表 tb_Student、商品种类表 tb_Class 和新闻信息表 tb_News，各表结构的定义如图 6-1～图 6-3 所示。

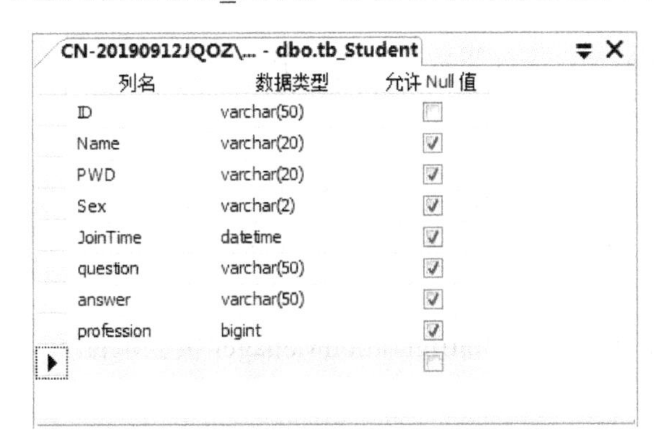

CN-20190912JQOZ\... - dbo.tb_Student

列名	数据类型	允许 Null 值
ID	varchar(50)	☐
Name	varchar(20)	☑
PWD	varchar(20)	☑
Sex	varchar(2)	☑
JoinTime	datetime	☑
question	varchar(50)	☑
answer	varchar(50)	☑
profession	bigint	☑
		☐

图 6-1　学生信息表 tb_Student 的结构

使用 Command 对象查询数据.mp4

CN-20190912JQOZ\S..._09 - dbo.tb_Class

列名	数据类型	允许 Null 值
ClassID	bigint	☐
ClassName	varchar(50)	☑
		☐

图 6-2　商品种类表 tb_Class 的结构

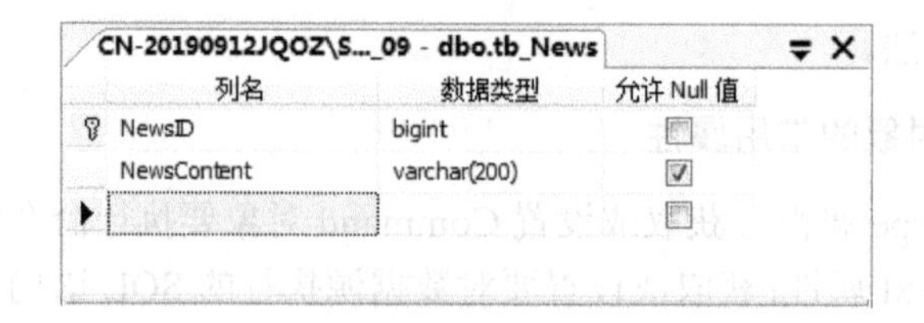

图 6-3 新闻信息表 tb_News 的结构

【例 6-1】使用 Command 对象查询数据库中的记录。

本例主要讲解在 ASP.NET 应用程序中如何使用 Command 对象查询数据库中的记录。执行程序，在“请输入姓名”文本框中输入“张三”，单击“查询”按钮，将会在界面上显示查询结果，如图 6-4 所示。

使用Command对象查询数据库

localhost:30400/Default.aspx

请输入姓名: 张三 查询

ID	Name	PWD	Sex	JoinTime	question	answer	profession
1111111111111111	张三	1	男	2020/5/23 8:27:30	1	1	1

使用 Command 对象查询数据库中的记录.mp4

图 6-4 使用 Command 对象查询数据库中的记录

程序实现的主要步骤如下：

(1) 新建一个网站，默认主页为 Default.aspx，在 Default.aspx 页面上分别添加 1 个 TextBox 控件、1 个 Button 控件和 1 个 GridView 控件，并把 Button 控件的 Text 属性值设置为“查询”。

(2) 在 Web.config 文件中配置数据库连接字符串，在配置节<configuration>下的子配置节<appSetting>中添加连接字符串。代码如下：

```
<appSettings>
<add key="ConnectionString" value="Data Source=.\SQLEXPRESS;
Initial Catalog=db_09;Integrated Security=True;"/>
</appSettings>
```

在 Default.aspx 页中，使用 ConfigurationManager 类获取配置节的连接字符串，代码如下：

```
public SqlConnection GetConnection()
{
string myStr =
ConfigurationManager.AppSettings["ConnectionString"].ToString();
SqlConnection myConn = new SqlConnection(myStr);
return myConn;
}
```

(3) 在“查询”按钮的 Click 事件下，使用 Command 对象查询数据库中的记录，并将其显示出来。代码如下：

```
protected void btnSelect_Click(object sender, EventArgs e)
{
    if (this.txtName.Text != "")
    {
        SqlConnection myConn = GetConnection();
        myConn.Open();
        string sqlStr = "select * from tb_Student where Name=@Name";
        SqlCommand myCmd = new SqlCommand(sqlStr, myConn);
        myCmd.Parameters.Add("@Name", SqlDbType.VarChar, 20).Value =
this.txtName.Text.Trim();
        SqlDataAdapter myDa = new SqlDataAdapter(myCmd);
        DataSet myDs = new DataSet();
        myDa.Fill(myDs);
        if (myDs.Tables[0].Rows.Count > 0)
        {
            GridView11.DataSource = myDs;
            GridView11.DataBind();
        }
        else
        {
            Response.Write("<script>alert('没有相关记录')</script>");
        }
        myDa.Dispose();
        myDs.Dispose();
        myConn.Close();
    }
    else
        this.bind();
}
```

6.3.2　使用 Command 对象添加数据

向数据库中添加记录时，首先要创建 SQLConnection 对象连接数据库，然后定义添加记录的 SQL 字符串，最后调用 SQLCommand 对象的 ExecuteNonQuery 方法执行记录的添加操作。

【例 6-2】使用 Command 对象添加数据。

本例主要讲解在 ASP.NET 应用程序中如何向数据库添加记录。执行程序，在文本框中输入“美食”类别名，单击“添加”按钮，将“美食”类别名添加到数据库中，运行结果如图 6-5 所示。

使用 Command 对象添加记录.mp4

程序实现的主要步骤如下：

(1) 新建一个网站，默认主页为 Default.aspx，在 Default.aspx 页面上分别添加 1 个 GridView 控件、1 个 TextBox 控件和 1 个 Button 控件，并将 Button 控件的 Text 属性设为“添加”。

(2) 在 Web.config 文件中配置连接字符串，并在 Default.aspx 页中读取配置字节的连接字符串，其具体过程可参见例 5-1 中的配置与读取字符串。

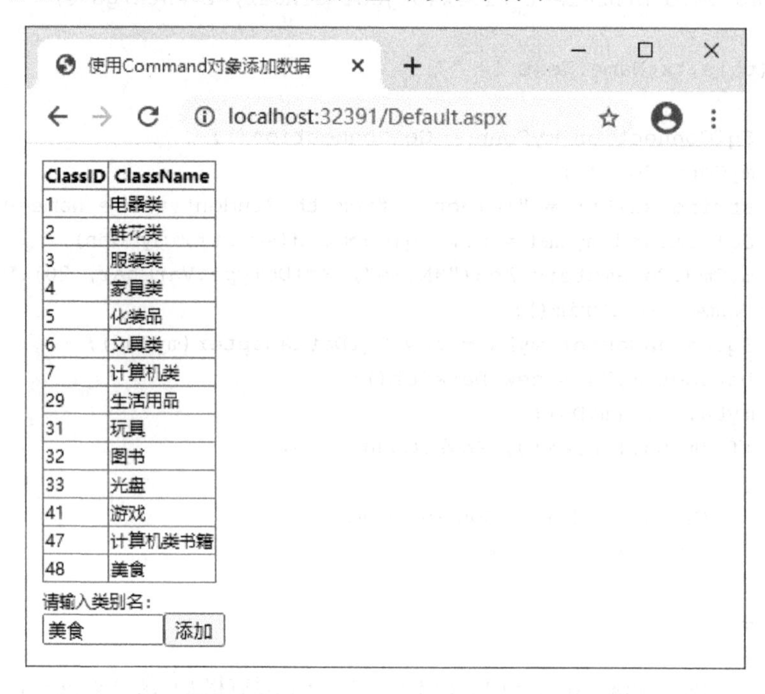

图 6-5　使用 Command 对象添加数据

(3) 在“添加”按钮的 Click 事件下，使用 Command 对象将文本框中的值添加到数据库中，并将其显示出来。代码如下：

```
Protected void btnAdd_Click(object  sender,EventArgs  e)
{
   If(this.txtClass.Text!="")
   {
      SqlConnection  myConn=GetConnection();
      myConn.Open();
      string sqlStr="insert into
tb_Class(ClassName)values('"+this.txtClass.Text.Trim()+"')";
      SqlCommand myCmd=new SqlCommand(SqlStr,myConn);
      myCmd.ExecuteNonQuery();
      myConn.Close();
      this.bind();
   }
   else
      this.bind();
}
```

6.3.3　使用 Command 对象修改数据

修改数据库中的记录时，首先创建 SQLConnection 对象连接数据库，然后定义修改数据的 SQL 字符串，最后调用 SQLCommand 对象的 ExecuteNonQuery 放大执行记录的修改操作。

【例 6-3】使用 Command 对象修改数据。

下面通过一个示例讲解在 ASP.NET 应用程序中如何修改数据表中的记录。示例运行结果如图 6-6 所示，单击类别号为 7 的“编辑”按钮，运行结果如图 6-7 所示，在文本框中修改完成商品类别后，单击“更新”按钮，运行结果如图 6-8 所示。

使用 Command 对象修改数据.mp4

图 6-6　使用 Command 对象修改数据前

图 6-7　使用 Command 对象修改数据

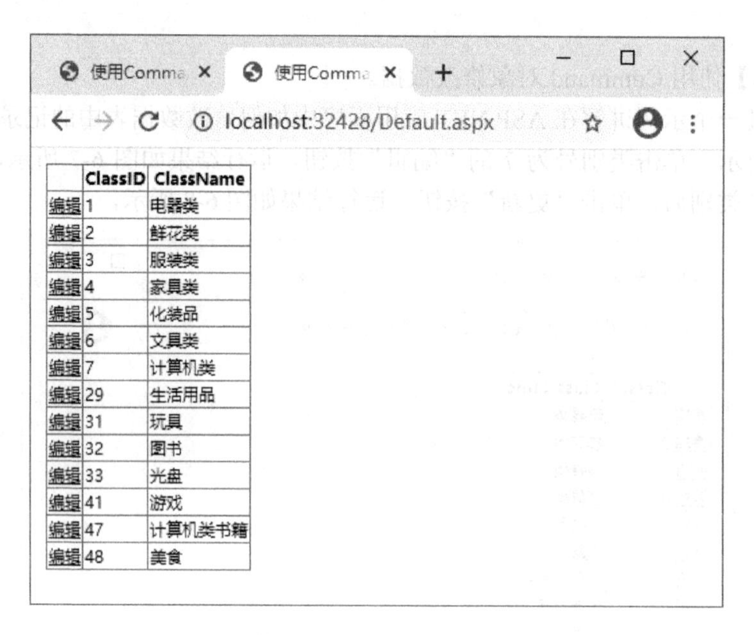

图 6-8 使用 Command 对象修改数据后

程序实现的主要步骤如下：

(1) 新建一个网站，默认主页为 Default.aspx，在 Default.aspx 页面上添加一个 GridView 控件，并将 GridView 控件的 AutoGenerateEditButton(获取或设置一个值，该值指示每个数据行是否自动添加“编辑”按钮)属性值设置为 true，将“编辑”按钮添加到 GridView 控件中。

(2) 在 Web.config 文件中配置连接字符串，并在 Default.aspx 页中读取配置节的连接字符串。

(3) 编写一个自定义方法 bind()，读取数据库中的信息，并将其绑定到数据库控件 GridView 中。代码如下：

```
protected void bind()
{
    SqlConnection myConn = GetConnection();
    myConn.Open();
    string sqlStr = "select * from tb_Class ";
    SqlDataAdapter myDa = new SqlDataAdapter(sqlStr, myConn);
    DataSet myDs = new DataSet();
    myDa.Fill(myDs);
    GridView1.DataSource = myDs;
    GridView1.DataKeyNames = new string[] { "ClassID" };
    GridView1.DataBind();
    myDa.Dispose();
    myDs.Dispose();
    myConn.Close();
}
```

(4) 当单击 GridView 控件上的“编辑”按钮时，将会触发 GridView 控件的 RowEditing

事件，在该事件下，编写如下代码指定需要编辑信息行的索引值：

```
protected void GridView1_RowEditing(object sender, GridViewEditEventArgs e)
{
    GridView1.EditIndex = e.NewEditIndex;
    this.bind();
}
```

(5) 当单击 GridView 控件上的“更新”按钮时，将会触发 GridView 控件的 RowUpdating 事件，在该事件下，编写如下代码指定信息进行更新：

```
protected void GridView1_RowUpdating(object sender,
GridViewUpdateEventArgs e)
{
    int ClassID =
Convert.ToInt32(GridView1.DataKeys[e.RowIndex].Value.ToString());
    string CName =
((TextBox)(GridView1.Rows[e.RowIndex].Cells[2].Controls[0])).Text.ToStri
ng();
    string sqlStr = "update tb_Class set ClassName='" + CName + "' where
ClassID=" + ClassID;
    SqlConnection myConn = GetConnection();
    myConn.Open();
    SqlCommand myCmd = new SqlCommand(sqlStr, myConn);
    myCmd.ExecuteNonQuery();
    myCmd.Dispose();
    myConn.Close();
    GridView1.EditIndex = -1;
    this.bind();
}
```

(6) 当单击 GridView 控件上的“取消”按钮时，将会触发 GridView 控件的 RowCancelingEdit 事件，在该事件下取消对指定信息进行编辑，代码如下：

```
protected void GridView1_RowCancelingEdit(object sender,
GridViewCancelEditEventArgs e)
{
    GridView1.EditIndex = -1;
    this.bind();
}
```

6.3.4 使用 Command 对象删除数据

使用 Command 对象删除数据.mp4

删除数据库中的记录时，首先创建 SQLConnection 对象连接数据库，然后定义删除字符串，最后调用 SQLCommand 对象的 ExecuteNonQuery 方法完成记录的删除操作。

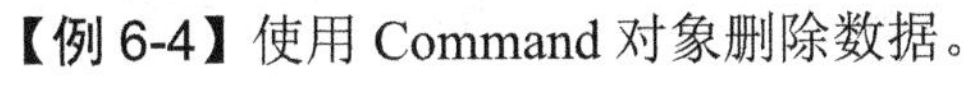
【例 6-4】使用 Command 对象删除数据。

下面通过一个示例讲解在 ASP.NET 应用程序中如何删除数据库中的

记录。示例运行的结果如图 6-9 所示，单击类别号为 48 的“删除”按钮，运行结果如图 6-10 所示。

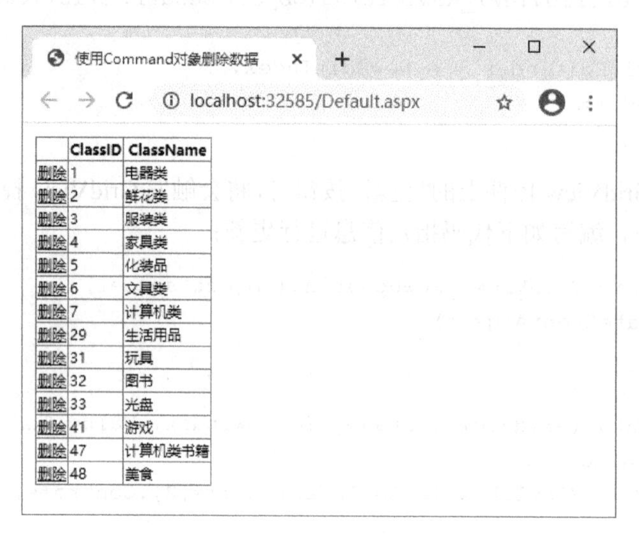

图 6-9　使用 Command 对象删除前的页面

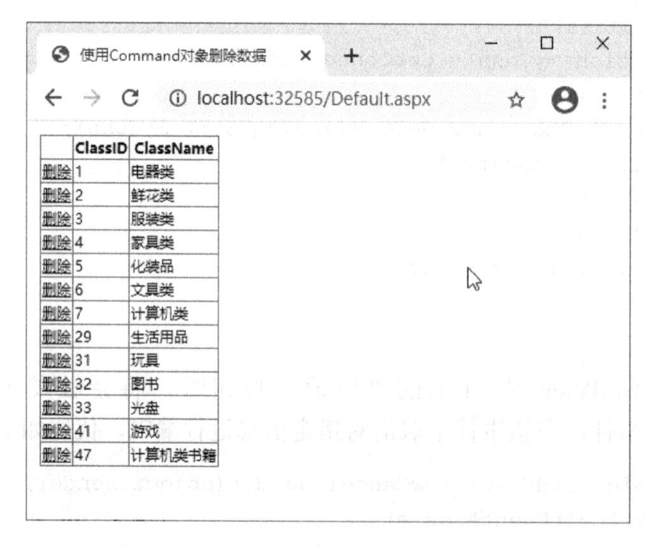

图 6-10　使用 Command 对象删除后的页面

程序实现的主要步骤如下：

(1) 新建一个网站，默认主页为 Default.aspx，在 Default.aspx 页面上添加一个 GridView 控件，并将 GridView 控件的 AutoGenerateDeleteButton(获取或设置一个值，该值指示每个数据行是否自动添加“删除”按钮)属性值设置为 True，则可将“删除”按钮添加到 GridView 控件中。

(2) 在 Web.config 文件中配置连接字符串，并在 Default.aspx 页中读取配置节的连接字符串，具体过程可参见例 5-1 中的配置与读取连接字符串。

(3) 编写一个自动以方法 bind()，读取数据库中的信息，并将其绑定到数据库控件 GridView 中。代码如下：

```
protected void bind()
{
    SqlConnection myConn = GetConnection();
    myConn.Open();
    string sqlStr = "select * from tb_Class ";
    SqlDataAdapter myDa = new SqlDataAdapter(sqlStr, myConn);
    DataSet myDs = new DataSet();
    myDa.Fill(myDs);
    GridView1.DataSource = myDs;
    GridView1.DataKeyNames = new string[] { "ClassID" };
    GridView1.DataBind();
    myDa.Dispose();
    myDs.Dispose();
    myConn.Close();
}
```

(4) 当单击 GridView 控件上的“删除”按钮时，会触发 GridView 控件的 RowDeleting 事件，在该事件下，编写如下代码删除指定信息：

```
protected void GridView1_RowDeleting(object sender,
GridViewDeleteEventArgs e)
{
    int ClassID =
Convert.ToInt32(GridView1.DataKeys[e.RowIndex].Value.ToString());
    string sqlStr = "delete from tb_Class where ClassID=" + ClassID;
    SqlConnection myConn = GetConnection();
    myConn.Open();
    SqlCommand myCmd = new SqlCommand(sqlStr, myConn);
    myCmd.ExecuteNonQuery();
    myCmd.Dispose();
    myConn.Close();
    GridView1.EditIndex = -1;
    this.bind();
}
```

6.3.5 使用 Command 对象调用存储过程

存储过程可以使管理数据和显示数据库信息等操作变得非常容易，它是 SQL 语句和可选控制流语句的预编译的集合，存储在数据库内，程序中可以通过 SQLCommand 对象来调用，其执行速度比 SQL 语句更快。

【例 6-5】使用 Command 对象调用存储过程向数据库中添加记录。执行程序，运行结果如图 6-11 所示；在文本框中输入“电子类书籍”类别名，单击“添加”按钮，将“电子类书籍”类别名添加到数据库中，运行结果如图 6-12 所示。

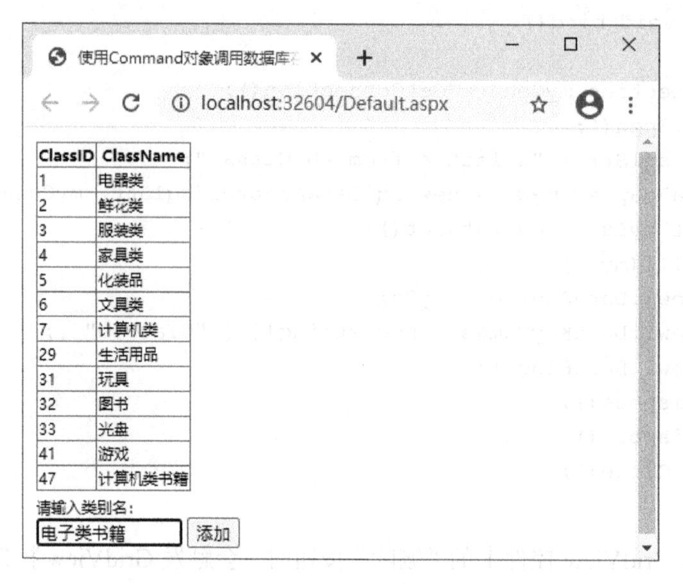

图 6-11　调用存储过程向数据库中添加记录前

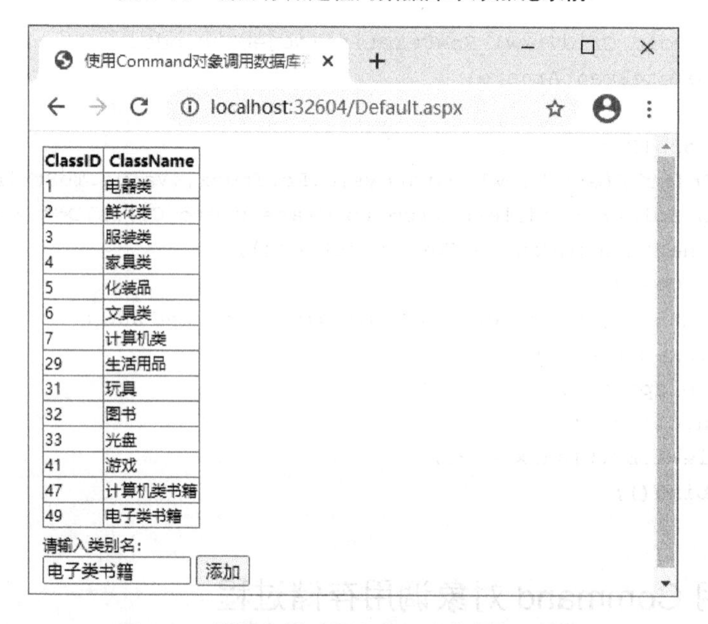

图 6-12　调用存储过程向数据库中添加记录后

程序实现的主要步骤如下：

(1)　给出存储过程代码，用来向数据库的表中插入记录。代码如下：

```
USE db_09
GO
Create proc InsertClass
(@ClassName varchar(50))
As
Insert into tb_Class(ClassName)values(@ClassName)
Go
```

(2) 新建一个网站，默认主页为 Default.aspx，在 Default.aspx 页面上分别添加 1 个 GridView 控件、1 个 TextBox 控件和 1 个 Button 控件，并把 Button 控件的 Text 属性值设置为“添加”。

(3) 在 Web.config 文件中配置连接字符串，并在 Default.aspx 页中读取配置节的连接字符串。具体过程参见例 5-1 中的配置与读取连接字符串。

(4) 在“添加”按钮的 Click 事件下，使用 Command 对象调用存储过程，将文本框中的值添加到数据库中，并将其显示出来。代码如下：

```
protected void btnAdd_Click(object sender, EventArgs e)
{
    if (this.txtClassName.Text!= "")
    {
        SqlConnection myConn = GetConnection();
        myConn.Open();
        SqlCommand myCmd = new SqlCommand("InsertClass", myConn);
        myCmd.CommandType = CommandType.StoredProcedure;
        myCmd.Parameters.Add("@ClassName", SqlDbType.VarChar, 50).Value =
this.txtClassName.Text.Trim();
        myCmd.ExecuteNonQuery();
        myConn.Close();
        this.bind();
    }
    else
        this.bind();
}
```

6.3.6　使用 Command 对象实现数据库的事务处理

事务是一组由相关任务组成的单元；该单元中的任务要么全部成功，要么全部失败。事务最终执行的结果只能是两种状态，即提交或终止。

在事务执行的过程中，如果某一步失败，则需要将事务范围内所涉及的数据更改恢复到事务执行前设置的特定点，这个操作称为回滚。例如，用户如果要给一个表中插入 10 条记录，在执行过程中，插入到第 5 条时发生错误，这时执行事务回滚操作，将已经插入的 4 条记录从数据表中删除。

【例 6-6】使用 Command 对象实现数据库事务处理。

下面通过一个示例讲解在 ASP.NET 应用程序中如何进行事务处理。执行过程，示例运行结果如图 6-13 所示。当插入数据失败时，将会弹出如图 6-14 所示的事务回滚消息提示框。

图 6-13　使用 Command 对象实现数据库事务处理

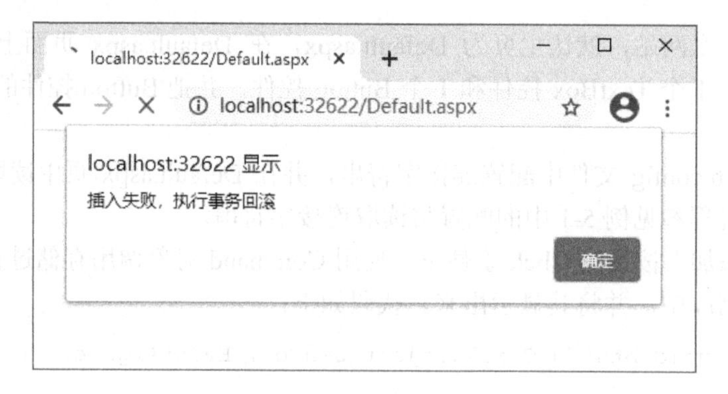

图 6-14　插入数据失败

程序实现的主要步骤如下：

(1) 新建一个网站，默认主页为 Default.aspx，在 Default.aspx 页面上分别添加 1 个 GridView 控件、1 个 TextBox 控件和 1 个 Button 控件，并把 Button 控件的 Text 属性值设置为“添加”。

(2) 在 Web.config 文件中配置连接字符串，并在 Default.aspx 页中读取配置节的连接字符串。具体过程参见例 5-1 中的配置与读取连接字符串。

(3) 在“添加”按钮的 Click 事件下，编写如下代码，向数据库中添加记录，并使用 try…catch 语句捕捉异常，当出现异常时，执行事务回滚操作：

```
protected void btnAdd_Click(object sender, EventArgs e)
{
    SqlConnection myConn = GetConnection();
    myConn.Open();
    string sqlStr = "insert into tb_Class1(ClassName) values('"+
this.txtClassName.Text.Trim() + "')";
    SqlTransaction sqlTrans = myConn.BeginTransaction();
    SqlCommand myCmd = new SqlCommand(sqlStr, myConn);
    myCmd.Transaction = sqlTrans;
    try
    {
        myCmd.ExecuteNonQuery();
        sqlTrans.Commit();
        myConn.Close();
        this.bind();
    }
    catch
    {
        Response.Write("<script>alert('插入失败，执行事务回滚')</script>");
        sqlTrans.Rollback();
    }
}
```

6.4 结合使用 DataSet 对象和 DataAdapter 对象

6.4.1 DataSet 对象和 DataAdapter 对象

1. DataSet 对象

DataSet 是 ADO.NET 的中心概念，它是支持 ADO.NET 断开式、分布数据方案的核心对象。DataSet 对象是创建在内存中的集合对象，它可以包含任意数量的数据表，以及所有表的约束、索引和关系，相当于在内存中的一个小型关系数据库。一个 DataSet 对象包含一组 DataTable 对象，这些对象可以与 DataRelation 对象相关联，其中，每个 DataTable 对象是由 DataColumn 和 DataRow 对象组成的。

使用 DataSet 对象的方法有以下几种，这些方法可以单独应用，也可以结合应用。

(1) 以编程方式在 DataSet 中创建 DataTable、DataRelation 和 Constraint，并使用数据填充表。

(2) 通过 DataAdapter 用现有关系数据源中的数据表填充 DataSet。

(3) 使用 XML 加载和保持 DataSet 内容。

2. DataAdapter 对象

DataAdapter 对象是 DataSet 对象和数据源中间联系的桥梁，主要是从数据源中检索数据、填充 DataSet 对象中的表或者把用户对 DataSet 对象做出的更改写入数据源。

3. DataAdapter 对象的常用属性

(1) SelectCommand 属性：获取或设置用于在数据源中选择记录的命令。

(2) InsertCommand 属性：获取或设置用于将新数据记录插入数据源的命令。

(3) UpdateCommand 属性：获取或设置用于更新数据源中记录的命令。

(4) DeleteCommand 属性：获取或设置用于从数据集中删除记录的命令。

4. DataAdapter 对象的常用方法

(1) Fill()方法：从数据源中提取数据以填充数据集。

(2) Update()方法：更新数据源。

6.4.2 使用 DataAdapter 对象填充 DataSet 对象

创建 DataSet 之后，需要把数据导入 DataSet。一般情况下使用 DataAdapter 取出数据，然后调用 DataAdapter 的 Fill 方法将取到的数据导入 DataSet。DataAdapter 的 Fill 方法需要两个参数，一个是被填充的 DataSet 的名字，另一个是填充到 DataSet 中的数据的命名。在这里把填充的数据看成一张表，第二个参数就是这张表的名字。例如，从数据表 tb_Student 中检索学生数据信息，并调用 DataAdapter 的 Fill()方法填充 DataSet 数据集，其代码片段如下：

```
//创建一个 DataSet 数据集
```

```
DataSet myDSP=new DataSet();
string SQLStr="select * from tb_Student";
SqlConnection myConn=new SqlConnection(ConnectionString);
SqlDataAdapter myDa=new SqlDataAdapter(sqlStr,myConn);
//连接数据库
myConn.Open();
//使用 SQLDataAdapter 对象的 Fill 方法填充数据集
myDa.Fill(myDs,"Student");
```

6.4.3 对 DataSet 中的数据进行操作

在开发过程中经常会遇到这种情况：使用数据适配器 DataAdapter 从数据库中读取数据填充到 DataSet 数据集中，并对 DataSet 数据集中的数据作适当的修改，然后绑定到数据控件中，但数据库中的原有数据信息保持不变。

【例 6-7】对 DataSet 中的数据进行操作。

下面通过一个示例讲解如何使用数据适配器 DataAdapter 从数据库中读取“新闻内容”填充到 DataSet 数据集中，并对 DataSet 中的新闻内容进行截取，然后绑定到数据控件中，使其实现在界面中只显示 5 个字“新闻内容”，其他“新闻内容”用…代替。示例运行结果如图 6-15 所示。

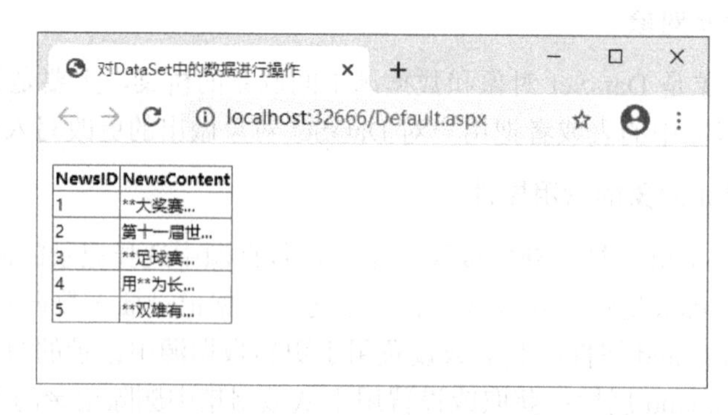

图 6-15 对 DataSet 中的数据进行操作

对 DataSet 中的数据进行操作.mp4

程序实现的主要步骤如下：

(1) 新建一个网站，默认主页为 Default.aspx，在 Default.aspx 页面上添加一个 GridView 控件，用于显示“新闻内容”。

在 Web.config 文件中配置连接字符串，并在 Default.aspx 页中读取配置节的连接字符串。具体过程参见例 5-1 中的配置与读取连接字符串。

(2) 在 Default.aspx 页中，自定义一个 SubStr()方法，用于截取字符串内容。代码如下：

```
/// <summary>
/// 用于截取指定长度的字符串内容
/// </summary>
/// <param name="sString">用于截取的字符串</param>
/// <param name="nLeng">截取字符串的长度</param>
/// <returns>返回截取后的字符串</returns>
public string SubStr(string sString, int nLeng)
```

```
{
    if (sString.Length <= nLeng)
    {
        return sString;
    }
    string sNewStr = sString.Substring(0, nLeng);
    sNewStr = sNewStr + "...";
    return sNewStr;
}
```

(3) 当页面加载时，在 Default.aspx 页的 Page_Load 事件下编写一段代码，使用数据适配器 DataAdapter 从数据库中读取“新闻内容”填充到 DataSet 数据集中，并调用自定义方法 SubStr()对 DataSet 中的数据信息进行截取，然后绑定到数据控件 GridView 中，使其实现在界面中只显示 5 个字的“新闻内容”，其他“新闻内容”用…代替。代码如下：

```
protected void Page_Load(object sender, EventArgs e)
{
    if (!IsPostBack)
    {
        //bind();
        SqlConnection myConn = GetConnection();
        myConn.Open();
        string sqlStr = "select * from tb_News ";
        SqlDataAdapter myDa = new SqlDataAdapter(sqlStr, myConn);
        DataSet myDs = new DataSet();
        myDa.Fill(myDs);
        for (int i = 0; i <= myDs.Tables[0].Rows.Count - 1; i++)
        {
            myDs.Tables[0].Rows[i]["NewsContent"] = SubStr(Convert.ToString
(myDs.Tables[0].Rows[i]["NewsContent"]), 5);
        }
        GridView1.DataSource = myDs;
        GridView1.DataKeyNames = new string[] { "NewsID" };
        GridView1.DataBind();
        myDa.Dispose();
        myDs.Dispose();
        myConn.Close();
    }
}
```

6.4.4 使用 DataSet 中的数据更新数据库

在开发过程中会经常遇到这种情况：通过数据适配器 DataAdapter 从数据库中读取数据填充到 DataSet 数据集中，对数据集 DataSet 进行修改后，将数据更新回 SQL Server 数据库。

例如，修改例 6-7 中 Default.aspx 页的 Page_Load 事件代码，用于实现数据适配器 DataAdapter 从数据库中读取“新闻内容”填充到 DataSet 数据集中，并调用自定义方法 SubStr()对 DataSet 中的数据进行截取，然后绑定到数据控件 GridView 中，使其在界面中只显示 5 个字的“新闻内容”，其他“新闻内容”用…代替，同时，将数据集 DataSet 所做的更改保存到 SQL Server 数据库中。代码如下：

```
protected void Page_Load(object sender, EventArgs e)
{
    if (!IsPostBack)
    {
        //bind();
        SqlConnection myConn = GetConnection();
        myConn.Open();
        string sqlStr = "select * from tb_News ";
        SqlDataAdapter myDa = new SqlDataAdapter(sqlStr, myConn);
        DataSet myDs = new DataSet();
        //创建 SQLCommandBuilder 对象，并和 SQLDataAdapter 关联
SQLCommandBuilder builder=new SQLCommandBuilder(MyDs);
myDa.Fill(Ds,"News");
        for (int i = 0; i <= myDs.Tables[0].Rows.Count - 1; i++)
        {
            myDs.Tables[0].Rows[i]["NewsContent"] =
SubStr(Convert.ToString(myDs.Tables[0].Rows[i]["NewsContent"]), 5);
        }
//从 DataSet 更新 SQL Server 数据库
myDa.Update(myDs,"News");
        GridView1.DataSource = myDs;
        GridView1.DataKeyNames = new string[] { "NewsID" };
        GridView1.DataBind();
        myDa.Dispose();
        myDs.Dispose();
        myConn.Close();
    }
}
```

6.5 使用 DataReader 对象读取数据

DataReader 对象是一个简单的数据集，用于从数据源中检索只读数据集，常用于检索大量数据。根据.NET Framework 数据提供程序不同，DataReader 也可以分成 SQLDataReader、OLEDBDataReader 等几类。

DataReader 每次读取数据时只在内存中保留一行记录，所以开销非常小。如果将数据源比喻为水池，可以把 DataReader 对象形象地比喻成一根水管，水管单向地直接把水送到用户处。

可以通过 Command 对象的 ExecuteReader 方法从数据源中检索数据来创建 DataReader 对象。下面介绍 DataReader 对象的常见属性和方法。

1. DataReader 对象的常用属性

(1) FieldCount 属性：获取当前行的列数。

(2) RecordsAffected 属性：获取执行 SQL 语句所更改、添加或删除的行数。

2. DataReader 对象的常用方法

(1) Read()方法：使 DataReader 对象前进到下一条记录。

(2) Close()方法：关闭 DataReader 对象。

(3) Get()方法：用来读取数据集的当前的某一列的数据。

6.5.1 使用 DataReader 对象读取数据

DataReader 读取器以基于连接的、快速的、未缓冲的及只向前移动的方式来读取数据，一次读取一条记录，然后遍历整个结果集。

【例 6-8】使用 DataReader 对象读取数据库中的信息，并将读取的数据信息通过 Label 控件显示出来，示例运行结果如图 6-16 所示。

使用 DataReader 对象读取数据.mp4

图 6-16 使用 DataReader 对象读取数据库中的信息

程序实现的主要步骤如下：

(1) 新建一个网站，默认主页为 Default.aspx，在 Default.aspx 页面上添加 1 个 Label 控件，用于显示读取的数据信息。

(2) 在 Web.config 文件中配置连接字符串，并在 Default.aspx 页中读取配置节的连接字符串。具体过程参见例 5-1 中的配置与读取连接字符串。

(3) 当页面加载时，在 Default.aspx 页的 Page_Load 事件下编写如下代码，使用 SQLDataReader 对象读取数据库中的信息，并将读取的数据信息通过 Label 控件显示出来：

```
protected void Page_Load(object sender, EventArgs e)
{
    if (!IsPostBack)
    {
        SqlConnection myConn = GetConnection();
        string sqlStr = "select * from tb_News ";
        SqlCommand myCmd = new SqlCommand(sqlStr, myConn);
        myCmd.CommandType = CommandType.Text;
        try
```

```
        {
            //打开数据库连接
            myConn.Open();
            //执行 SQL 语句，并返回 DataReader 对象
            SqlDataReader myDr = myCmd.ExecuteReader();
            //以粗体显示标题
            this.labMessage.Text = "序号 新闻内容<br>";
            //循环读取结果集
            while (myDr.Read())
            {
                //读取数据库中的信息并显示在界面中
                this.labMessage.Text += myDr["NewsID"] +
"     " + myDr["NewsContent"] + "<br>";
            }
            //关闭 DataReader
            myDr.Close();
        }
        catch(SqlException ex)
        {
             //异常处理
            Response.Write(ex.ToString());
        }
        finally
        {
            //关闭数据库的连接
            myConn.Close();
        }
    }
}
```

6.5.2 DataReader 对象与 DataSet 对象的区别

ADO.NET 提供两个对象用于检索关系数据，并把它们存储在内存中，分别是 DataSet 和 DataReader。DataSet 提供内存中关系数据的表现——表和次序、约束等表间的关系的完整数据集合；DataReader 提供快速、只向前、只读的来自数据库的数据流。下面从两个方面分别介绍 DataReader 对象与 DataSet 对象的区别。

1. 在实现应用程序功能方面的区别

使用 DataSet 是为了实现应用程序的下述功能：

(1) 结果中的多个分离的表。

(2) 来自多个源的数据。

(3) 层之间的交换数据或使用 XML Web 服务。与 DataReader 不同，DataSet 能被传递到远程客户端。

(4) 缓冲重复使用相同的行的集合以提高性能。

(5) 对数据执行大量的处理，而不需要与数据保持打开的连接，从而将该连接释放给

其他客户端使用。

(6) 提供关系数据的分层XML视图并使用XSL转换成XML路径与XPath查询等工具来处理数据。

在应用程序需要以下功能时使用DataReader：

(1) 需要缓冲数据。

(2) 正在处理的结果集太大而不能全部放入内存。

(3) 需要迅速、一次性地访问数据，采用只向前的只读方式。

2．DataSet与DataReader在为用户查询数据时的区别

DataSet在为用户查询数据时的过程如下：

(1) 创建DataReader对象。

(2) 定义DataSet对象。

(3) 执行DataAdapter对象的Fill方法。

(4) 将DataSet中的表绑定到数据控件中。

DataReader在为用户查询数据时的过程如下：

(1) 创建连接。

(2) 打开连接。

(3) 创建Command对象。

(4) 执行Command的ExecuteReader方法。

(5) 将DataReader绑定到数据控件中。

(6) 关闭DataReader。

(7) 关闭连接。

6.6 习　　题

1．填空题

(1) 在ADO.NET中，一般使用________对象来连接数据库，使用________对象来完成对数据库的查询、更新和删除等操作。

(2) 常用的ADO.NET对象有________、________、________、________、________。

(3) Command对象ExecuteNoQuery()方法的功能是________。

(4) ADO.NET允许以两种方式从数据库中检索数据：第一种是使用________对象；第二种是使用________对象。

2．选择题

(1) 在ASP.NET应用程序中访问SQLServer数据库时，需要导入的命名空间为(　　)。

A. System.Data.Oracle　　B. System.Data.SqlClient

C. System.Data. ODBC　　D. System.Data.OleDB

(2) 下面的(　　)对象用于对数据库数据执行操作。

A. Connection　　B. Command　　C. DataReader　　D. DataAdapter

(3) 下面的 SqlComand 对象方法中，可以连接执行 Transact-SQL 语句并返回受影响行数的是( )。

A. ExecuteReader B. ExecuteScalar C. Connection D. ExecuteNonQuery

(4) 使用 SqlDataSource 控件可以访问的数据库不包括以下的( )。

A. SQL Server B. Oracle C. XML D. ODBC 数据库

(5) XMLDataSource 与 SiteMapDataSource 数据源控件能够用来访问( )。

A. 关系型数据 B. 层次型数据 C. 字符串数据 D. 数值型数据

(6) 下面的对象中可以脱机处理数据的是( )。

A. DataSet B. Connection C. DataReader D. DataAdapter

(7) 在 ADO.NET 中，对于 Command 对象的 ExecuteNonQuery()方法和 ExecuteReader()方法，下面的叙述错误的是( )。

A. insert、update、delete 等操作的 SQL 语句主要用 ExecuteNonQuery()方法来执行

B. ExecuteNonQuery()方法返回执行 SQL 语句所影响的行数

C. Select 操作的 SQL 语句只能由 ExecuteReader()方法来执行

D. ExecuteReader()方法返回一个 DataReder 对象

(8) 在对 SQL Server 数据库操作时应选用( )。

A. SQL Server .NET Framework 数据提供程序

B. OLEDB .NET Framework 数据提供程序

C. ODBC .NET Framework 数据提供程序

D. Oracle .NET Framework 数据提供程序

(9) 为了提高连接数据库的灵活性，想将数据库的连接字符串保存在配置文件中，在网站启动的时候动态读取，那么连接字符串应保存在( )。

A. machine.config 文件的<configSetions>节

B. Web.Config 文件的<appSettings>节

C. Web.Config 文件的<configSetions>节

D. machine.config 文件的<appSettings>节

(10) 数据库连接语句 strConnString="Provider=SQLOLEDB;Data Source=(local);Initial Catalog=pubs;User ID=sa"中的 Data Source=(local)是指( )。

A. 数据库服务器名 B. 客户端的计算机名

C. Web 服务器的主机名 D. 本地数据库服务器

6.7 上机实验

开发一个简单的管理员管理模块，当管理员通过身份验证进入管理模块后，能够对用户进行添加和删除，同时实现全选和全删操作。

第 7 章　数据绑定技术与数据绑定控件

【学习目标】

- 熟悉 GridView 控件的常用属性、方法和事件；
- 掌握使用 GridView 控件绑定数据源及编辑数据；
- 掌握使用 DataList 控件绑定数据源及编辑数据；
- 熟练掌握使用 ListView 控件和 DataPager 控件分页显示数据。

【工作任务】

- 使用 GridView 控件绑定数据源；
- 使用 GridView 控件分页显示、定制列及编辑数据；
- 使用 DataList 控件绑定数据源及编辑数据；
- 使用 ListView 控件和 DataPager 控件分页显示数据。

【大国自信】

“九章”量子计算机

2020 年 12 月 3 日，中国科学技术大学宣布，该校潘建伟团队与中科院上海微系统所、国家并行计算机工程技术研究中心合作，成功构建 76 个光子的量子计算原型机“九章”，求解数学算法“高斯玻色取样”只需 200 秒，而目前世界最快的超级计算机要用 6 亿年。这一项研究成果刊发在国际学术期刊《科学》杂志上，审稿人评价这是“一个最先进的实验”“一个重大成就”。

数据绑定是指从数据源获取数据或向数据源写入数据。简单的数据绑定可以是对变量或属性的绑定，比较复杂的是对数据绑定控件的操作。

7.1　GridView 控件

7.1.1　GridView 控件概述

GridView 控件以表格的形式显示数据源中的数据。每列表示一个字段，而每行表示一条记录。GridView 控件是 ASP.NET 1.x 中 DataGrid 控件的改进版本，其最大的特点是自动化程度比 DataGrid 控件高。使用 GridView 控件时，可以在不编写代码的情况下实现分页、排序等功能。GridView 控件支持下面的功能：

(1) 绑定至数据源控件，如 SqlDataSource。

(2) 内置排序功能。

(3) 内置更新和删除功能。

(4) 内置分页功能。

(5) 内置行选择功能。

(6) 以编程方式访问 GridView 对象模型以动态设置属性、处理事件等。

(7) 多个键字段。

(8) 用于超链接列的多个数据字段。

(9) 可通过主题和样式自定义外观。

7.1.2 GridView 控件常用的属性、方法和事件

若想使用 GridView 控件完成更高级的效果，在程序中就一定要应用 GridView 控件的事件与方法，通过它们的辅助才能够更好地进行事件与属性的设置。

1. GridView 控件的常用属性

(1) AllowPaging 属性：该属性用于获取或设置一个值，该值指示是否启用分页功能。如果启用分页功能，则为 true，否则为 false，默认为 false。

(2) AllowSorting 属性：该属性用于获取或设置一个值，该值指示是否启用排序功能。如果启用排序功能，则为 true，否则为 false，默认为 false。

(3) AutoGenerateColumns 属性：该属性用于获取或设置一个值，该值指示是否为数据源中的每个字段自动创建绑定字段。

(4) DataKeyNames 属性：该属性用于获取或设置一个数组，该数组包含了显示在 GridView 控件中的项的主键字段的名称。

(5) DataSource 属性：该属性用于获取或设置对象，数据绑定控件从该控件中检索其数据项列表，默认为空引用。

(6) PageCount 属性：该属性用于获取在 GridView 控件中显示数据源记录所需的页数。

(7) PageIndex 属性：该属性用于获取或设置当前显示页的索引。

(8) PageSize 属性：该属性用于获取或设置 GridView 控件在每页上所显示的记录的数目。

2. GridView 控件的常用方法

(1) DataBind()方法：该方法用于将数据源绑定到 GridView 控件。当 GridView 控件设置了数据源，使用该方法进行绑定，才能将数据源中的数据显示在控件中。

(2) FindControl()方法：该方法用于在当前的命名容器中搜索指定的服务器控件。

(3) HasControls()方法：该方法用于确定服务器控件是否包含任何子控件。

(4) Sort()方法：该方法用于根据指定的排序表达式和方向对 GridView 控件进行排序。该方法包含如下两个参数。

- SortExpression：对 GridView 控件进行排序时使用的排序表达式。
- SortDirection：Ascending(从小到大排序)或 Descending(从大到小排序)之一。

3. GridView 控件的常用事件

(1) DataBinding 事件：当服务器控件绑定到数据源时发生 DataBinding 事件。

(2) PageIndexChanging 事件：单击某一页导航按钮时，在 GridView 控件处理分页操作之前发生。

(3) RowDataBound：在 GridView 控件中将数据行绑定到数据时发生 RowDataBound 事件。

(4) RowCommand 事件：当单击 GridView 控件中的按钮时发生。使用 GridView 控件中的 RowCommand 事件时，需要设置 GridView 控件中的按钮(如 Button 按钮)的 CommandName 属性值。CommandName 属性值如下。

- Cancel：取消编辑操作，并将 GridView 控件返回为只读模式。
- Delete：删除当前记录。
- Edit：将当前记录置于编辑模式。
- Page：执行分页操作，将按钮的 CommandArgument 属性设置为 First、List、Next、Prev 或页码，以指定要执行的分页操作类型。
- Select：选择当前记录。
- Sort：对 GridView 控件进行排序。
- Update：更新数据源中的当前记录。

7.1.3 使用 GridView 控件绑定数据源

GridView 控件绑定数据源.mp4

本章所用到的数据库 db_Student 中有三个表，分别是学生信息表 tb_StuInfo、系部信息表 tb_Department 和照片信息表 Photo，各表结构的定义如图 7-1～图 7-3 所示。

【例 7-1】使用 GridView 控件绑定数据源。

下面的示例先利用 SqlDataSource 控件配置数据源，并连接数据库，然后使用 GridView 控件绑定该数据源。执行程序，示例运行结果如图 7-4 所示。

CN-20190912JQOZ\S... - dbo.tb_StuInfo

列名	数据类型	允许 Null 值
stuID	varchar(10)	☐
stuName	varchar(10)	☑
stuSex	nvarchar(4)	☑
stuHobby	nvarchar(20)	☑
		☐

图 7-1 学生信息表 tb_ StuInfo 的结构

CN-20190912JQOZ\...dbo.tb_Department

列名	数据类型	允许 Null 值
deptID	nvarchar(10)	☐
deptName	nvarchar(20)	☑
deptRemark	nvarchar(50)	☑
		☐

图 7-2 系部信息表 tb_Department 的结构

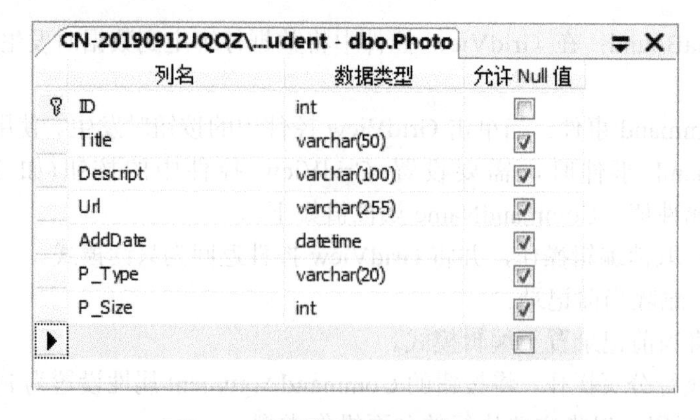
CN-20190912JQOZ\...udent - dbo.Photo

列名	数据类型	允许 Null 值
ID	int	☐
Title	varchar(50)	☑
Descript	varchar(100)	☑
Url	varchar(255)	☑
AddDate	datetime	☑
P_Type	varchar(20)	☑
P_Size	int	☑
		☐

图 7-3　照片信息表 Photo 的结构

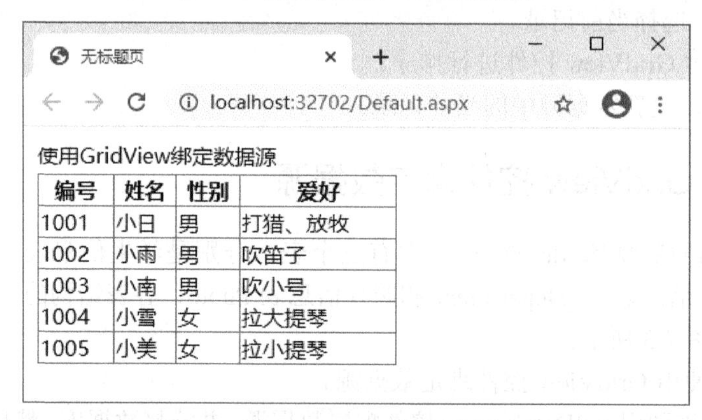

图 7-4　使用 GridView 控件绑定数据源

程序实现的主要步骤如下：

(1) 新建一个网站，默认主页为 Default.aspx，添加 1 个 GridView 控件和 1 个 SqlDataSource 控件。

(2) 配置 SqlDataSource 控件。首先，单击 SqlDataSource 控件的任务框，选择“配置数据源”选项，如图 7-5 所示。打开“配置数据源”对话框，如图 7-6 所示。

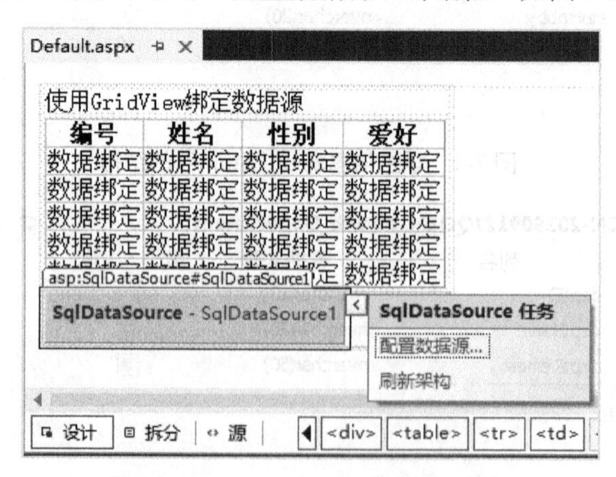

图 7-5　选择“配置数据源”选项

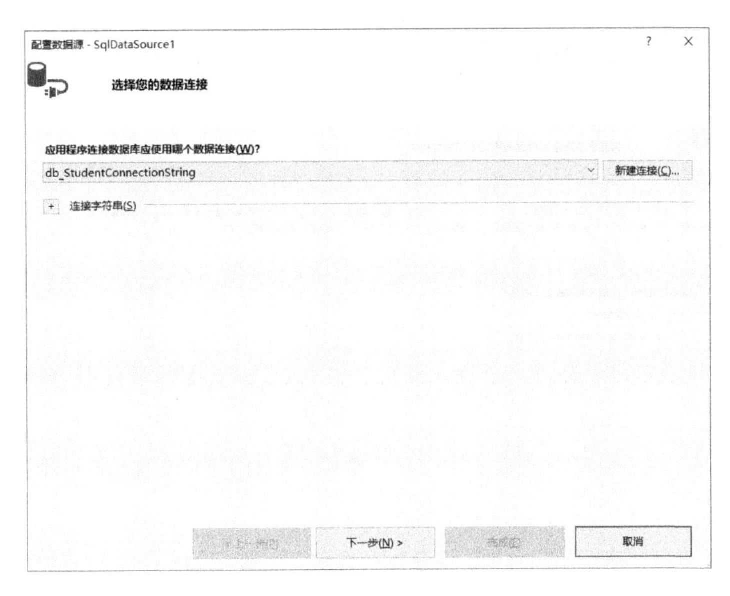

图 7-6　“配置数据源”对话框

单击“新建连接”按钮，打开“添加连接”对话框，在其中填写服务器名，这里为 LFL\MR；选择 SQL Server 身份验证，用户名为 sa；密码为空；输入要连接的数据库名称，本示例使用的数据库为 db_Student，如图 7-7 所示。如果配置信息填写正确，单击“测试连接”按钮，将弹出测试连接成功提示框，如图 7-8 所示，单击“添加连接”对话框中的“确定”按钮，返回“配置数据源”对话框。

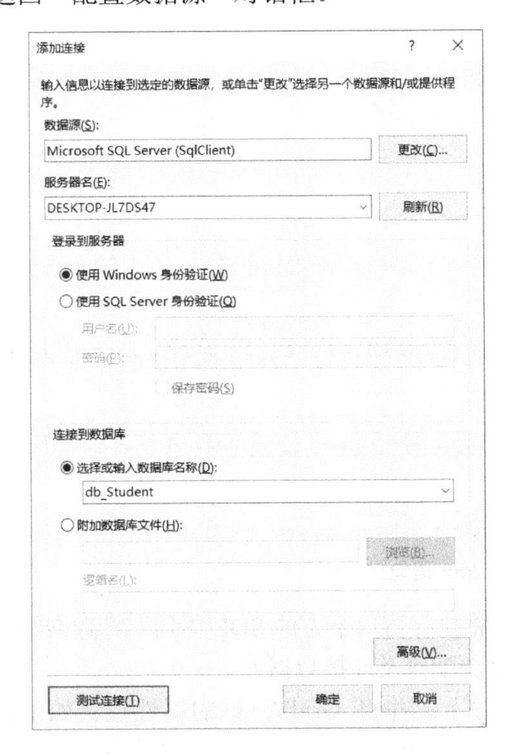

图 7-7　“添加连接”对话框

图 7-8　测试连接成功提示框

单击“下一步”按钮，保存连接字符串到应用程序配置文件中，如图 7-9 所示。

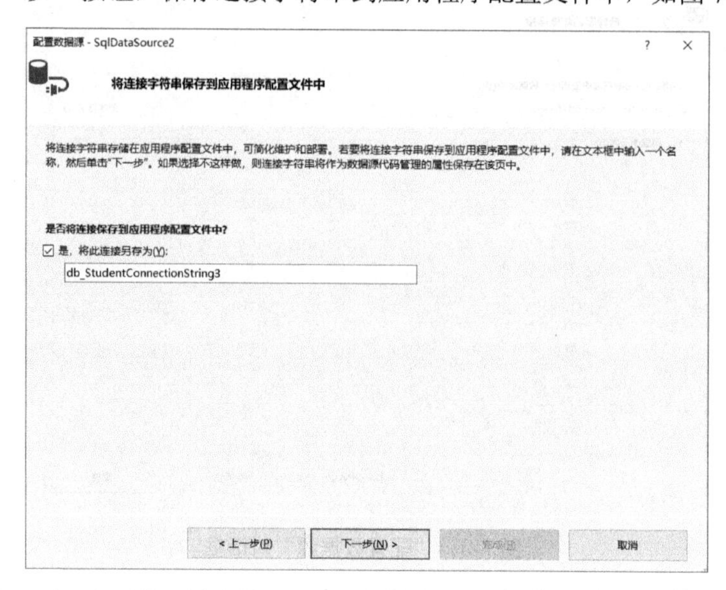

图 7-9　保存连接字符串到应用程序配置文件中

单击“下一步”按钮，配置 Select 语句，选择要查询的表以及所要查询的列，如图 7-10 所示。

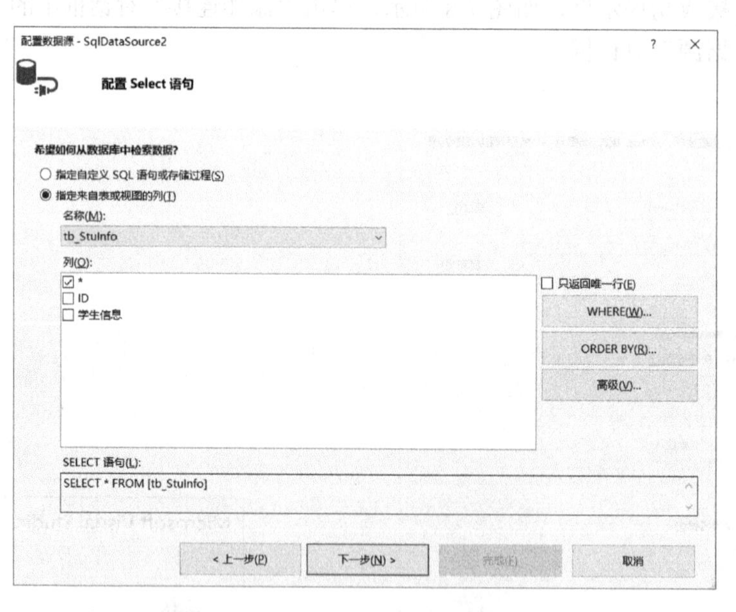

图 7-10　配置 Select 语句

单击“下一步”按钮，测试查询结果。向导将执行窗口下方的 SQL 语句，将查询结果显示在窗口中间，单击“完成”按钮，完成数据源配置及连接数据库。

(3) 将获取的数据源绑定到 GridView 控件上。并将 GridView 的属性设置如下：AutoGenerateColumns 属性值为 False，表示不为数据源中的每个字段自动创建绑定字段；DataSoutceID 属性值为 SqlDataSource1，表示 GridView 控件从 SqlDataSource1 控件中检索其数据项列表；DataKeyNames 属性值为 StuID，表示显示在 GridView 控件中的项的主键字段名称为 StuID。

单击 GridView 控件右上方的▶按钮，打开 GridView 任务列表，如图 7-11 所示。

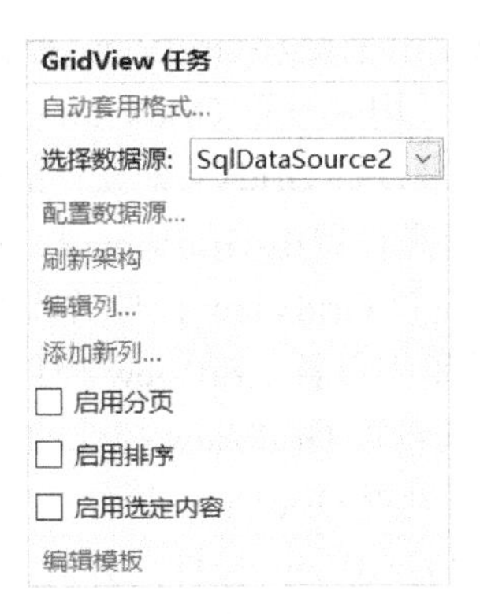

图 7-11　GridView 控件弹出的快捷菜单

在弹出的快捷菜单中选择“编辑列”命令，弹出如图 7-12 所示的“字段”对话框，将每个 BoundField 控件绑定字段的 HeaderText 属性设置为该列头标题名。

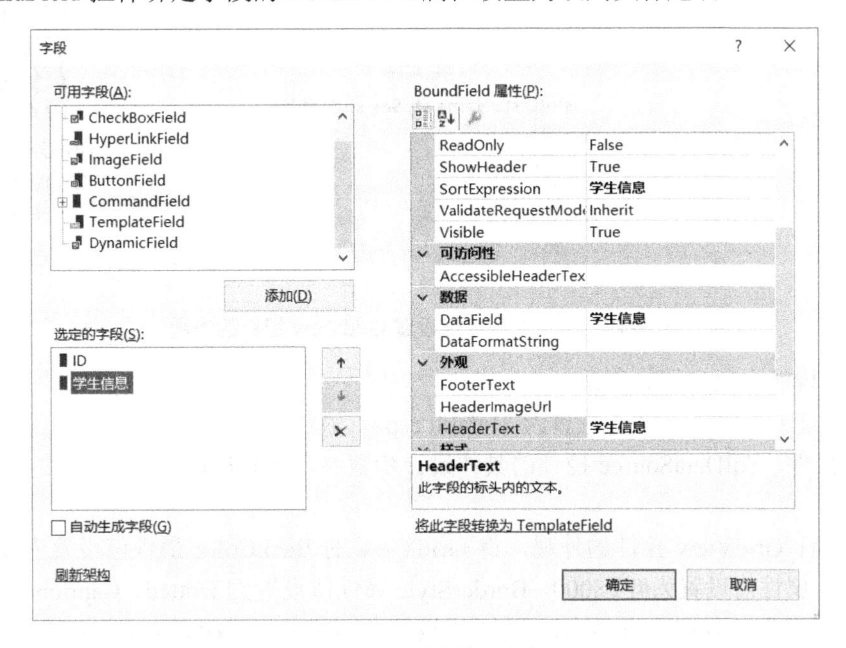

图 7-12　“字段”对话框

7.1.4　使用 GridView 控件的外观

默认状态下，GridView 控件的外观就是简单的表格。为了美化网页的界面、丰富页面的显示效果，开发人员可以通过多种方式来美化 GridView 控件的外观。

1. GridView 控件的常用外观属性

(1) BackColor 属性：该属性用来设置 GridView 控件的背景色。

(2) BackImageUrl 属性：该属性用来设置要在 GridView 控件的背景中显示的图像的 URL。

(3) BorderColor 属性：该属性用来设置 GridView 控件的边框颜色。

(4) BorderStyle 属性：该属性用来设置 GridView 控件的边框样式。

(5) BorderWidth 属性：该属性用来设置 GridView 控件的边框宽度。

(6) Caption 属性：该属性用来设置 GridView 控件的标题文字。

(7) CssClass 属性：该属性用来设置由 GridView 控件在客户端呈现的级联样式表类。

(8) Font 属性：该属性用来设置 GridView 控件关联的字体属性。

(9) ForeColor 属性：该属性用来设置 GridView 控件的前景色。

(10) Height 属性：该属性用来设置 GridView 控件的高度。

(11) Width 属性：该属性用来设置 GridView 控件的宽度。

【例 7-2】使用外观属性设置 GridView 控件的外观。

下面的示例利用 GridView 控件的外观属性设计它的显示外观。执行程序，示例运行结果如图 7-13 所示。

使用外观属性设置 GridView 控件的外观.mp4

图 7-13　使用外观属性设置 GridView 控件的外观

程序实现的主要步骤如下：

(1) 新建一个网站，默认主页为 Default.aspx，添加 1 个 SqlDataSource 控件和 1 个 GridView 控件。SqlDataSource 控件的具体设计步骤参考 GridView 控件常用的属性、方法和事件。

(2) 设计 GridView 控件的外观，将 GridView 的 BackColor 属性值设置为#FFC080，BorderColor 属性值设置为#FF8000，BorderStyle 属性值设置为 Dotted，Caption 属性值设置为“设置外观”，HorizontalAlign 属性值设置为 Center，DataSourceID 属性值设置为 SqlDataSource1。

2. GridView 的常用样式属性

(1) AlternatingRowStyle 属性：该属性用于获取对 TableItemStyle 对象的引用，使用该对象可以设置 GridView 控件中的交替数据行的外观。

(2) HeaderStyle 属性：该属性用于获取对 TableItemStyle 对象的引用，使用该对象可以设置 GridView 控件中标题行的外观。

(3) FooterStyle 属性：该属性用于获取对 TableItemStyle 对象的引用，使用该对象可以设置 GridView 控件中的脚注行的外观。

(4) PagerStyle 属性：该属性用于获取对 TableItemStyle 对象的引用，使用该对象可以设置 GridView 控件中的导航行的外观。

(5) RowStyle 属性：该属性用于获取对 TableItemStyle 对象的引用，使用该对象可以设置 GridView 控件中的数据行的外观。

(6) SelectedRowStyle 属性：该属性用于获取对 TableItemStyle 对象的引用，使用该对象可以设置 GridView 控件中的选中行的外观。

【例 7-3】使用样式属性设置 GridView 控件的外观。

下面的示例利用 GridView 控件上的样式属性设置它的显示外观。执行程序，示例运行结果如图 7-14 所示。

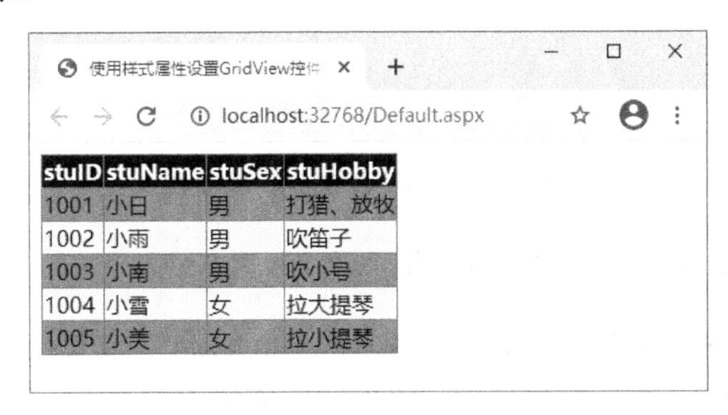

图 7-14　使用样式属性设置 GridView 控件的外观

程序实现的主要步骤如下：

(1) 新建一个网站，默认主页为 Default.aspx，添加 1 个 SqlDataSource 控件和 1 个 GridView 控件。SqlDataSource 控件的具体设计步骤参考 GridView 控件常用的属性、方法和事件。

(2) 设计 GridView 控件的外观，将 GridView 的 AutoGenerateColumns 属性值设置为 False；DataSourceID 属性值设置为 SqlDataSource1；RowStyle 属性的背景色设置为#00C0C0；HeaderStyle 属性的背景色设置为#0000C0，前景色设置为 White；AlternatingRowStyle 属性的背景色设置为#C0ffff。

3．自动套用格式

以上两种方式都是通过控件属性设计 GridView 控件的外观。为了使开发人员快速地设计出外观简单、优美的显示界面，ASP.NET 中还提供了许多现成格式，开发人员可以直接套用。

单击 GridView 控件右上方的▶按钮，在弹出的快捷菜单中选择“自动套用格式”命令，如图 7-15 所示。打开“自动套用格式”对话框，如图 7-16 所示。在“选择架构”列表中选择需要的格式，右侧“预览”窗口中可以看到格式的外观，单击“确定”按钮，完成设置。

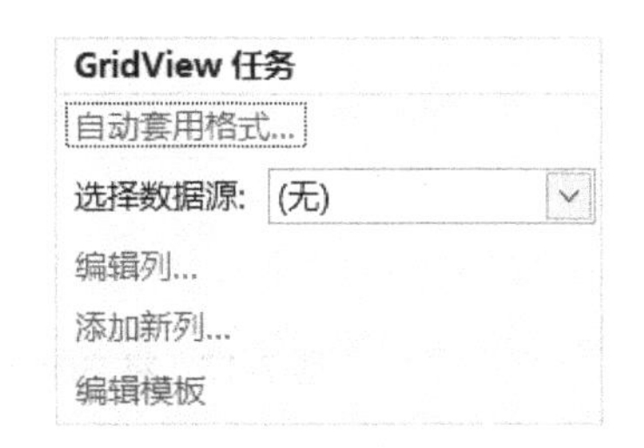

图 7-15　“自动套用格式”命令

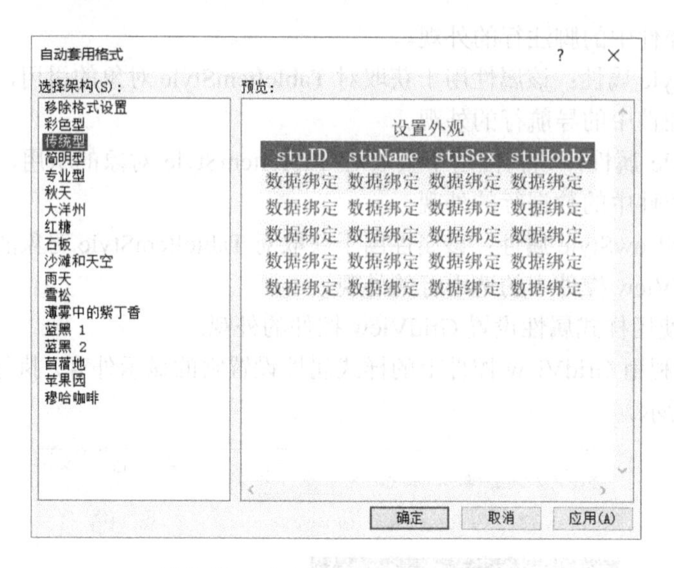

图 7-16 “自动套用格式”对话框

7.1.5 制定 GridView 控件的列

GridView 控件中的每一列由一个 DataControlField 对象表示。默认情况下，AutoGenerateColumns 属性被设置为 True，为数据源中的每一个字段创建一个 AutoGenerateColumns 对象。将 AutoGenerateColumns 属性设置为 False 时，可以自定义数据绑定列。GridView 控件包括 7 种类型的列，分别为 BoundField(普通数据绑定列)、CheckBoxField(复选框数据绑定列)、CommandField(命令数据绑定列)、ImageField(图片数据绑定列)、HypeLinkField(超链接数据绑定列)、ButtonField(按钮数据绑定列)、TemplateField(模板数据绑定列)。

必须将 GridView 控件的 AutoGenerateColumns 属性设置为 false，才能自定义数据绑定列，如图 7-17 所示。

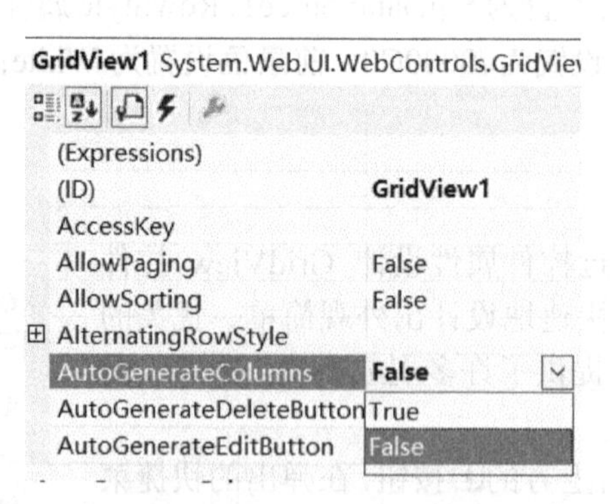

图 7-17 将 GridView 控件的 AutoGenerateColumns 属性设置为 false

从工具箱中的“数据”类型控件下拖曳 1 个 GridView 控件到 Web 窗体，然后单击弹出的智能标记中的“编辑列”超链接，如图 7-18 所示。

接着，在弹出的“字段”窗口中可以看到“可用字段”，如图 7-19 所示。

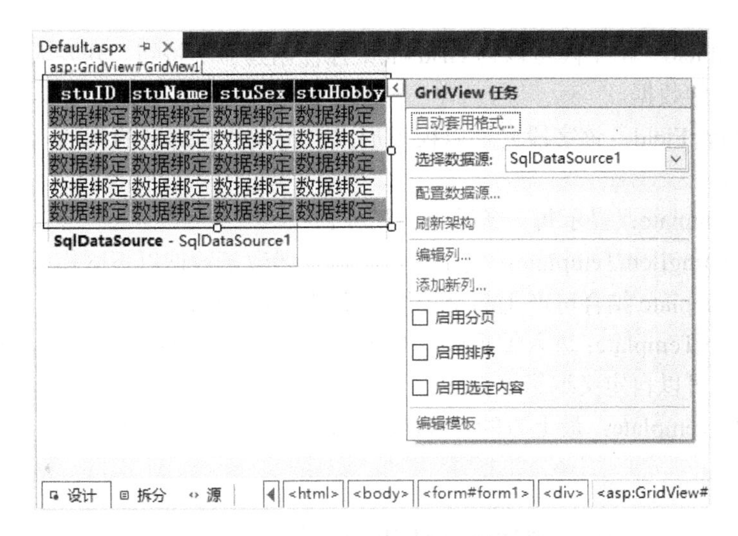

图 7-18 GridView 控件“编辑列”

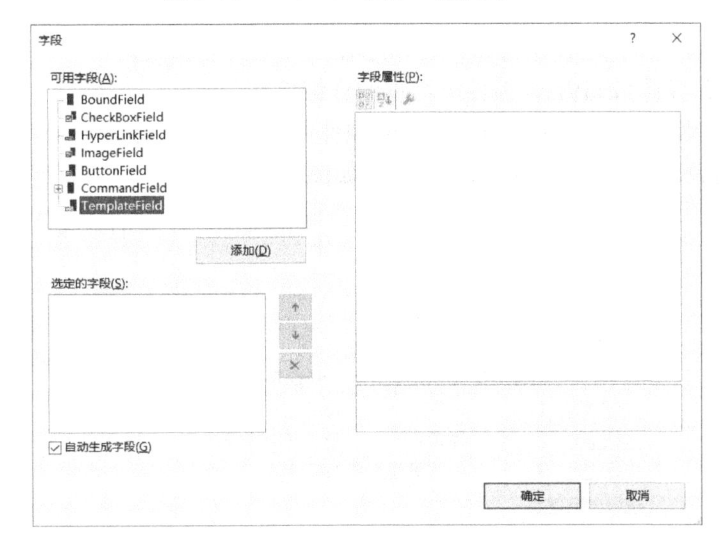

图 7-19 GridView 控件的编辑列时使用的字段

下面分别介绍 GridView 控件的编辑列时使用的字段。

(1) BoundField：该字段是默认的数据绑定类型，通常用于显示普通文本。

(2) CheckBoxField：使用 CheckBoxField 控件显示布尔类型的数据。绑定数据为 true 时，复选框数据绑定列为选中状态；绑定数据为 false 时，则显示未选中状态。在正常情况下，CheckBoxField 显示在表格中的复选框控件处于只读状态。只有 GridView 控件的某一行进入编辑状态后，复选框才恢复为可修改状态。

(3) CommandField：该字段显示用来执行选择、编辑或删除操作的预定义命令按钮，这些按钮可以呈现为普通按钮、超链接和图片等外观。

(4) ImageField：该字段用于在 GridView 控件呈现的表格中显示图片列。通常 ImageField 绑定的内容是图片的路径。

(5) HyperLinkField：该字段允许将所绑定的数据以超链接的形式显示出来。开发人员可自定义绑定超链接的显示文字、超链接的 URL 以及打开窗口的方式等。

(6) ButtonField：该字段可以为 GridView 控件创建命令按钮。开发人员可以通过按钮来操作其所在行的数据。

(7) TemPlateField：该字段允许以模板形式自定义数据绑定的列的内容。该字段包含的常用模板如下。

- ItemTemplate：显示每一条数据的模板。
- AlternatingItemTemplate：使奇数条数据及偶数条数据以不同模板显示。该模板与 ItemTemplate 结合可产生两个模板交错显示的效果。
- EditItemTemplate：进入编辑模式时所使用的数据编辑模板。对于 EditItemTemplate 用户，可以自定义编辑页面。
- HeaderTemplate：最上方的表头(或被称为标题)。默认 GridView 都会显示表及其标题。

7.1.6 查看 GridView 控件中数据的详细信息

查看 GridView 控件中数据的详细信息.mp4

使用按钮列中的“选择”按钮，可以选择控件上的一行数据。

【例 7-4】查看 GridView 控件中数据的详细信息。

下面的示例演示了如何使用 GridView 控件中的“选择”按钮显示主/明细关系数据表。执行程序，示例运行结果如图 7-20 所示。

图 7-20 查看 GridView 控件中数据的详细信息

程序实现的主要步骤如下：

(1) 新建一个网站，默认主页为 Default.aspx，添加 1 个 SqlDataSource 控件和 2 个 GridView 控件。SqlDataSource 控件的具体设计步骤参见 GridView 常用的属性、方法和事件。

(2) 第 1 个 GridView 控件用来显示系统信息，ID 属性为 GridView1。单击 GridView 控件右上方的▶按钮，在弹出的快捷菜单中选择数据源，这里数据源 ID 为 SqlDataSource1，选中“启用选定内容”复选框，在 GridView 控件上启用行选择功能，如图 7-21 所示。

选择“GridView 任务”菜单中的“编辑列”命令，将“选择”按钮的 SelectText 属性设为“详细信息”，如图 7-22 所示。

图 7-21　在 GridView 控件上启用行选择功能

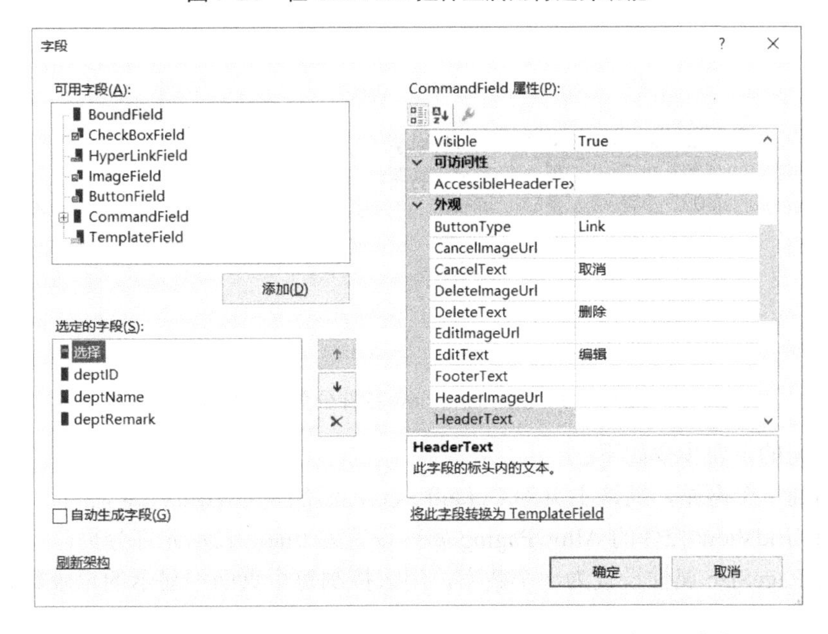

图 7-22　将“选择”按钮的 SelectText 属性设为“详细信息”

(3) 当用户单击“详细信息”按钮时，将引发 SelectedIndexChanging 事件，在该事件的处理程序中可以通过 NewSelectedIndex 属性获取当前的索引值，并通过索引值执行其他操作。本例中单击“详细信息”按钮后，执行第二个 GridView 控件的数据绑定操作。具体代码如下：

```
Protected void GridView1_SelectedIndexChanging(object
sender,GridViewSelectEvenArgs e)
{
    string deptID =
GridView1.DataKeys[e.NewSelectedIndex].Value.ToString();
    string sqlStr = "select * from tb_SqlConnection()";
    SqlConnection con = new SqlConnection();
```

```
    con.ConnectionString = "server = LFL\\MR;Database = db_Student;User
ID=sa;pwd ="
    SqlDataAdapter da = new SqlDataAdapter(sqlStr,con);
    DataSet ds = new DataSet();
    Da.Fill(ds);
    This.GridView2.DataSource = ds;
    GridView2.DataBind();
}
```

7.1.7 使用 GridView 控件分页显示数据

使用 GridView 控件分页显示数据.mp4

GridView 控件有一个内置分页功能，可支持基本的分页功能。

【例 7-5】使用 GridView 控件分页显示数据。

下面的示例利用 GridView 控件的内置分页功能进行分页显示数据。执行程序，示例运行结果如图 7-23 所示。

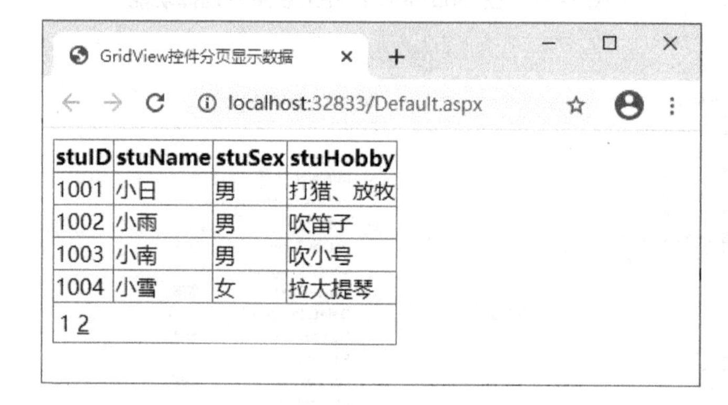

图 7-23 使用 GridView 控件分页显示数据

程序实现的主要步骤如下：

(1) 新建一个网站，默认主页为 Default.aspx，添加 1 个 GridView 控件。

(2) 将 GridView 控件的 AllowPaging 属性设置为 true，表示允许分页。

(3) 将 PageSize 属性设置为一个数字，用来控制每个页面中显示的记录数。这里设置为 4。

(4) 最好在 GridView 控件的 PageIndexChanging 事件中设置 GridView 控件的 PageIndex 属性为当前页的索引值，并重新绑定 GridView 控件。

具体代码如下：

```
Protected void Page_Load(object sender,GridViewSelectEvenArgs e)
{
    if(!isPostBack)
    {
        GridViewBind();
    }
}
Public void GridViewBind()
{
    SqlConnection sqlCon = new SqlConnection();
```

```
    sqlCon.ConnectionString = "server = LFL\\MR;Database = db_Student;
uid=sa;pwd ="
    string sqlStr = "select * from tb_StuInfo";
    SqlDataAdapter da = new SqlDataAdapter(sqlStr, sqlCon);
    DataSet ds = new DataSet();
     Da.Fill(ds);
     This.GridView1.DataSource = ds;
     GridView1.DataBind();
}
Protected void GridView1_PageIndexChanging(object sender,GridPageEvenArgs
e)
{
    GridView1.PageIndex = e.NewPageIndex;
    GridViewBind();
}
```

7.1.8 在 GridView 控件中排序数据

GridView 控件还提供了内置排序功能，无须任何编码，只要通过为列设置自定义 SortExpression 属性值，并使用 Sorting 和 Sorted 事件，进一步自定义 GridView 控件的排序功能。

【例 7-6】查看 GridView 控件中数据的详细信息。

下面的示例利用 GridView 控件的内置排序功能排序显示数据。执行程序，示例运行结果如图 7-24 所示。

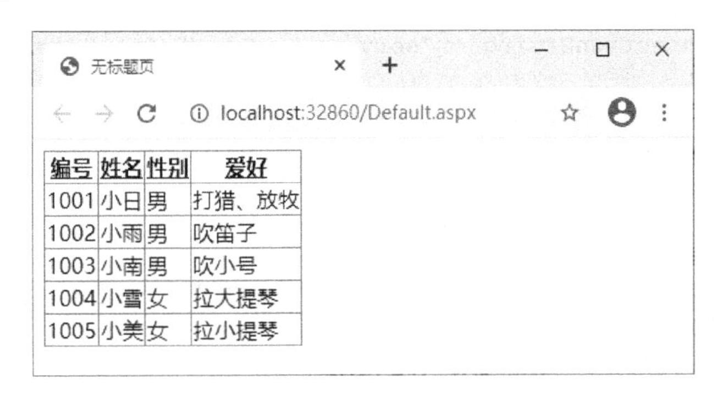

查看 GridView 控件中数据的详细信息.mp4

图 7-24 利用 GridView 控件中数据的详细信息

程序实现的主要步骤如下：

(1) 新建一个网站，默认主页为 Default.aspx，添加 1 个 GridView 控件。GridView 控件的设计代码如下：

```
<asp: GridView ID=" GridView1" runat = "server" AllowSorting = "True"
AutoGenerateColumns = "False" OnSorting = "GridView1_Sorting">
<Columns>
    <asp:BoundField DataField = "stuID" HeaderText = "编号" SortExpression
    = "stuID"/>
    <asp:BoundField DataField = "stuName" HeaderText = "姓名" SortExpression
    = "stuName"/>
```

```
    <asp:BoundField DataField = "stuSex" HeaderText = "性别" SortExpression
    = "stuSex"/>
    <asp:BoundField DataField = "stuHobby" HeaderText = "爱好" SortExpression
    = "stuHobby"/>
</Columns>
<asp:/GridView>
```

(2) 在 Default.aspx 页的 Page_Load 事件中，用视图状态保存默认的排序表达式和排序顺序，然后对 GridView 控件进行数据绑定。代码如下：

```
Protected void Page_Load(object sender,GridViewSelectEvenArgs e)
{
   if(!isPostBack)
   {
      ViewState["SortOrder"]="stuID"
      ViewState["OrderDire"]="ASC"
      GridViewBind();
   }
}
```

(3) 该页的 Page_Load 事件中调用了自定义方法 GridViewBind()。该方法用来从数据库中取得要绑定的数据源，并设置数据视图的 Sort 属性，最后把该视图和 GridView 控件进行绑定。代码如下：

```
Protected void GridViewBind()
{
   SqlConnection sqlCon = new SqlConnection();
   sqlCon.ConnectionString = "server = LFL\\MR;Database = db_Student;
uid=sa;pwd ="
   string sqlStr = "select * from tb_StuInfo";
   SqlDataAdapter da = new SqlDataAdapter(sqlStr, sqlCon);
   DataSet ds = new DataSet();
   Da.Fill(ds, "tb_StuInfo");
   DataView dv = ds.Table[0].DefaultVeiw;
   string sort =(string)ViewState["SortOrder"] + ""+(string)ViewState
["OrderDire"] ;
   dv.Sort = sort;
   GridView1.DataSource = dv;
   GridView1.DataBind();
}
```

(4) 在 GridView 控件的 Sorting 事件中，首先取得指定的表达式，然后判断是否当前的排序方式。如果是，则改变当前的排序索引；如果不是，则设置新的排序表达式，并重新进行数据绑定。代码如下：

```
protected void GridView1_Sorting(object sender,GridViewSelectEvenArgs e)
{
   string sPage = e.SortExpression;
   if(ViewState["SortOrder"].ToString()==sPage)
   {
       if(ViewState["SortOrder"].ToString()=="Desc")
```

```
            {
              ViewState["SortOrder"].ToString()=="ASC";
            }
            else
               ViewState["SortOrder"] = "Desc"
        }
        else
        {
               ViewState["SortOrder"] = e.SortExpression;
           }
           GridViewBind();
    }
```

7.1.9　在 GridView 控件中实现全选和全不选功能

在控件中添加一列 CheckBox 控件，并能通过对复选框的选择实现全选/全不选的功能。

【例 7-7】 在 GridView 控件中实现全选和全不选的功能。

下面的示例利用 GridView 控件的模板列及 FindControl 方法实现全选/全不选的功能。执行程序，示例运行结果如图 7-25 所示。

在 GridView 控件中实现全选和全不选的功能.mp4

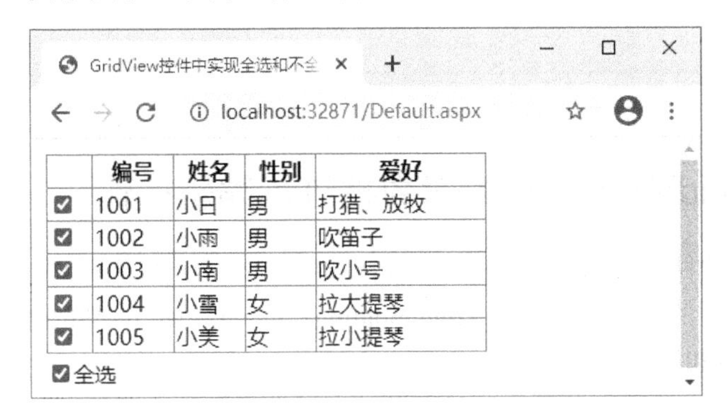

图 7-25　在 GridView 控件中实现全选和全不选的功能

程序实现的主要步骤如下：

(1) 新建一个网站，默认主页为 Default.aspx，添加 1 个 GridView 控件和 1 个 CheckBox 控件，将 CheckBox 控件的 AutoPostBack 属性设为 true。

首先为 GridView 控件添加一列模板列，然后向模板列中添加 CheckBox 控件。GridView 控件的设计代码如下：

```
<asp: GridView ID= "GridView1" runat = "server" AutoGenerateColumns =
"False"Width ="328px">
<Columns>
    <asp:TemplateField>
        <ItemTemplate>
           <asp:CheckBox  ID = "chkCheck" runat ="server">
        </ItemTemplate>
    </asp:TemplateField>
    <asp:BoundField DataField = "stuID" HeaderText = "编号"/>
    <asp:BoundField DataField = "stuName" HeaderText = "姓名" />
```

```
        <asp:BoundField DataField = "stuSex" HeaderText = "性别" />
        <asp:BoundField DataField = "stuHobby" HeaderText = "爱好" />
    </Columns>
    <asp:/GridView>
```

(2) 改变“全选”复选框的选项状态时，将循环访问 GridView 控件中的每一项，并通过 FindControl 方法搜索 TemplateField 模板中的 ID 为 chkCheck 的 CheckBox 控件，建立该控件的引用，实现全选/全不选功能。代码如下：

```
Protected void chkAll_CheckedChanged(object sender,EventArgs e)
{
    for( int  I = 0;I <= GridView1.Rows.Count-1; i++)
    {
        CheckBox chk = (CheckBox)GridView1.Rows[i].FindControl("chkCheck");
        if(chkAll.Checked == true)
        {
            chk.Checked = true;
        }
        else
        {
             chk.Checked = false;
        }
    }
}
```

7.1.10 在 GridView 控件中对数据进行编辑操作

在 GridView 控件的按钮列中包括“编辑”“更新”和“取消”按钮，这 3 个按钮分别触发 GridView 控件的 RowEditing、RowUpdating、RowCancelingEdit 事件，从而完成对指定项的编辑、更新和取消操作。

【例 7-8】在 GridView 控件中对数据进行编辑操作。

下面的示例利用 GridView 控件的 RowCancelingEdit、RowEditing 和 RowUpdating 事件，对指定项的信息进行编辑操作。执行程序，示例运行结果如图 7-26 所示。

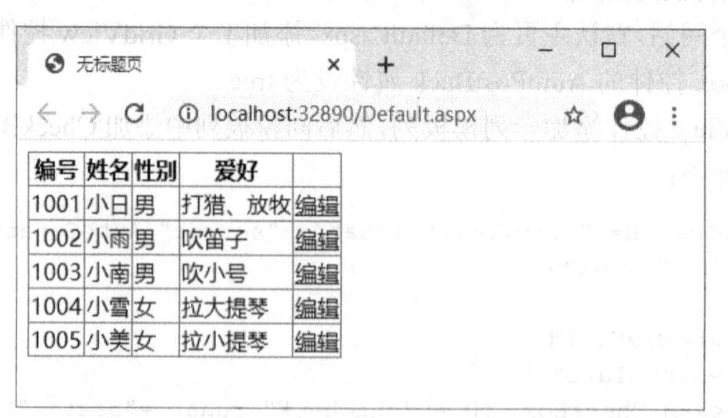

图 7-26 在 GridView 控件中对数据进行编辑操作

在 GridView 控件中对数据进行编辑操作.mp4

程序实现的主要步骤如下：

(1) 新建一个网站，默认主页为Default.aspx，添加1个GridView控件，并为GridView控件添加一列编辑按钮列。GridView控件的设计代码如下：

```
<asp: GridView ID=" GridView1" runat = "server" AutoGenerateColumns = "False"
OnRowCancelingEdit = "GridView1_RowCancelingEdit"OnRowEditing =
"GridView1_RowEditing" OnRowUpdating ="GridView1_RowUpdating">
<Columns>
   <asp:BoundField DataField = "stuID" HeaderText = "编号" ReadOnly =
"true"/>
   <asp:BoundField DataField = "stuName" HeaderText = "姓名 />
   <asp:BoundField DataField = "stuSex" HeaderText = 性别 />
   <asp:BoundField DataField = "stuHobby" HeaderText = "爱好 />
   <asp:CommandField  ShowEditButton="true">
</Columns>
<asp:/GridView>
```

(2) 当用户单击“编辑”按钮时，将触发GridView控件的RowEditing事件。在该事件的程序代码中将GridView控件编辑项索引设置为当前选择项的索引，并重新绑定数据。代码如下：

```
protected void GridView1_RowEditing(object sender,EventArgs e){
   GridView1.EditIndex = e.NewEditIndex;
   GridViewBind();
}
```

(3) 当用户单击“更新”按钮时，将触发GridView控件的RowUpdating事件。在该事件的程序代码中，首先获得编辑行的关键字段的值并取得各文本框中的值，然后将数据更新至数据库，最后重新绑定数据。代码如下：

```
protected void GridView1_RowEditing(object sender,EventArgs e)
{
   string  stuID = GridView1.DataKeys[e.RowIndex].Value.ToString();
   string  stuName = ((TextBox)(GridView1.Rows[e.RowIndex].Cells[1].
Controls[0])).Text.ToString();
   string stuSex = ((TextBox)(GridView1.Rows[e.RowIndex].Cells[2].Controls[0])).
Text.ToString();
   string stuHobby= ((TextBox)(GridView1.Rows[e.RowIndex].Cells[3].Controls[0])).
Text.ToString();
   string  sqlStr = "update tb_StuInfo set stuName = ""+ stuName + "",stuSex
= "" + stuSex + "",stuHobby="" + stuHobby + ""where stuID  = " + stuID;
   SqlConnection  myConn = GetCon();
   myConn.Open();
   SqlCommand  myCmd = new SqlCommand(sqlStr,myConn);
   myCmd.ExecuteNonQuery();
   myCmd.Dispose();
   myCmd.Close();
   GridView1.EditIndex = -1;
   GridViewBind();
}
```

(4) 当用户单击“取消”按钮时，将触发 GridView 控件的 RowCancelingEdit 事件。在该事件的程序代码中，将编辑项的索引设为-1，并重新绑定数据。代码如下：

```
protected void GridView1_RowCancelingEdit (object
sender,GridViewCancelEditEventArgs e)
{
    GridView1.EditIndex = -1;
    GridViewBind();
}
```

7.2 DataList 控件

7.2.1 DataList 控件概述

利用 DataList 控件可以使用模板与定义样式来显示数据，并可以进行数据的选择、删除以及编辑。DataList 控件的最大特点就是一定要通过模板来定义数据的显示格式；如果想要设计出美观的界面，就需要花费一番心思。正因为如此，DataList 控件显示数据时更具灵活性，开发人员个人发挥的空间也比较大。

DataList 控件支持的模板如下。

(1) AlternatingItemTemplate：如果已定义，则为 DataList 中的交替项提供内容和布局；如果未定义，则使用 ItemTemplate。

(2) EditItemTemplate：如果已定义，则为 DataList 中的当前编辑项提供内容和布局；如果未定义，则使用 ItemTemplate。

(3) FooterTemplate：如果已定义，则为 DataList 的脚注部分提供内容和布局；如果未定义，将不显示脚注部分。

(4) HeaderTemplate：如果已定义，则为 DataList 中的页眉节提供内容和布局；如果未定义，将不显示页眉节。

(5) ItemTemplate：为 DataList 中的项提供内容和布局所要求的模板。

(6) SelectedItemTemplate：如果已定义，则为 DataList 中的当前选定项提供内容和布局；如果未定义，则使用 ItemTemplate。

(7) HeaderTemplate：如果已定义，则为 DataList 中各项之间的分隔符提供内容和布局；如果未定义，将不显示分隔符。

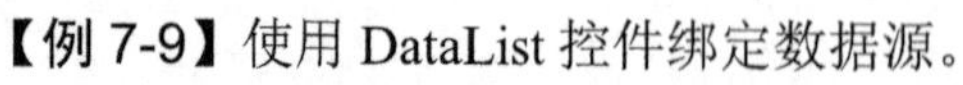

7.2.2 使用 DataList 控件绑定数据源

使用 DataList 控件绑定数据源的方法与 GridView 控件基本相似，但要将所绑定数据源的数据显示出来，就需要通过设计 DataList 控件的模板来完成。

使用 DataList 控件绑定数据源.mp4

【例 7-9】使用 DataList 控件绑定数据源。

下面的示例介绍了如何使用 DataList 控件的模板显示绑定的数据源数据。执行程序，示例运行结果如图 7-27 所示。

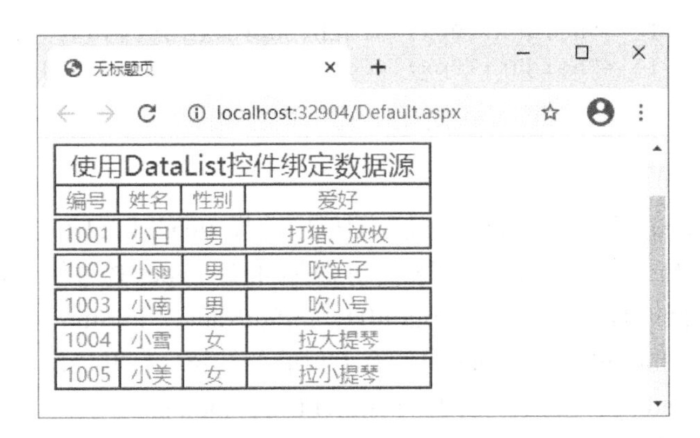

图 7-27　使用 DataList 控件绑定数据源

程序实现的主要步骤如下：

(1) 新建一个网站，默认主页为 Default.aspx，添加 1 个 DataList 控件。

(2) 单击 DataList 控件右上方的按钮，在弹出的快捷菜单中选择“编辑模板”命令。打开“DataList 任务模板编辑模式”面板，如图 7-28 所示，在“显示”下拉列表框中选择 HeaderTemplate 选项。

(3) 在 DataList 控件的页眉模板中添加一个表格用于布局，并设置其外观属性，如图 7-29 所示。

图 7-28　DataList 任务模板

图 7-29　DataList 控件页眉页脚的设计

DataList 控件页眉页脚的设计代码如下：

```
<HeaderTemplate>
<table  border = "1" style = "with:300px"; text_align:center; cellpadding
="0" cellspacing = "0">
    <tr>
        <td colspan = "4" style = "font-size:
16pt;color:#006600;text-align:center">
        </td>
    </tr>
    <tr>
        <td style ="height:19px; width:50px:color:#669900;">编号</td>
        <td style ="height:19px; width:50px:color:#669900;">姓名</td>
```

```
        <td style ="height:19px; width:50px:color:#669900;">性别</td>
        <td style ="height:19px; width:50px:color:#669900;">爱好</td>
    </tr>
</table>
</HeaderTemplate>
```

(4) 在“DataList 任务模板编辑模式”面板中选择 ItemTemplate 选项，打开项模板。同样在项模板中添加一个用于布局的表格，并添加 4 个 Label 控件用于显示数据源中的数据记录，Label 控件的 ID 属性分别为 lblStuID、lblStuName、lblStuSex、lblStuHobby。

单击 ID 属性为 lblStuID 的 Label 控件右上角的▶按钮，打开“Label 任务”快捷菜单，选择“编辑 DataBinddings”命令，打开 lblStuID DataBindings 对话框。在 Text 属性的“代码表达式”文本框中输入 Eval(“stuID”)，用于绑定数据源中的 stuID 字段，如图 7-30 所示。

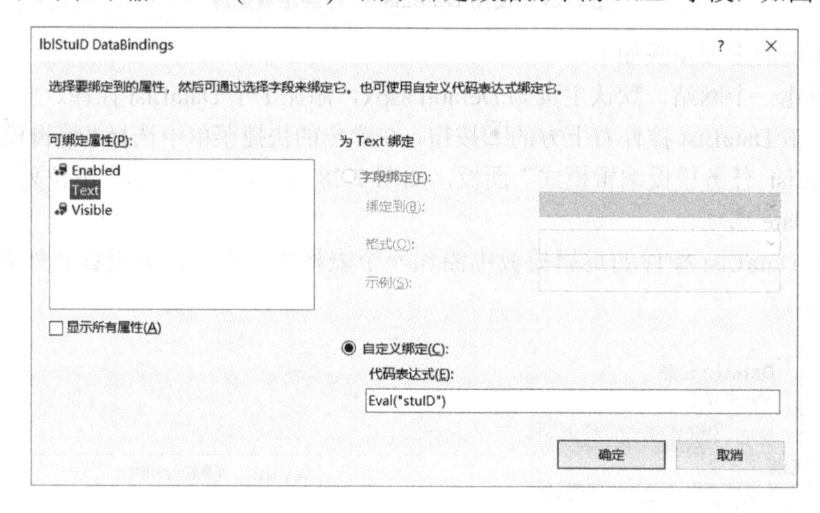

图 7-30　编辑 DataBinddings

其他 3 个 Label 控件绑定方法同上。ItemTemplate 模板设计代码如下：

```
<ItemTemplate>
<table
border="1"style="width:300px;color:#000000;text-align:center",cellpaddin
g="0"cellspacing ="0">
  <tr>
    <td style="height:21px;width:50px;color:#669900;">
      <asp:Label ID="lblStuID"runat="server"Text='<%#Eval("stuID")%>'>
      </asp:Label></td>
    <td style="height:21px;width:50px;color:#669900;">
      <asp:Label
     ID="lblStuName"runat="server"Text='<%#Eval("lblStuName")%>'></asp:La
bel></td>
    <td style="height:21px;width:50px;color:#669900;">
      <asp:Label
     ID="lblStuSex"runat="server"Text='<%#Eval("lblStuSex")%>'></asp:Labe
l></td>
    <td style="height:21px;width:50px;color:#669900;">
```

```
<asp:Label
    ID="lblStuHobby"runat="server"Text='<%#Eval("lblStuHobby")%>'></asp:
Label></td>
  </tr>
</table>
</ItemTemplate>
```

(5) 在“DataList 任务模板编辑模式”面板中选择“结束模板编辑”选项，结束模板编辑。

(6) 在页面加载事件中，将控件绑定至数据源，代码如下：

```
protected void Page_Load(object sender,EventArgs e)
{
    if(!IsPostBack)
    {
        SqlConnection sqlCon = new SqlConnection();
        sqlCon.ConnectionString = "server = LFL\\MR;Database = db_Student;
uid=sa;pwd ="
        string sqlStr = "select * from tb_StuInfo";
        SqlDataAdapter da = new SqlDataAdapter(sqlStr, sqlCon);
        DataSet ds = new DataSet();
        Da.Fill(ds,"tb_StuInfo");
        GridView1.DataSource = ds;
        GridView1.DataBind();
    }
}
```

7.2.3 分页显示 DataList 控件中的数据

DataList 控件并没有类似 GridView 控件中与分页相关的属性，那么 DataList 控件是通过什么方法实现分页显示的呢？其实也很简单，只要借助 PageDataSource 类来实现即可，该类封装数据绑定控件与分页相关的属性，以允许该控件执行分页操作。

【例 7-10】 分页显示 DataList 控件中的数据。

下面的示例介绍了如何使用 PageDataSource 类来实现 DataList 控件的分页功能。执行程序，示例运行结果如图 7-31 所示。

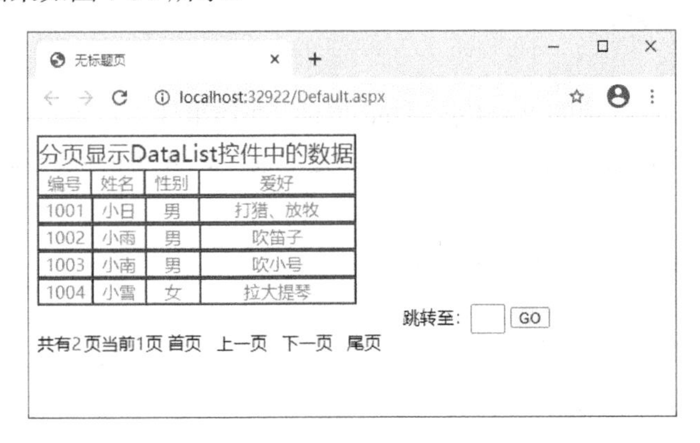

图 7-31 分页显示 DataList 控件中的数据

程序实现的主要步骤如下：

(1) 新建一个网站，默认主页为 Default.aspx，添加 1 个 DataList 控件、2 个 Label 控件、4 个 LinkButton 控件、1 个 TextBox 控件和 1 个 Button 按钮。

DataList 控件的具体设计步骤参见使用 DataList 控件绑定数据源。Label 控件的 ID 属性分别为 labCount 和 labNowPage，主要用来显示总页数和当前页。LinkButton 控件的 ID 属性分别为 lnkbtnFirst、lnkbtnFront、lnkbtnNext、lnkbtnLast，分别用来显示首页、上一页、下一页、尾页。这里添加一个文本框用于输入跳转页的页码、TextBox 控件的 ID 属性的 txtPage。

(2) 页码加载时对 DataList 控件进行数据绑定，代码如下：

```
Protected static PageDataSource ps=new PageDataSource();
protected void Page_Load(object sender,EventArgs e)
{
    if(!IsPostBack)
    {
      Bind(0);
    }
}
public void Bind(int CurrentPage)
{
    SqlConnection sqlCon = new SqlConnection();
    sqlCon.ConnectionString = "server = LFL\\MR;Database = db_Student;
uid=sa;pwd ="
    string sqlStr = "select * from tb_StuInfo";
    SqlDataAdapter da = new SqlDataAdapter(sqlStr, sqlCon);
    DataSet ds = new DataSet();
    da.Fill(ds,"tb_StuInfo");
    ps.DataSource = ds.Table["tb_StuInfo"].DefaultView;
    ps.AllowPaging = true;
    ps.PageSize = 4;
    ps.CurrentPageIndex = CurrentPage;
    this.DataList.DataSource =ps;
    this.DataList.DataKeyField ="stuID";
    this.DataList.DataBind();
}
```

(3) 编写 DataList 控件的 ItemCommand 事件，在该事件中设置单击“首页”“上一页”“下一页”“尾页”按钮时当前页索引以及绑定当前页，并实现跳转到指定页码的功能。代码如下：

```
public void Bind(int CurrentPage)
{
    Switch(e.CommandName)
    {
        case "first":
            ps.CurrentPageIndex = 0 ;
```

```
            Bind(ps.CurrentPageIndex);
            Break;
        case "pre":
            ps.CurrentPageIndex = ps.CurrentPageIndex - 1 ;
            Bind(ps.CurrentPageIndex);
            Break;
        case "next":
            ps.CurrentPageIndex = ps.CurrentPageIndex + 1 ;
            Bind(ps.CurrentPageIndex);
            Break;
case     "last":
            ps.CurrentPageIndex = ps.PageCount - 1;
            Bind(ps.CurrentPageIndex);
            Break;
        case "search":
        if(e.Item.ItemType == ListItemTyp.Footer)
        {
            int PageCount = int.Parse(ps.PageCount.ToString());
            TextBox txtPage = e.Item.FindControl("txtPage") as TextBox ;
            int MyPageNum = 0;
            if(!txtPage.Text.Equals(""))
                MyPageNum = Convert.ToInt32(txtPage.Text.ToString());
            if(MyPageNum <= 0 || MyPageNum >PageCount)
              Response.Write("<script>alert('请输入页数并确定没有超出总页数!')
</script>");
            else
              Bind(MyPageNum - 1);
        }
        break;
    }
}
```

(4) 编写 DataList 控件的 ItemDataBound 事件，在该事件中处理各按钮的显示状态以及 Label 控件的显示内容。代码如下：

```
public void DataList_ItemDataBound(object sender, DataListItemEventArgs e)
{
  if(e.Item.ItemType == ListItemType.Footer)
  {
    Label CurrentPage = e.Item.FindControl("labNowPage") as Label;
    Label PageCount = e.Item.FindControl("labCount") as Label;
    LinkButton FirstPage = e.Item.FindControl("lnkbtnFirst") as LinkButton;
    LinkButton PrePage = e.Item.FindControl("lnkbtnFront") as LinkButton;
    LinkButton NextPage = e.Item.FindControl("lnkbtnNext") as LinkButton;
    LinkButton LastPage = e.Item.FindControl("lnkbtnLast") as LinkButton;
    CurrentPage.Text =(ps.CurrentPageIndex + 1).ToString();
    PageCount.Text = ps.PageCount.ToString();
    if(ps.IsFirstPage)
```

```
        {
            FirstPage.Enable = false;
            PrePage.Enabled = false;
        }
        if(ps.IsLastPage)
        {
            NextPage.Enable = false;
            ListPage.Enabled = false;
        }
    }
}
```

7.2.4 查看 DataList 控件中数据的详细信息

显示被选择记录的详细信息可以通过 SelectedItemTemplate 模板来完成。使用 SelectedItemTemplate 模板显示信息时，需要有一个控件激发 DataList 控件的 ItemCommand 事件。

【例 7-11】查看 DataList 控件中数据的详细信息。

下面的示例介绍了如何使用 SelectedItemTemplate 模板显示 DataList 控件中数据的详细信息。执行程序，示例运行结果如图 7-32 所示。

程序实现的主要步骤如下：

(1) 新建一个网站，默认主页为 Default.aspx，添加 1 个 DataList 控件。

打开 DataList 控件的项模板编辑模式。在 ItemTemplate 模板中添加 1 个 LinkButton 控件，用于对该数据项的选择和该数据项详细信息的显示。设计效果如图 7-33 所示。

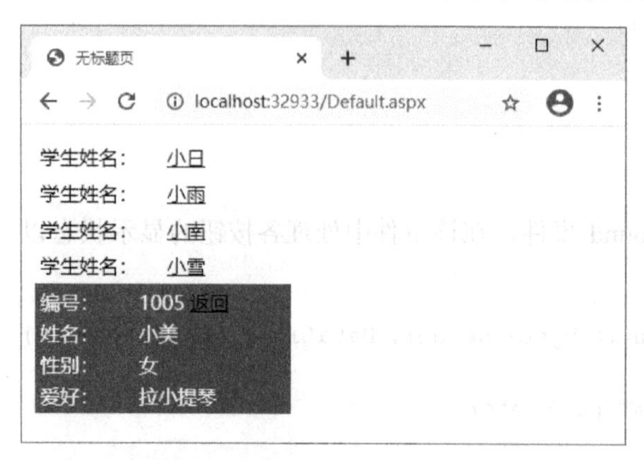

图 7-32 查看 DataList 控件中数据的详细信息

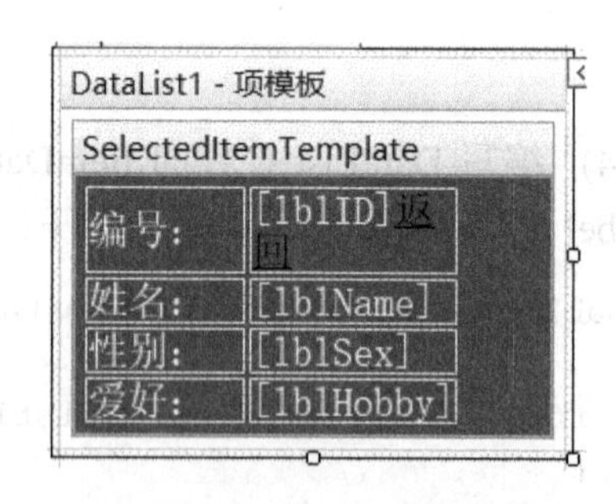

图 7-33 DataList 控件的项模板编辑模式

(2) 当用户单击模板中的按钮时，会引发 DataList 控件的 ItemCommand 事件，在该事件的程序代码中根据不同按钮的 CommandName 属性设置 DataList 控件的 SelectIndex 属性的值，决定显示详细信息或者取消显示详细信息。最后，重新将控件绑定到数据源。代码如下：

```
Protected void DataList1_ItemCommand(object
source,DataListCommandEvenArgs e)
```

```
{
    if(e.CommandName == "select")
    {
        DataList1.SelectedIndex = e.Item.ItemIndex;
        Bind();
    }
    if(e.CommandName == "select")
    {
        DataList1.SelectedIndex = -1;
        Bind();
    }
}
```

7.2.5 在 DataList 控件中对数据进行编辑操作

在 DataList 控件中也可以像 GridView 控件一样，对特定项进行编辑操作。在 DataList 控件中是使用 EditItemTemplate 模板实现这一功能的。

【例 7-12】在 DataList 控件中对数据进行编辑操作。

下面的示例介绍了如何使用 EditItemTemplate 模板对 DataList 控件中的数据项进行编辑。执行程序，示例运行结果如图 7-34 所示。

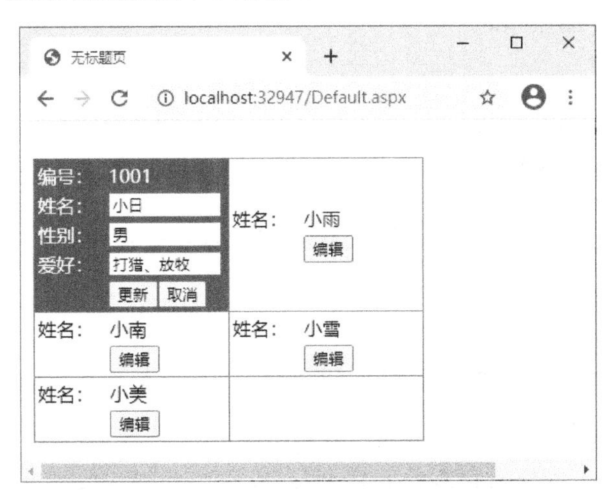

图 7-34 在 DataList 控件中对数据进行编辑操作

程序实现的主要步骤如下：

(1) 新建一个网站，默认主页为 Default.aspx，在 Default.aspx 页中添加 1 个 DataList 控件。

打开 DataList 控件的项模板编辑模式。在 ItemTemplate 模板中添加 1 个 Label 控件和 1 个 Button 控件；在 EditItemTemplate 模板中添加 2 个 Button 控件、1 个 Label 控件和 3 个 TextBox 控件。DataList 控件及各模板内控件的设计代码如下：

```
<asp:DataList ID="DataList1" runat="server"
OnCancelCommand="DataList1_CancelCommand"
```

```
OnEditCommand="DataList1_EditCommand"
OnUpdateCommand="DataList1_UpdateCommand" CellPadding="0"
GridLines="Both" RepeatColumns="2" RepeatDirection="Horizontal">
    <ItemTemplate>
        <table>
            <tr>
                <td style="width: 58px">
                    姓名: </td>
                <td style="width: 100px">
                    <asp:Label ID="lblName" runat="server" Text='<%# Eval
("stuName")%>'></asp:Label></td>
            </tr>
            <tr>
                <td style="width: 58px">
                </td>
                <td style="width: 100px">
                    <asp:Button ID="btnEdit" runat="server" CommandName=
"edit" Text="编辑" /></td>
             </tr>
        </table>
    </ItemTemplate>
    <EditItemTemplate>
         <table>
            <tr>
                <td style="width: 57px">
                    编号: </td>
                <td style="width: 100px">
                    <asp:Label ID="lblID" runat="server" Text='<%#Eval
("stuID")%>'></asp:Label></td>
            </tr>
            <tr>
                <td style="width: 57px">
                    姓名: </td>
                <td style="width: 100px">
                    <asp:TextBox ID="txtName" runat="server" Text='<%#Eval
("stuName")%>' Width="90px"></asp:TextBox></td>
            </tr>
            <tr>
                <td style="width: 57px">
                    性别: </td>
                 <td style="width: 100px">
                    <asp:TextBox ID="txtSex" runat="server" Text='<%#Eval
("stuSex")%>' Width="90px"></asp:TextBox></td>
            </tr>
            <tr>
                <td style="width: 57px">
                    爱好: </td>
```

```
            <td style="width: 100px">
                <asp:TextBox ID="txtHobby" runat="server" Text='<%#Eval
("stuHobby")%>' Width="90px"></asp:TextBox></td>
        </tr>
        <tr>
            <td style="width: 57px">
            </td>
            <td style="width: 100px">
                <asp:Button ID="btnUpdate" runat="server" CommandName=
"update" Text="更新" /><asp:Button ID="btnCancel" runat="server"
CommandName="cancel" Text="取消" /></td>
        </tr>
    </table>
  </EditItemTemplate>
  <EditItemStyle BackColor="Teal" ForeColor="White" />
</asp:DataList>
```

设计效果如图 7-35 所示。

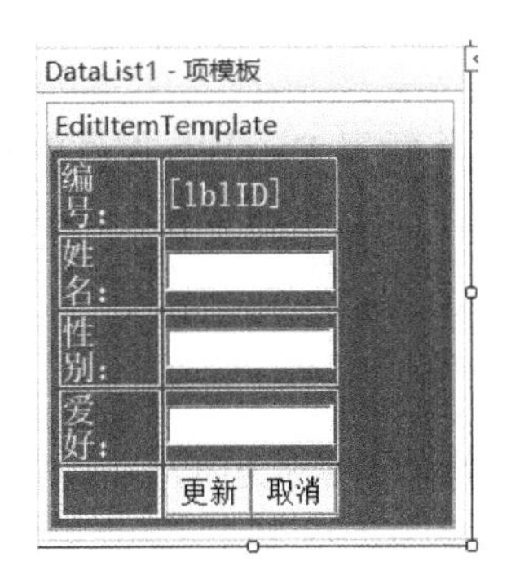

图 7-35 在 DataList 控件中对数据进行编辑操作效果

(2) 当用户单击“编辑”按钮时，将触发 DataList 控件的 EditCommand 事件。在该事件的处理程序中，将用户选中的项设置为编辑模式，代码如下：

```
protected void DataList1_EditCommand(object source,
DataListCommandEventArgs e)
{
    //设置 DataList1 控件的编辑项的索引为选择的当前索引
    DataList1.EditItemIndex = e.Item.ItemIndex;
    //数据绑定
    Bind();
}
```

在编辑模式下，当用户单击“更改”按钮时，将触发 DataList 控件的 UpdateCommand 事件。在该事件的处理程序中，将用户的更改更新至数据库，并取消编辑状态。代码如下：

```
protected void DataList1_UpdateCommand(object source,
DataListCommandEventArgs e)
{
```

```
        //取得编辑行的关键字段的值
        string stuID = DataList1.DataKeys[e.Item.ItemIndex].ToString();
        //取得在文本框中输入的内容
        string stuName = ((TextBox)e.Item.FindControl("txtName")).Text;
        string stuSex = ((TextBox)e.Item.FindControl("txtSex")).Text;
        string stuHobby = ((TextBox)e.Item.FindControl("txtHobby")).Text;
        string sqlStr = "update tb_StuInfo set stuName='" + stuName + "',stuSex='"
    + stuSex + "',stuHobby='" + stuHobby + "' where stuID=" + stuID;
        //更新数据库
        SqlConnection myConn = GetCon();
        myConn.Open();
        SqlCommand myCmd = new SqlCommand(sqlStr, myConn);
        myCmd.ExecuteNonQuery();
        myCmd.Dispose();
        myConn.Close();
        //取消编辑状态
        DataList1.EditItemIndex = -1;
        Bind();
    }
```

当用户单击“取消”按钮时，将触发 DataList 控件的 CancelCommand 事件。在该事件的处理程序中，取消处于编辑状态的项，并重新绑定数据。代码如下：

```
    protected void DataList1_CancelCommand(object source,
    DataListCommandEventArgs e)
    {
        //设置 DataList1 控件的编辑项的索引为-1，即取消编辑
        DataList1.EditItemIndex = -1;
        //数据绑定
        Bind();
    }
```

7.3 ListView 控件与 DataPager 控件

7.3.1 ListView 控件与 DataPager 控件概述

在 ASP.NET 中，提供了全新的 ListView 控件和 DataPager 控件，结合使用这两个控件可以实现分页显示数据的功能。

ListView 控件用于显示数据，它提供了编辑、删除、插入、分页与排序等功能，它的分页功能是通过 DataPager 控件来实现的。DataPager 控件的 PageControlID 属性指定 ListView 控件 ID，它可以摆放两个位置，一是内嵌在 ListView 控件的<LayoutTemplate>标签内，二是独立于 ListView 控件。

7.3.2 使用 ListView 控件与 DataPager 控件分页显示数据

通过下面的示例演示如何在 ListView 控件中创建组模板，并结合 DataPager 控件分页显示数据。

【例 7-13】使用 ListView 控件与 DataPager 控件分页显示数据。

在页面上显示照片名称，设定每 3 张照片名称为一行，并设定分页按钮，运行结果如图 7-36 所示。

图 7-36 使用 ListView 控件与 DataPager 控件分页显示数据

程序实现的主要步骤如下：

(1) 新建 ASP.NET 网站，默认主页为 Default.aspx。

(2) 在 Default.aspx 页面上添加 1 个 ScriptManager 控件用于管理脚本，添加 1 个 UpdatePanel 控件用于局部更新；在 UpdatePanel 控件中添加 ListView 控件及 SqlDataSource 控件，并设置相关数据。代码如下：

```
<asp:ListView runat="server" ID="ListView1" DataSourceID="SqlDataSource1"
GroupItemCount="3">
    <LayoutTemplate>
       <table runat="server" id="table1">
          <tr runat="server" id="groupPlaceholder">
          </tr>
       </table>
    </LayoutTemplate>
    <GroupTemplate>
         <tr runat="server" id="tableRow">
           <td runat="server" id="itemPlaceholder" />
         </tr>
    </GroupTemplate>
    <ItemTemplate>
           <td id="Td1" runat="server">
            <%-- Data-bound content. --%>
            <asp:Label ID="NameLabel" runat="server"
Text='<%#Eval("Title") %>' />
            </td>
    </ItemTemplate>
</asp:ListView>
```

上面的代码设置 ListView 控件的 Group ItemCount 为 3；<LayoutTemplate>标签中使用 groupPlaceholder 作为占位符，<GroupTemplate>标签中使用 itemPlaceholder 作为占位符。DataSource 属性定义的 SqlDataSource1，对应的 SqlDataSource 控件代码如下：

```
<asp:SqlDataSource ID="SqlDataSource1" runat="server"
  ConnectionString="<%$ ConnectionStrings:db_Student ConnectionString %>"
  SelectCommand="SELECT [Title] FROM [Photo]">
</asp:SqlDataSource>
```

在页面上添加 SqlDataSource 控件并配置数据源后，将在 web.config 文件<connectionString>元素中生成连接数据库的字符串，代码如下：

```
<configuration>
<connectionStrings>
  <add name="db_ajaxConnectionString" connectionString="Data
Source=MRPYJ;Initial Catalog=db_ajax;Integrated Security=True"
   providerName="System.Data.SqlClient" />
  <add name="db_StudentConnectionString" connectionString="Data
Source=LVSHUANG0927\HCDY;Initial Catalog=db_Student;User ID=sa"
   providerName="System.Data.SqlClient" />
 </connectionStrings>
</configuration>
```

(3) 在 UpdatePanel 控件中添加 DataPager 控件，设置其相关属性，代码如下：

```
<asp:DataPager ID="DataPager1" runat="server" PagedControlID="ListView1"
PageSize="3">
    <Fields>
       <asp:NextPreviousPagerField ShowFirstPageButton="True"
       ShowNextPageButton="False" ShowPreviousPageButton="False" />
       <asp:NumericPagerField ButtonType="Button" />
       <asp:NextPreviousPagerField ShowLastPageButton="True"
       ShowPreviousPageButton="False" ShowNextPageButton="False" />
    </Fields>
</asp:DataPager>
```

7.4 习　　题

1. 填空题

(1) GridView 控件的基类是________。

(2) GridView 设置分页后，默认显示________条记录。

(3) GridView 控件提供了与分页相关的事件，________和________事件分别在执行分页操作之前和之后发生。

(4) GridView 控件的________属性用于指定主键。

(5) GridView 控件的________属性代表正在编辑的行的索引，________属性代表当前选中行的索引。

2．选择题

(1) 从两个不同数据库的表中获取数据，最好的解决方案是(　　)。

A. 为每个表分别创建一个 DataSet

B. 创建一个 DataSet 并使用两个不同的 DataAdapter 填充数据到该 DataSet

C. 在 ADO.NET 中不可能

D. 为其中一个表创建一个 DataSet，将该 DataSet 转换为 XML 文件，然后获取另一个表的数据

(2) 在 Web 页面中有一个名为 dgStudent 的 Gridview 控件，为了禁止用户对该控件中的数据进行排序，应该添加(　　)代码，以使 Gridview 控件失去排序功能。

A. dgStudent. AllowSorting=true;　　B. dgStudent. AllowNavigation=true;

C. dgStudent. AllowNavigation=false;　　D. dgStudnet AllowSorting=false;

(3) 在 GridView 上实现光棒效果，下列说法正确的是(　　)。

A. 在页面加载时，插入高亮显示的脚本

B. 在数据绑定时，插入高亮显示的脚本

C. 在数据绑定后，插入高亮显示的脚本

D. 在数据行绑定时，插入高亮显示的脚本

(4) 以下控件不是迭代控件的是(　　)。

A. Repeater 控件　　B. DataList 控件

C. GridView 控件　　D. FormView 控件

(5) 在 ADO.NET 中，已知有一个名为 dsBook 的数据集，数据集中有一个名为 book 的数据表，下列能够正确将一个名为 dgBook 的 GridView 控件与数据集进行绑定的是(　　)。

A. dsBook SetDataBinding(dgBook, " book")

B. dsBook SetDataBinding(dgBook);

C. dgBook SetDataBinding(dsBook, " book");

D. dgBook SetDataBinding(dsBook)

(6) 在 ADO.NET 中，下列可以作为 GridView 控件的数据源是(　　)。

Ⅰ. DataSet　Ⅱ. DataTable　Ⅲ. Dataview

A. Ⅰ和Ⅱ　　B. Ⅰ和Ⅲ

C. Ⅱ和Ⅲ　　D. Ⅰ、Ⅱ、Ⅲ都可以

7.5 上机实验

利用 DataAdapter 对象从数据库表 news(包含新闻序号 newsID、新闻标题 newstitle、新闻内容 newscontent、发布者 author、发布日期 newsdate 字段)中读取数据填充到 DataSet 对象中，并对 DataSet 对象中的新闻标题字段截取 10 个字符，然后绑定到页面的 GridView 控件中显示，并更新数据库。

第 8 章　Web Service 技术应用

【学习目标】

- 掌握 Web Service 的概念；
- 掌握 Web Service 的创建与引用方法；
- 掌握使用 Web Service 实现数据库的基本操作。

【工作任务】

- 使用 Web Service 的设计思想开发 Web 服务程序；
- 使用免费的 Web Service 服务进行相关的数据查询。

【大国自信】

大口径射电望远镜

2016 年 7 月 3 日，直径 500 米、迄今全球最大的“锅盖”在贵州喀斯特天坑中架设完成。这个 500 米口径球面射电望远镜，是世界上最大和最具威力的单口径射电望远镜。它被称为“天眼”，用来倾听宇宙深处声音、观测宇宙奥秘。

本章首先介绍 Web Service 的概念及 Web Service 的创建与引用方法，然后在此基础上以案例的形式介绍如何使用 Web Service 实现数据库的基本操作。

8.1　Web Service 基础

webservice
基础知识.mp4

8.1.1　Web Service 概述

Web Service 系统提供一个接口，它使用 HTTP 方式接收和响应外部系统的某种请求，从而实现远程调用。从表面上看，Web Service 是一种新的 Web 应用程序的分支，该程序作为一个网络资源，客户端可以通过编程方式请求得到服务，而不关心请求的服务如何实现；从深层次看，Web Service 是建立可互操作的分布式应用程序的新平台，是一套标准，只要遵循这个标准，开发人员可以使用任何语言，可以在任何操作系统平台上调用该服务并编程，体现了方便与实用性。Web Service 主要利用 HTTP 和 SOAP 使用免费或商业数据在 Web 上传输。通过 Web 调用 Web Service，可以执行从简单的请求到复杂的商务处理的任何功能，一旦部署后，其他的应用程序可以发现并远程(本地)调用该部署。

Web Service 也叫 XML Web Service。Web Service 是一种可以接收从 Internet 或者 Intranet 上的其他系统中传递过来的请求，轻量级的独立的通信技术；是通过 SOAP 在 Web 上提供的软件服务，使用 WSDL 文件进行说明，并通过 UDDI 进行注册。

XML(Extensible Markup Language，扩展型可标记语言)：面向短期的临时数据处理、面向万维网络，是 SOAP 的基础。

SOAP(Simple Object Access Protocol，简单对象存取协议)：是 XML Web Service 的通信协议。当用户通过 UDDI 找到你的 WSDL 描述文档后，可以通过 SOAP 调用建立的 Web 服务中的一个或多个操作。SOAP 是 XML 文档形式的调用方法的规范，它可以支持不同的底层接口，像 HTTP(S)或者 SMTP。

WSDL(Web Services Description Language)文件是一个 XML 文档，用于说明一组 SOAP 消息以及如何交换这些消息。大多数情况下由软件自动生成和使用。

UDDI (Universal Description, Discovery, and Integration) 是一个主要针对 Web 服务供应商和使用者的新项目。在用户能够调用 Web 服务之前，必须确定这个服务内包含哪些商务方法，找到被调用的接口定义，还要在服务端编制软件。UDDI 是一种根据描述文档来引导系统查找相应服务的机制，UDDI 利用 SOAP 消息机制(标准的 XML/HTTP)来发布、编辑、浏览以及查找注册信息。它采用 XML 格式来封装各种不同类型的数据，并且发送到注册中心或者由注册中心来返回需要的数据。

例如：银联提供给商场的 POS 刷卡系统的远程调用过程是什么？

远程调用就是一台计算机 A 上的一个程序可以调用另外一台计算机 B 上的一个对象的方法。Web Service 就是一种跨编程语言和跨操作系统平台的远程调用技术。

远程调用技术应用十分广泛。例如，Amazon、天气预报系统、淘宝网、校内网、百度等把自己的系统服务以 Web Service 服务的形式公开，允许第三方网站和程序调用这些服务功能，扩展了市场占有率。

跨编程语言是指服务端程序采用一种语言(如 C#)编写，客户端程序可以采用其他编程语言编写。跨操作系统平台是指服务端程序和客户端程序可以在不同的操作系统上运行。

8.1.2 Web Service 开发生命周期

1. 开发

(1) 开发和测试 Web 服务，定义服务接口描述和服务实现描述。

(2) 通过创建新的 Web 服务，把现有的应用程序变成 Web 服务。

(3) 由其他 Web 服务和应用程序组成新的 Web 服务并提供 Web 服务的实现。

2. 部署

(1) 向服务请求者或服务注册中心发布服务接口和服务实现的定义。

(2) 把 Web 服务的可执行文件部署到执行环境。

3. 运行

(1) 调用 Web 服务。

(2) Web 服务完全部署，服务提供者可以通过网络访问服务。

4. 管理

持续的管理和经营 Web 服务应用程序，包括安全性、可用性、性能、服务质量和业务流程。

8.1.3 Web Service 的调用原理

Web Service 使用 SOAP 实现跨编程语言和跨操作系统平台。Web Service 采用 HTTP 传输数据，采用 XML 格式封装数据(即 XML 中说明调用远程服务对象的方法、传递的参数以及服务对象的返回结果)。这些特定的 HTTP 消息头和 XML 内容格式就是 SOAP(Simple Object Access Protocol，简单对象访问协议)。

SOAP = HTTP + XML 数据格式

SOAP 是基于 HTTP 的，Web Service 客户端只要能使用 HTTP 把遵循某种格式的 XML 请求数据发送给 Web Service 服务器，Web Service 服务器再通过 HTTP 返回遵循某种格式的 XML 结果数据即可，Web Service 客户端与服务器端不用关心对方使用的具体编程语言。HTTP 和 XML 是被广泛使用的通用技术，各种编程语言对 HTTP 和 XML 这两种技术都提供了很好的支持，Web Service 客户端与服务器端使用多种编程语言都可以完成 SOAP 的功能，因此，Web Service 实现了跨语言编程，自然也就实现了跨平台。

8.1.4 Web Service 的特性

Web Service 主要具有以下特性。

(1) 实现了松耦合。应用程序与 Web Service 进行交互前，应用程序与 Web Service 之间的连接是断开的，当应用程序需要调用 Web Service 的方法时，应用程序与 Web Service 之间建立了连接；当应用程序实现了相应的功能后，应用程序与 Web Service 之间的连接断开。应用程序与 Web 应用之间的连接是动态建立的，实现了系统的松耦合。

(2) 跨平台性。Web Service 是基于 XML 格式，并基于通用的 Web 协议而存在的，对于不同的平台，只要能够支持编写和解释 XML 格式的文件，就能够实现不同平台之间应用程序的相互通信。

(3) 语言无关性。无论使用何种语言实现 Web Service，由于 Web Service 基于 XML 格式，因此可以在不同的语言之间共享信息。

(4) 描述性。Web Service 使用 WSDL 作为自身的描述语言，WSDL 具有解释服务的功能，WSDL 还能够帮助其他应用程序访问 Web Service。

(5) 可发现性。应用程序可以通过 Web Service 提供的注册中心查找和定位所需的 Web Service。

在定义 Web 服务方法之前，首先要使用 ASP.NET 平台创建 Web 服务。启动 VS 2010，选择“文件”→“新建网站”命令，打开“新建网站”窗口。在其中可以看到在.NET 框架中已经封装好了 ASP.NET Web 服务的内容。选中“ASP.NET Web 服务”选项，在“名称”文本框中输入新建 Web 服务的名称，同时需要选择该 Web 服务所使用的编程语言，单击“确定”按钮，即可创建一个全新的 Web 服务。

8.2 使用 Web Service 获取天气预报信息

webservice--天气预报.mp4

8.2.1 远程 Web 服务概述

互联网上有很多免费的 Web Service 接口，例如：天气预报、火车时刻表、股票行情等，用户可以在自己的项目中调用这些服务，只需要编写少量的代码就能得到想要的数据。下面以天气预报 Web Service 服务为例来说明远程调用的基本方法。调用天气预报 Web Service 服务时，Web Service 客户端要调用一个 Web Service 服务，首先要知道该服务的地址以及该服务里有什么方法可以调用，因此，Web Service 服务器端首先要通过一个 WSDL 文件说明本机哪些服务可以对外调用，以及服务中的方法、方法的参数和返回值，服务的网络地址和服务的调用方式。

WSDL (Web Service Description Language)是基于 XML 格式的，它是 Web Service 客户端和服务器端都能理解的标准格式。WSDL 文件保存在 Web 服务器上，通过一个 URL 地址即可访问 WSDL 文件。客户端调用一个 Web Service 服务之前，要知道该服务的 WSDL 文件的地址。Web Service 服务提供商可以通过两种方式发布 WSDL 文件地址：

(1) 注册到 UDDI 服务器。

(2) 直接告诉给客户端调用者。例如，在网站给出信息或用邮件通知。

8.2.2 在页面上实现天气预报服务

1. 添加 Web 引用

打开 Visual Studio，选择“文件”→“新建”→“网站”命令，打开“新建网站”对话框。在其中可以看到.NET 框架中已经封装好了的 ASP.NET Web 服务的内容。选中“ASP.NET Web 服务”选项，在文本框中输入新建 Web 服务的名称，同时需要选择该 Web 服务所使用的编程语言。单击“确定”按钮，即可创建一个 Web 服务。具体步骤如下：

(1) 在“解决方案资源管理器”中右击项目名称，弹出如图 8-1 所示的快捷菜单，选择“服务引用”命令，打开如图 8-2 所示的“添加服务引用”对话框，单击“高级”按钮，弹出如图 8-3 所示的“服务引用设置”对话框。

图 8-1 添加文本窗体

(2) 单击“添加 Web 引用”按钮，弹出如图 8-4 所示的“添加 Web 引用”对话框，在 URL 文本框中输入可获取天气预报服务器 Web 服务说明的 URL(http://www.webxml.com.cn/WebServices/WeatherWS.asmx)，单击文本框后面的“前往”按钮即可检索有关天气预报 Web 服务的信息。在单击“前往”按钮之后，会得到如图 8-5 所示的查询结果。

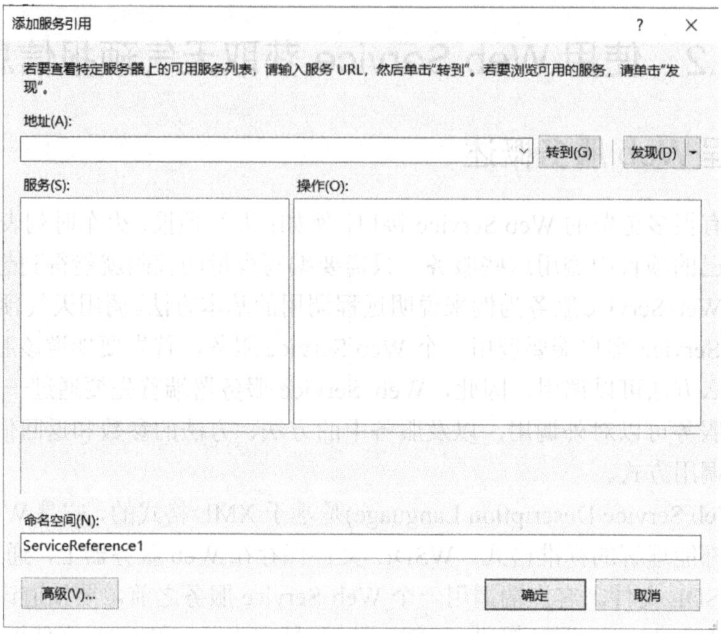

添加服务引用 ? ×

若要查看特定服务器上的可用服务列表，请输入服务 URL，然后单击"转到"。若要浏览可用的服务，请单击"发现"。

地址(A):

转到(G) 发现(D)

服务(S): 操作(O):

命名空间(N):

ServiceReference1

高级(V)... 确定 取消

图 8-2 “添加服务引用”对话框

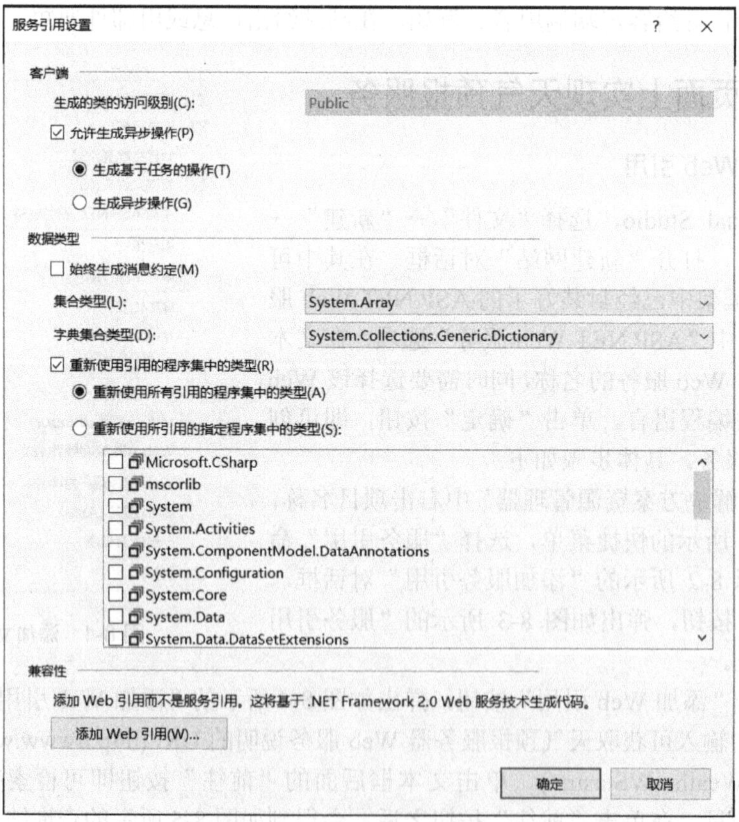

服务引用设置 ? ×

客户端

生成的类的访问级别(C): Public

☑ 允许生成异步操作(P)

◉ 生成基于任务的操作(T)

○ 生成异步操作(G)

数据类型

☐ 始终生成消息约定(M)

集合类型(L): System.Array

字典集合类型(D): System.Collections.Generic.Dictionary

☑ 重新使用引用的程序集中的类型(R)

◉ 重新使用所有引用的程序集中的类型(A)

○ 重新使用所引用的指定程序集中的类型(S):

☐ Microsoft.CSharp
☐ mscorlib
☐ System
☐ System.Activities
☐ System.ComponentModel.DataAnnotations
☐ System.Configuration
☐ System.Core
☐ System.Data
☐ System.Data.DataSetExtensions

兼容性

添加 Web 引用而不是服务引用。这将基于 .NET Framework 2.0 Web 服务技术生成代码。

添加 Web 引用(W)...

确定 取消

图 8-3 “服务引用设置”对话框

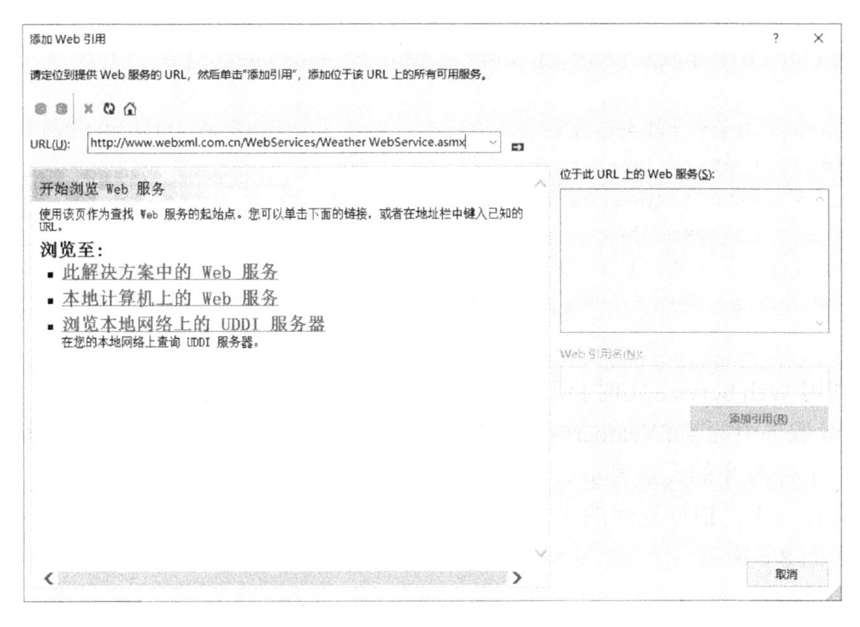

图 8-4　“添加 Web 引用”对话框

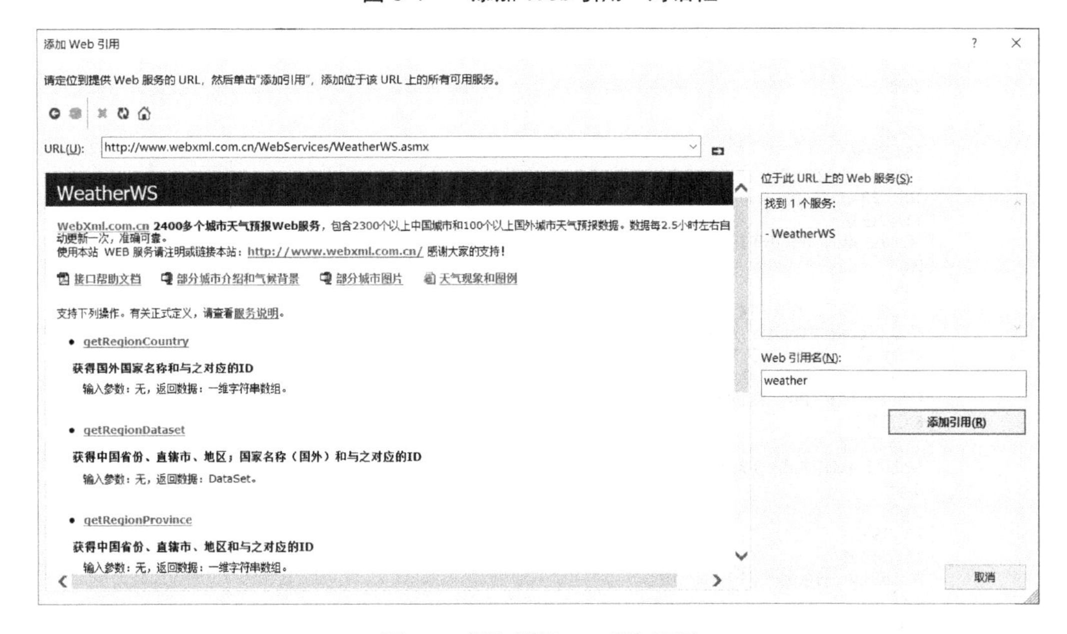

图 8-5　添加引用——天气预报

(3) 在查找到 Web 服务之后，可以在图 8-5 所示的查询结果界面中的“Web 引用名”文本框中，将 Web 引用重命名为 weather。

(4) 单击“添加引用”按钮即可添加 Web 服务的 Web 引用。Visual Studio 将下载服务说明并生成一个代理类，以在应用程序和报表服务器 Web 服务之间进行连接。

2. 代码实现

在当前项目中添加一个 Web 窗体页面(default.aspx)。在窗体的 Load 事件中添加如下代码：

```
protected void Page_Load(object sender, EventArgs e)
{
    weather.WeatherWebService weath = new weather.WeatherWebService();
    string[] str = new string[22];
    str = weath.getWeatherbyCityName("铜陵");
    string todayweather = str[6];
    for (int i = 0; i < 22; i++)
      Response.Write( str[i] + "<br>");
}
```

案例利用 Web Service 实时获取天气预报信息，获取天气信息以选定的城市为参数，调用天气 Web 服务中的 getWeatherbyCityName()方法获取该城市的天气信息，返回值是一个一维数组，下标为 8 的元素表示天气图片的名称。可以事先把相关的天气图片下载下来放在网站根文件夹下，根据返回的天气图片名称，在图片框中显示该图片。运行程序代码查看效果，如图 8-6 所示。

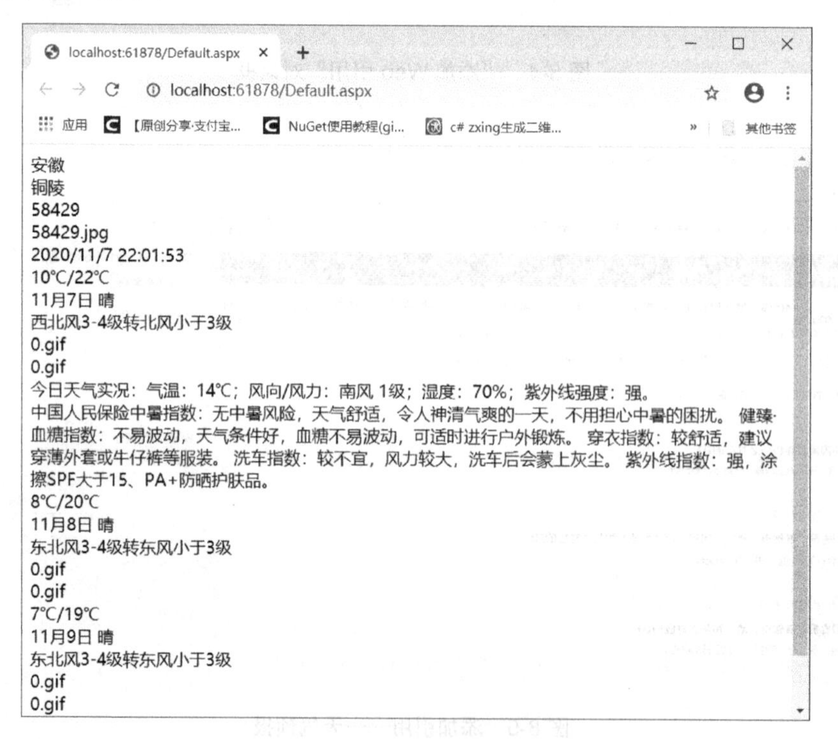

图 8-6　城市天气预报

8.3　创建 Web Service

8.3.1　创建并调用 Web Service 应用程序计算器

webservice--运算器.mp4

在了解 Web Service 的基本概念和协议栈的运行过程后，可以使用 Visual Studio 创建自己的 Web Service 服务。

【例 8-1】创建一个完成简单计算功能的 Web Service 服务。

(1) 在“解决方案资源管理器”中右击网站名称，在弹出的快捷菜单中选择“添加新项”命令，打开“添加新项”对话框，选择“Web 服务(ASMX)”选项，命名为 Calculator.asmx，如图 8-7 所示。

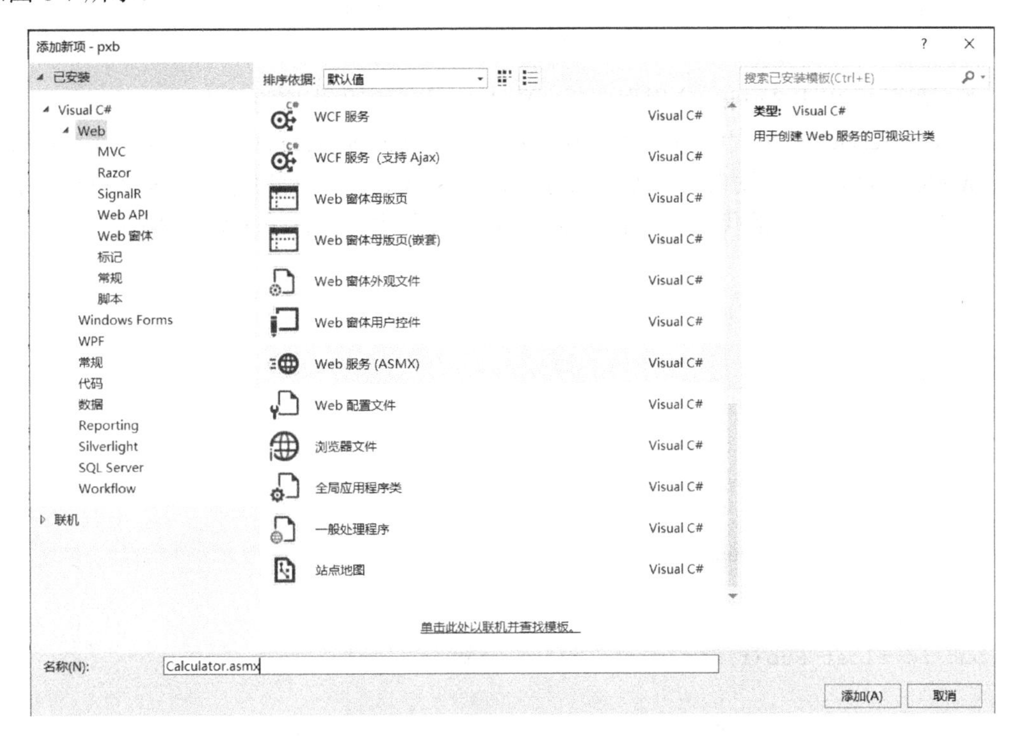

图 8-7　创建 Web Service 服务

(2) 系统默认创建一个 Web Service 文件 Calculator.asmx，在当前项目的 App_Code 文件夹下会创建一个 Calculator.cs 文件。Calculator. cs 示例代码如下：

```
/// <summary>
/// Calculator 的摘要说明
/// </summary>
[WebService(Namespace = "http://tempuri.org/")]
[WebServiceBinding(ConformsTo = WsiProfiles.BasicProfile1_1)]
// 若要允许使用 ASP.NET AJAX 从脚本中调用此 Web 服务，请取消注释以下行
// [System.Web.Script.Services.ScriptService]
public class Calculator : System.Web.Services.WebService {
    public Calculator () {
        //如果使用设计的组件，请取消注释以下行
        //InitializeComponent();
    }
    [WebMethod]        //添加 WebMethod 属性的方法才能通过 HTTP 访问
    public string HelloWorld() {
        return "Hello World";
    }
}
```

在上述代码中，系统引入了默认命名空间，用于为 Web Service 应用程序提供基础保障。这些命名空间声明代码如下。

```
using System. Web;
using System. Web.Services;                    //使用 WebServer 命名空间
using System. Web.Services.Protocols;          //使用 WebServer 协议命名空间
```

(3) 在运行 Web Service 应用程序后，Web Service 应用程序将呈现一个页面，该页面显示了 Web Service 应用程序的名称，名称下列举了 Web Service 应用程序中的方法(默认：HelloWorld 方法)。当开发人员增加方法时，Web Service 应用程序方法列表会自动增加。将实现简单计算器操作的代码添加到 Calculator.cs 文件中，运行效果如图 8-8 所示。

```
[WebMethod]
public float Sum(float num1,float num2)
{
    return num1 + num2;
}
[WebMethod]
public float Mult(float num1, float num2)
{
    return num1 * num2;
}
[WebMethod]
public float Sub(float num1, float num2)
{
    return num1 - num2;
}
[WebMethod]
public float Div(float num1, float num2)
{
    return num1 /num2;
}
```

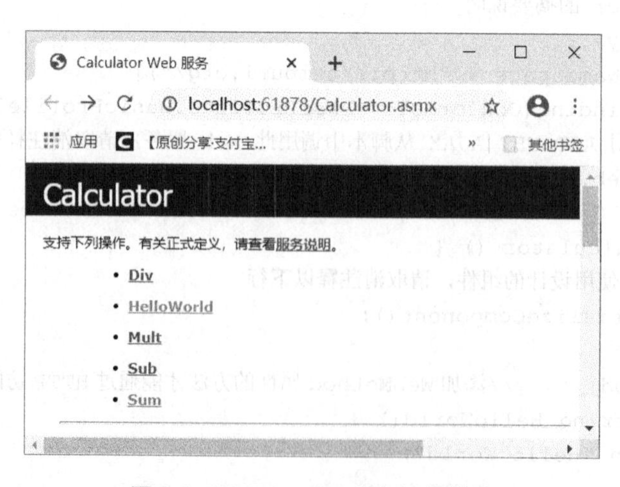

图 8-8　Web Service 服务运行效果

(4) 测试 Web Service 服务。在如图 8-8 所示的运行页面上，单击 Sum 链接，输入两个数据，如图 8-9 所示。

图 8-9　测试 Web Service 服务

(5) 在如图 8-9 所示的界面中，单击“调用”按钮，浏览器通过 Http/Post 协议向 Web 服务器递交请求信息，服务器执行后，以 XML 格式返回结果，如图 8-10 所示。

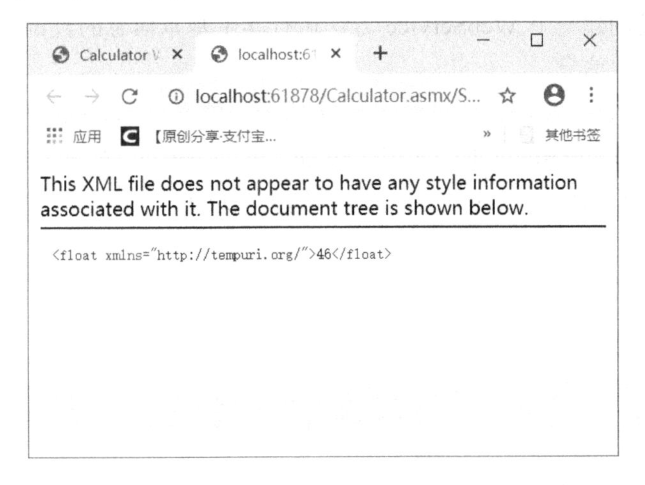

图 8-10　Web Service 计算结果

8.3.2　创建 Web Service 服务，完成数据查询

webservice——数据库查询.mp4

在创建 Web Service 应用程序后，系统会自动创建 Web Service 应用程序并生成相关代码。通过修改自动生成的代码，能够快速创建和自定义 Web Service 应用程序。自定义 Web Service 应用程序能够让不同的应用程序引用 Web Service 提供的框架进行逻辑编程。

通过创建自定义 Web Service 能够进行应用程序的开发。Web Service 同样支持带参数传递的方法，并能够在 Web Service 中进行数据查询等操作，保证了代码的安全性。

【例 8-2】创建一个 Web Service 服务，输入学号，在数据表 student 中查询对应的学生信息。student 数据表中的数据如下。

在例 8-1 中的 WebService 代码中添加以下代码：

```
[WebMethod]
public DataTable  Getstudent(string xh)
{
    Context.Response.Charset = "GB2312";
    string sql = "select * from student where xh='{0}'";
    string sqlSelct = string.Format(sql,xh);
    string conStr="server=.\\sqlexpress;
database=stuglxt ;uid=sa;pwd=123";
    SqlDataAdapter dap=new SqlDataAdapter (sqlSelct,conStr);
    DataSet ds = new DataSet();
    dap.Fill(ds);
    return ds.Tables[0];
}
```

以上代码通过创建一个 WebService 方法进行学生基本信息的查询，通过学号 xh 字段查询数据库中的学生信息。

按 F5 键运行 WebService，效果如图 8-11 所示，单击 Getstudent 方法，在图 8-12 所示的界面中输入学号 151006，单击“调用”按钮，显示如图 8-13 所示的运行结果。在利用 WebService 返回数据表时是以 XML 格式返回结果，也可以转化为 Json 格式字符串返回。

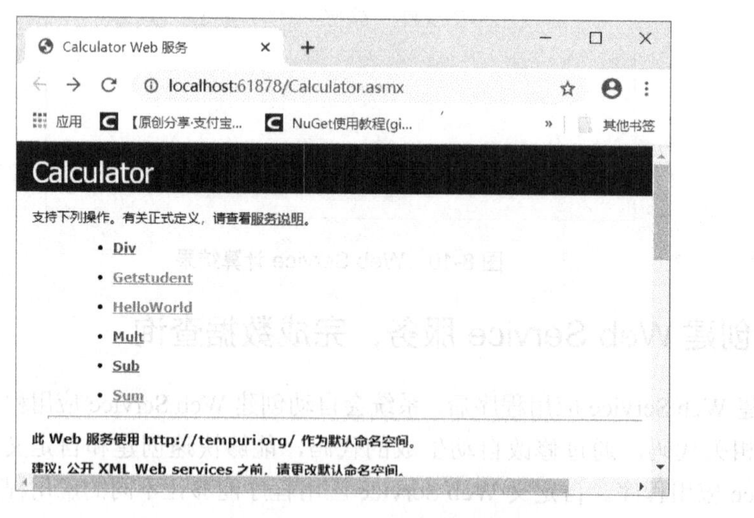

图 8-11　自定义 Web Service 应用程序

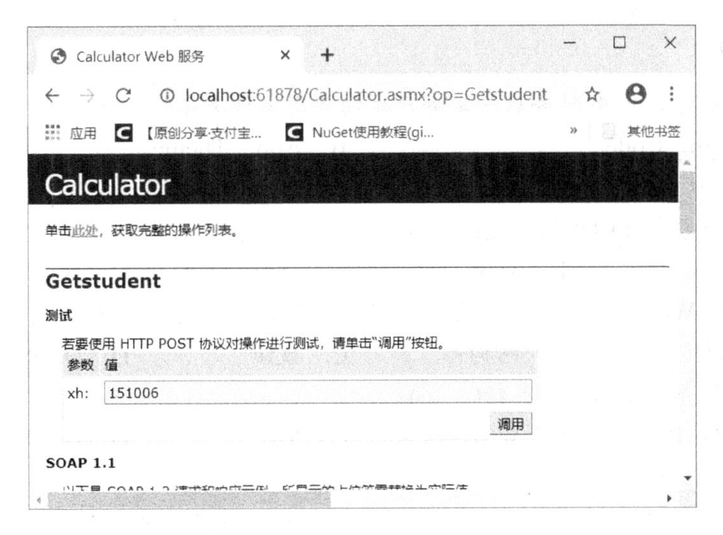

图 8-12　输入学号执行 Getstudent 方法

图 8-13　返回查询结果

8.4　习　　题

1．填空题

(1) 在 VS 中新建 Web 服务时才会自动生成一个扩展名为________的文件。

(2) Web 服务是通过________执行远程方法调用的一种新方法。

(3) 在网站中自定义的 Web 服务的后台代码文件存放在网站专用的________文件夹中。

(4) Web 服务实现了在异类系统之间以________消息的形式进行数据交换。

(5) Web 服务通过________在 Web 上提供软件服务,使用________文件进行说明,并通过________进行注册。

2．选择题

(1) 在添加某个 Web 服务后一定会产生的专用文件夹是(　　)。

A. App__Code　　B. App__Theme

C. App_Data　　D. App_WebReferences

(2) Web 服务文件的扩展名是(　　)。

A. aspx　　B. ascx　　C. asmx　　D. cs

(3) 在调用 Web 服务时，可以发送和接收一些数据，这些数据的数据格式是(　　)。

A. XML　　B. 结构体　　C. 数组　　D. DataSet

(4) Web 服务基础结构不包括(　　)。

A. SOAP　　B. WSDL　　C. XML　　D. UDDI

(5) 以下说法中正确的是(　　)。

A. 只有使用特定平台才能够使用 Web Serice 提供的接口

B. 只有使用特定语言才能够使用 Web Service 提供的接口

C. Web 服务使用标准的 XML 消息收发系统

D. UDDI 用于描述服务

8.5 上机实验

利用 WebServer 国内手机号码归属地查询 Web 服务查询手机归属地。

第9章　ASP.NET MVC 编程基础

【学习目标】

- 了解 ASP.NET MVC 开发模型，理解其工作原理；
- 掌握创建 ASP.NET MVC 应用程序的方法。

【工作任务】

- 创建 ASP.NET MVC 应用程序；
- 实现 ASP.NET MVC 添加控制器 Controller;
- 实现 ASP.NET MVC 添加视图 Views;
- 实现 ASP.NET MVC 添加显示内容。

【大国自信】

我国开发出全球首款类脑芯片

2019 年 8 月 1 日，清华大学开发出的全球首款异构融合类脑计算芯片登上了《自然》杂志的封面。该芯片结合了类脑计算和基于计算机科学的机器学习，这种融合技术有望提升各个系统的能力，促进人工通用智能的研究和发展。原则上，一个人工通用智能系统可以执行人类能够完成的绝大多数任务。

发展人工通用智能的方法主要有两种：①以神经科学为基础，尽量模拟人类大脑；②以计算机科学为导向，让计算机运行机器学习算法。然而，由于两套系统使用的平台各不相同且互不兼容，极大地限制了人工通用智能的发展。

新型芯片融合两条路线，被命名为“天机芯”。一辆由该芯片驱动的自动驾驶自行车可实现自平衡、动态感知、目标探测、跟踪、自动避障、过障、语音理解、自主决策等功能，展现了未来的人工智能平台的潜力。

在 ASP.NET 应用程序开发中，开发人员很难将 ASP.NET 应用程序进行良好分层并使相应的页面进行相应的输出，例如页面代码只进行页面布局和样式的输出而代码页面只负责进行逻辑的处理。为了解决这个问题，微软开发了 MVC 开发模式，方便开发人员进行分层开发。

9.1　ASP.NET MVC 简介

MVC 是一个设计模式，MVC 能够将 ASP.NET 应用程序的视图、模型和控制器进行分开，开发人员能够在不同的层次中进行应用程序层次的开发，例如开发人员能够在视图中进行页面视图的开发，而在控制器中进行代码的实现。

9.1.1　MVC 和 Web Form

在 ASP.NET Web Form 的开发当中，用户能够方便地使用微软提供的服务器控件进行应用程序的开发，从而提高开发效率。虽然 ASP.NET Web Form 提高了开发速度、维护效率和代码的复用性，但是 ASP.NET 现有的编程模型抛弃了传统的网页编程模型，在很多应用问题的解决上反而需要通过复杂的实现完成。

在 ASP.NET MVC 模型中，ASP.NET MVC 模型给开发人员的感觉仿佛又回到了传统的网页编程模型(如 ASP 编程模型)中，但是 ASP.NET MVC 模型与传统的 ASP 是不同的编程模型，因为 ASP.NET MVC 模型同样是基于面向对象的思想进行应用程序的开发。

相比之下，ASP.NET MVC 模型是一种思想，而不是一个框架，所以 ASP.NET MVC 模型与 ASP.NET Web Form 并不具有可比性。同样 ASP.NET MVC 模型也不是 ASP.NET Web Form 4.0，这两个开发模型就好比一个是汽车一个是飞机，而两者都能够达到同样的目的。

ASP.NET MVC 模型是另一种 Web 开发的实现思路，其实现的过程并不像传统的 ASP.NET 应用程序一样。当用户通过浏览器请求服务器中的某个页面时，其实是实现了 ASP.NET MVC 模型中的一个方法，而不是具体的页面，这在另一种程度上实现了 URL 伪静态。当用户通过浏览器请求服务器中的某一个路径时，ASP.NET MVC 应用程序会拦截相应的地址并进行路由解析，通过应用程序中的编程实现展现一个页面给用户，这种页面展现手法同传统的 ASP.NET Web From 应用程序与其他的如 ASP、PHP 等应用程序都不相同。

同时，随着互联网的发展，搜索引擎在 Web 开发中起着重要的作用，这就对页面请求的地址有了更加严格的要求。例如百度、谷歌等搜索引擎会对目录形式的页面路径和静态形式的页面路径收录得更好，而对于动态的页面路径不甚友好。

另外，所有引擎又在一定程度上决定了 Web 应用的热度，例如当在百度中搜索“鞋”这个关键字时，如果搜索的结果中客户的网站在搜索结果的后几页，用户通常不会进行翻页查询，相比之下用户更喜欢在搜索结果中查看前几页的内容。

ASP.NET MVC 开发模型在用户进行页面请求时会进行 URL 拦截并通过相应的编程实现访问路径和页面的呈现，这样就能够更加方便地实现目录形式的页面路径和静态形式，对于 Web 应用动态的地址如 abc.aspx?id=1&action=add&t=3 可以以 abc/action/id/add 的形式呈现，这样就更加容易被搜索引擎所搜录。

说明： ASP.NET MVC 模型和 ASP.NET Web Form 并不具备可比性，因为 ASP.NET MVC 模型和 ASP.NET Web Form 是不同的开发模型，而 ASP.NET MVC 模型和 ASP.NET Web Form 在各自的应用上都有优点和缺点，并没有哪一个开发模型比另一个模型好之说。

9.1.2　ASP.NET MVC 的运行结构

在 ASP.NET MVC 开发模型中，页面的请求并不是像传统的 Web 应用开发中的请求一样是对某个文件进行访问，初学者可能会在一开始觉得非常的不适应。例如当用户访问/home/abc.aspx 时，在服务器的系统目录中一定会存在 abc.aspx 这个页面，而对于传统的页面请求的过程也非常容易理解，因为在服务器上只有存在了 home 文件夹，在 home 文件夹下一定存在 abc.aspx 页面才能够进行相应的页面访问。

对于 ASP.NET MVC 开发模型而言，当请求 URL 路径为/home/abc.aspx 时，也许在服务器中并不存在相应的 abc.aspx 页面，而可能是服务器中的某个方法。在 ASP.NET MVC 应用程序中，页面请求的地址不能够按照传统的概念进行分析，要了解 ASP.NET MVC 应用程序的页面请求地址就需要了解 ASP.NET MVC 开发模型的运行结构。ASP.NET MVC 开发模型的运行结构如图 9-1 所示。

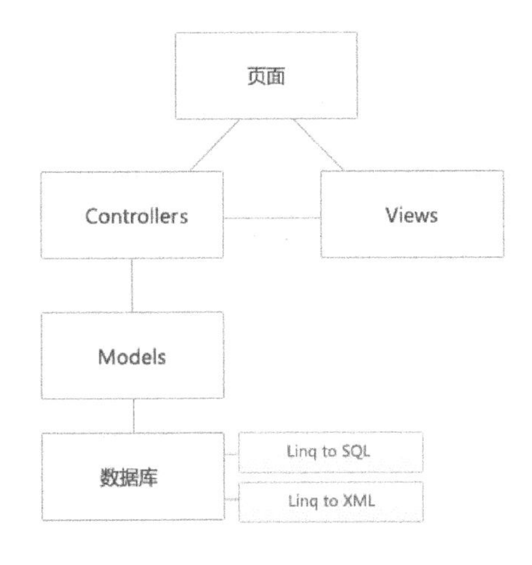

图 9-1　ASP.NET MVC 开发模型

正如图 9-1 所示，ASP.NET MVC 开发模型包括三个模块，这三个模块分别为 MVC 的 M、V、C，其中 M 为 Models(模型)、V 为 Views(视图)、C 为 Controllers(控制器)，在 ASP.NET MVC 开发模型中，这三个模块的作用分别如下所示。

- Models：Models 负责与数据库进行交互，在 ASP.NET MVC 框架中，使用 LINQ 进行数据库连接和操作。
- Views：Views 负责页面的页面呈现，包括样式控制、数据的格式化输出等。
- Controllers：Controllers 负责处理页面的请求，用户呈现相应的页面。

与传统的页面请求和页面运行方式不同的是，ASP.NET MVC 开发模型中的页面请求首先会发送到 Controllers 中，Controllers 再通过 Models 进行变量声明和数据读取。Controller 通过页面请求和路由设置呈现相应的 View 给浏览器，用户就能够在浏览器中看到相应的页面。

9.2　ASP.NET MVC 基础

ASP.NET MVC 基础.mp4

ASP.NET MVC 开发模型和 ASP.NET Web From 开发模型并不相同，ASP.NET MVC 为 ASP.NET Web 开发进行了良好的分层，ASP.NET MVC 开发模型和 ASP.NET Web From 开发模型在请求处理和应用上都不尽相同，只有了解 ASP.NET Web From 开发模型的基础才能够高效地开发 MVC 应用程序。

9.2.1 新建一个 MVC 应用程序

1. 创建 ASP.NET MVC 应用程序

(1) 新建项目，在已安装-模板里面选择 Web，创建一个 ASP.NET Web 应用程序，如图 9-2 所示。

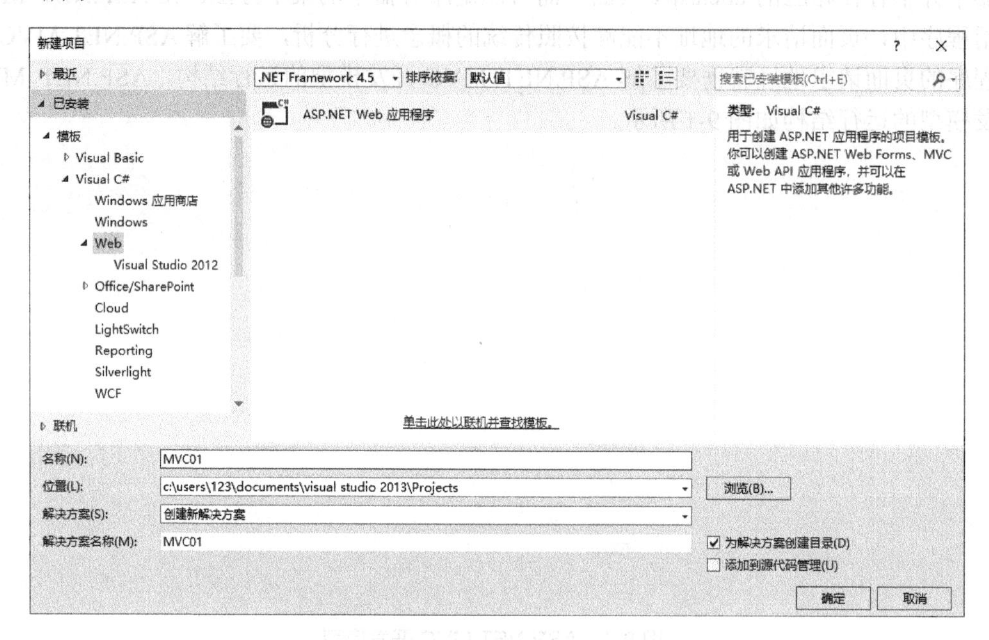

图 9-2 创建一个 ASP.NET Web 应用程序

(2) 在弹出来的新建 ASP.NET 项目里面选择一个 Empty 模板，选中 MVC 复选框，如图 9-3 所示。

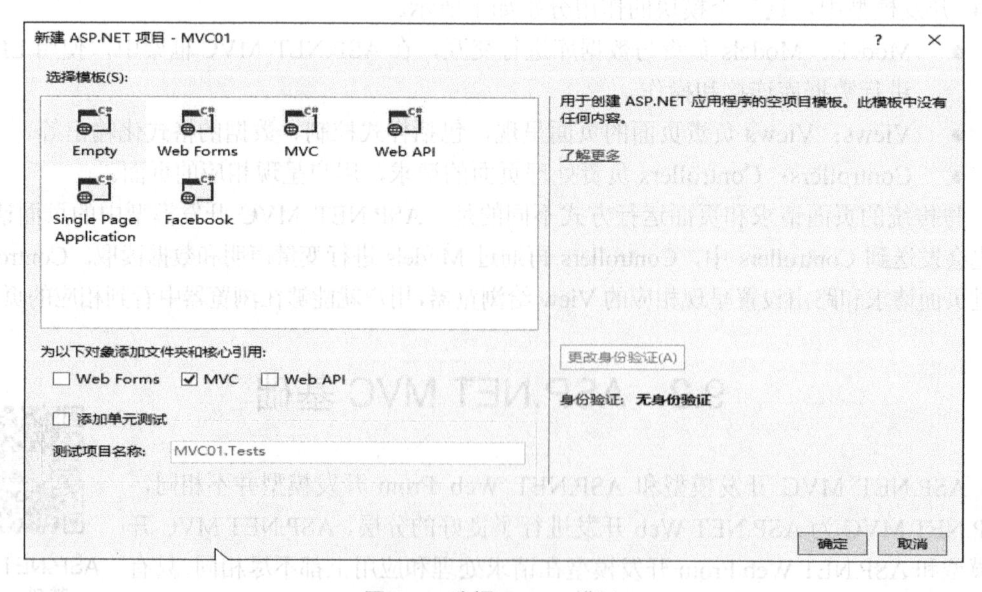

图 9-3 选择 Empty 模板

创建 ASP.NET MVC 应用程序后，系统会自动创建若干文件夹和文件，如图 9-4 所示。

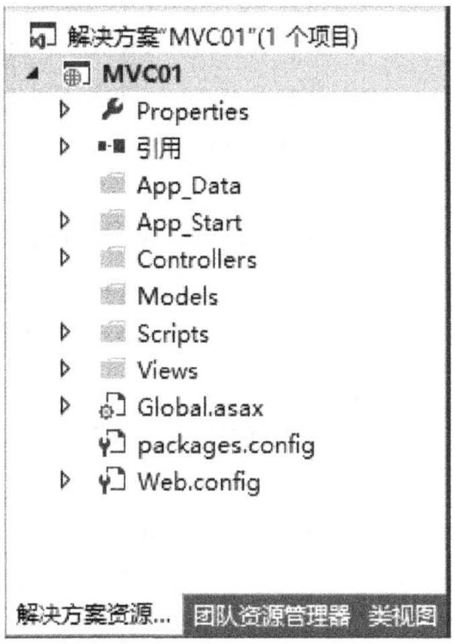

2．ASP.NET MVC 应用程序文件夹

一个典型的 ASP.NET MVC Web 应用程序的文件夹内容如下：

应用程序信息：Properties。

应用程序文件夹：App_Data 文件夹、Content 文件夹、Controllers 文件夹、Models 文件夹、Scripts 文件夹和 Views 文件夹。

配置文件：Global.asax、packages.config 和 Web.config。

文件夹的主要功能：

(1) App_Data 文件夹用于存储应用程序数据。

(2) App_Start 文件夹用于存储应用程序的配置逻辑文件，其中 RouteConfig.cs 用来配置 MVC 应用程序的系统路由路径。

解决方案"MVC01"(1 个项目)
MVC01
Properties
引用
App_Data
App_Start
Controllers
Models
Scripts
Views
Global.asax
packages.config
Web.config
解决方案资源...　团队资源管理器　类视图

图 9-4　解决方案资源管理器

(3) Content 文件夹用于存放静态文件，比如样式表(CSS 文件)、图标和图像。

(4) Controllers 文件夹包含负责处理用户输入和响应的控制器类，所有控制器文件的名称以 Controller 结尾。默认创建了一个 Home 控制器(用于 Home 页面和 About 页面)和一个 Account 控制器(用于 Login 页面)。

(5) Models 文件夹包含表示应用程序模型的类。

(6) Scripts 文件夹存储应用程序的 JavaScript 文件。

(7) Views 文件夹用于存储与应用程序的显示相关的 HTML 文件(用户界面)。Views 文件夹中包含每个控制器对应的一个文件夹。在 Views 文件夹中，默认创建了一个 Account 文件夹(用于用户账号注册和登录的页面)、一个 Home 文件夹(用于存储诸如 home 页和 about 页之类的应用程序页面)和一个 Shared 文件夹(用于存储控制器间分享的视图。例如：母版页和布局页)。

9.2.2　ASP.NET MVC 应用程序的结构

在创建完成 ASP.NET MVC 应用程序后，系统会默认创建一些文件夹，这些文件夹不仅包括对应 ASP.NET MVC 开发模型的 Models、Views 和 Controllers 文件夹，还包括配置文件 Web.config 和 Global.aspx。

1．Global.asax：全局配置文件

Global.asax 是全局配置文件，在 ASP.NET MVC 应用程序中的应用程序路径是通过 Global.asax 文件进行配置和实现的。Global.asax 页面代码如下所示。

```
using System;
using System.Collections.Generic;
using System.Linq;
```

```
using System.Web;
using System.Web.Mvc;    //使用 Mvc 命名空间
using System.Web.Routing;   //使用 Mvc 命名空间
namespace _9_1
{
    // Note: For instructions on enabling IIS6 or IIS7 classic mode,
    // visit http://go.microsoft.com/?LinkId=9394801
    public class MvcApplication : System.Web.HttpApplication
    {
        public static void RegisterRoutes(RouteCollection routes)
        {
            routes.IgnoreRoute("{resource}.axd/{*pathInfo}");
            routes.MapRoute(
             "Default",        //配置路由名称
             "{controller}/{action}/{id}",    //配置访问规则
             new { controller = "Home", action = "Index", id = "" }//为访问
规则配置默认值
            );    //配置 URL 路由
        }
        protected void Application_Start()
        {
            RegisterRoutes(RouteTable.Routes);
        }
    }
}
```

上述代码在应用程序运行后能够实现相应的URL映射，当用户请求一个页面时，该页面会在运行时启动并指定 ASP.NET MVC 应用程序中 URL 的映射以便将请求提交到Controllers进行相应的编程处理和页面呈现。

Global.asax 实现了伪静态的 URL 配置，例如当用户访问/home/guestbook/number 服务器路径时，Global.asax 通过 URLRouting 够实现服务器路径/home/guestbook/number 到number.aspx 的映射。有关URLRouting 的知识会在后面的小节中讲解。

说明：在 ASP.NET MVC 开发模型中，浏览器地址栏的 URL 并不能够被称为伪静态，为了方便读者的理解可以暂时称为伪静态，但是最主要的是要理解访问的路径并不像传统的 Web 开发中那样是访问真实的某个文件。

2．Models、Views 和 Controllers 三层结构

Models、Views 和 Controllers 文件夹是 ASP.NET MVC 开发模型中最为重要的文件夹，虽然这里以文件夹的形式呈现在解决方案管理器中，其实并不能看作传统的文件夹。Models、Views 和 Controllers 分别用于存放 ASP.NET MVC 应用程序中 Models、Views 和Controllers 的开发文件。

在创建 ASP.NET MVC 应用程序后，系统会自行创建相应的文件，这里也包括 ASP.NET

MVC 应用程序样例。在样例中分别创建了若干 Controllers 控制器文件，以及 Views 页面文件。运行 ASP.NET MVC 应用程序后，用户的请求会发送到 Controllers 控制器中，Controllers 控制器接受用户的请求并通过编程实现 Views 页面文件的映射。

9.2.3　ASP.NET MVC 运行流程

在运行 ASP.NET MVC 应用程序后，会发现访问不同的 ASP.NET MVC 应用程序页面时，其 URL 路径并不会呈现相应的.aspx 后缀。同样当访问相应的 ASP.NET MVC 应用程序页面，在服务器中并不存在对应的页面。为了了解如何实现页面映射，就需要了解 ASP.NET MVC 应用程序的运行流程。

在 ASP.NET MVC 程序中，应用程序通过 Global.ascx 和 Controllers 实现了 URL 映射。当用户进行 ASP.NET MVC 程序的页面请求时，该请求首先会被发送到 Controllers 控制器中，开发人员能够在控制器 Controllers 中创建相应的变量并将请求发送到 Views 视图中，Views 视图会使用在 Controllers 控制器中通过编程方式创建相应的变量，并呈现页面在浏览器中。当用户在浏览器中对 Web 应用进行不同的页面请求时，该运行过程将会循环反复。

对于 Models 而言，Controller 通常情况下使用 Models 读取数据库。在 Models 中，Models 能够将传统的关系型数据库映射成面向对象的开发模型，开发人员能够使用面向对象的思想进行数据库的数据存取。Controllers 从 Model 中读取数据并存储在相应的变量中，如图 9-1 所示。

在用户进行页面请求时，首先这个请求会发送到 Controllers 中，Controllers 从 Models 中读取相应的数据并填充 Controllers 中的变量，Controllers 接受相应请求再将请求发送到 Views 中，Views 通过获取 Controllers 中的变量的值进行整合并生成相应的页面到用户浏览器中。

在 Models 中需要将数据库抽象成面向对象中的一个对象，开发人员能够使用 LINQ 进行数据库的抽象，这样就能够方便地将数据库中的数据抽象成相应的对象并通过对象的方法进行数据的存取和更新。

9.3　ASP.NET MVC 开发

简单的 ASP.NET MVC 开发.mp4

了解了 ASP.NET MVC 的工作原理和工作流程，以及 ASP.NET MVC 中的 URL 映射基础原理，就能够进行 ASP.NET MVC 应用程序的开发，在进行 ASP.NET MVC 应用程序开发的过程中可以深入地了解 ASP.NET MVC 应用程序模型和 URL 映射原理。

9.3.1　添加控制器 Controllers

ASP.NET MVC 应用程序包括 Models、Views 和 Controllers 三个部分，其中 Models 用于进行数据库抽象，Views 用于进行视图的呈现，Controllers 用于控制器和逻辑处理。在创建 ASP.NET MVC 应用程序时，可以为 ASP.NET MVC 应用程序分别创建相应的文件。

首先在 Controllers 文件夹中添加控制器。

(1) 右击解决方案中的 Controllers 文件夹，从弹出的菜单中选择“添加”→“控制器”命令，如图 9-5 所示。

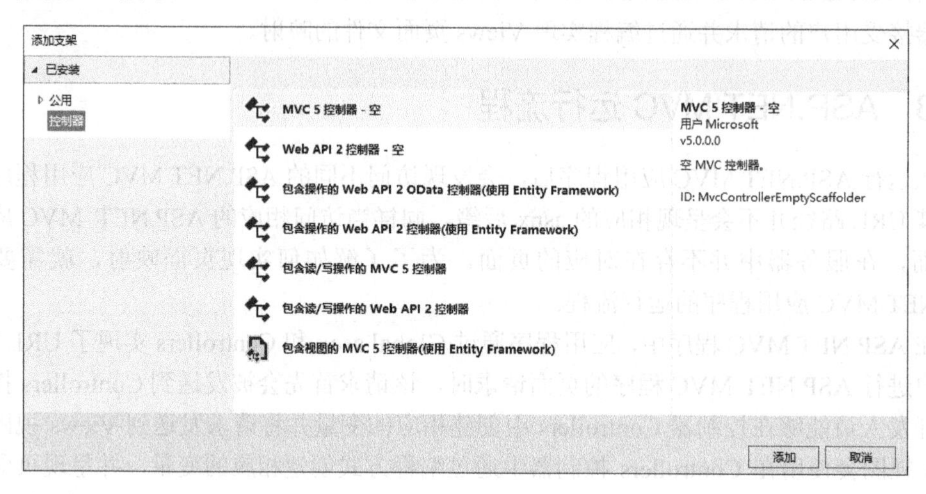

图 9-5 添加控制器

(2) 单击“添加”按钮，打开控制器对话框，命名为 HomeController(控制器必须以 Controller 结尾，这是 ASP.NET MVC 的一个约定)。Visual Studio 2013 会在 Controllers 文件夹下创建一个新的 C#文件，名称为 HomeController.cs，这个类如图 9-6 所示。

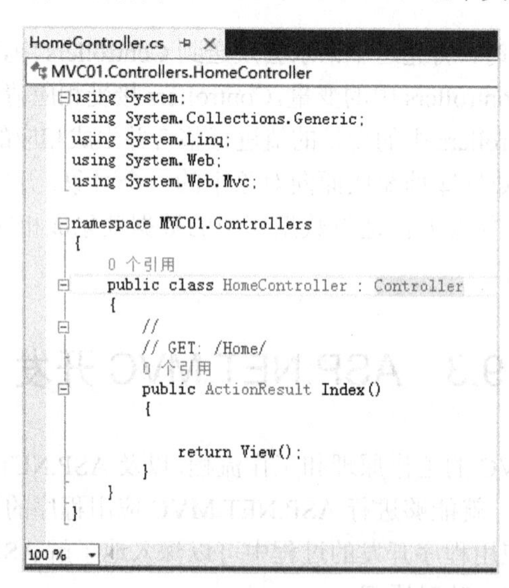

图 9-6 HomeController 文件类

9.3.2 添加视图 View

在 Visual Studio 2013 中，添加视图 View 有两种方法：一种是直接在 Views 文件夹下添加，右击 Views 文件夹下的 Home 文件夹，如图 9-7 所示。

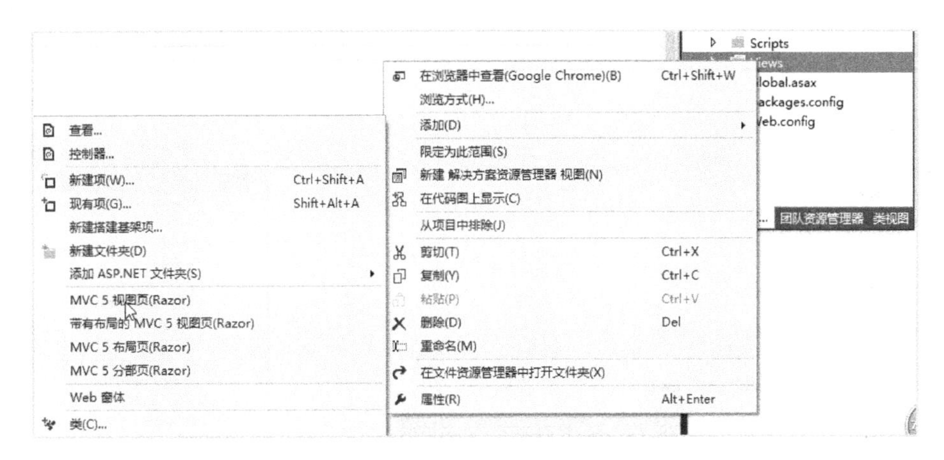

图 9-7 直接在 Views 文件夹下添加视图

另一种是通过 Controller 类中的 Action 来添加。

(1) 在 HomeController 类中 Index 方法处右击，从弹出的菜单中选择“添加视图”命令，如图 9-8 所示。

图 9-8 选择“添加视图”命令

(2) 弹出“添加视图”对话框，如图 9-9 所示。

(3) 添加视图后，在解决方案中的 Views 文件夹下生成 Index.cshtml 文件，如图 9-10 所示。

这样就添加了一个和特定的 Controller 和 Action(这里指 HomeController 和 Index)相对应的 View(Index.cshtml)。

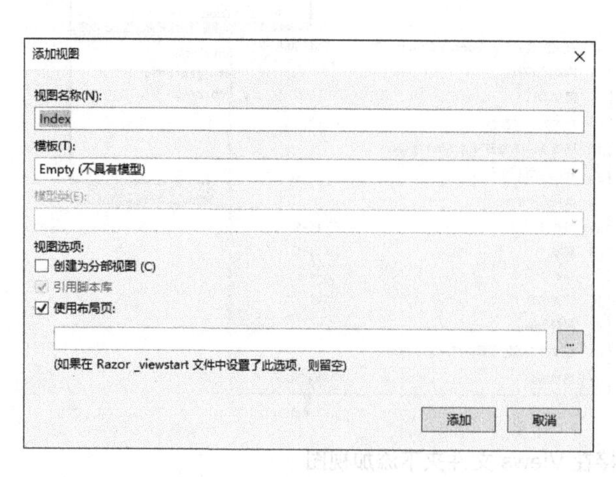

图 9-9 “添加视图”对话框

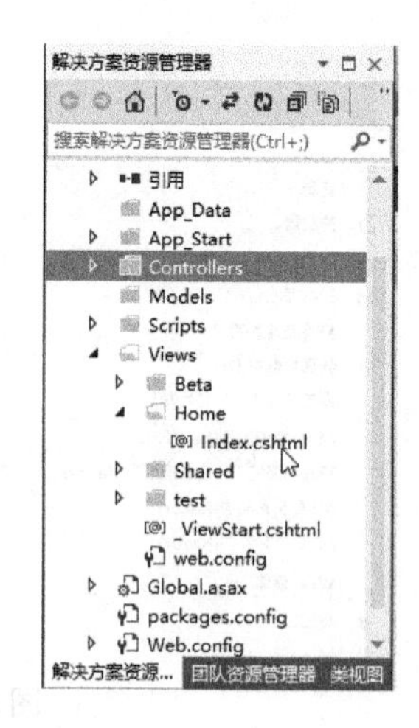

图 9-10 生成 Index.cshtml 文件

Index.cshtml 文件代码如下：

```
@{
    ViewBag.Title = "Index";
}
<h2>Index</h2>
```

这个 View 就是最终显示的前端页面，在页面里面添加一行文字“第一个 ASP.NET MVC 页面！”。

```
<div>
     第一个 ASP.NET MVC 页面!
</div>
```

按 F5 键运行，在浏览器中查看，可以看到熟悉的 HTML 界面了，如图 9-11 所示。

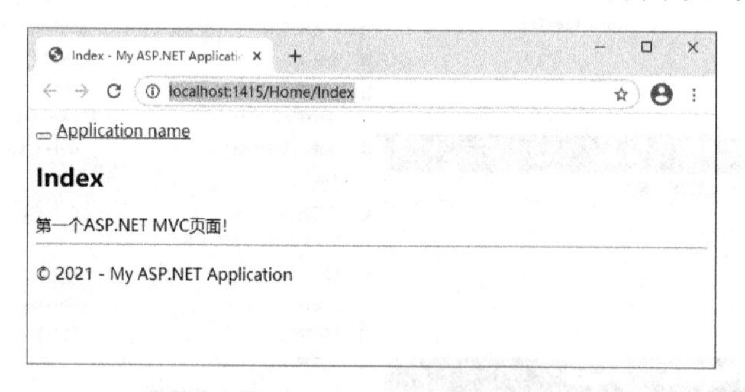

图 9-11 第一个 ASP.NET MVC 页面

注意浏览器中的地址 xx/Home/Index ，这个地址与开头的路由规则(url:“{controller}/{action}/{id}”)就对应了起来。网址路由比对如成功，则执行相应的 Controller、Action 和相应的 View，并返回结果。

9.3.3 添加显示内容

在 ASP.NET MVC 应用程序中，Controllers 负责数据的读取，而 Views 负责界面的呈

现。在界面的呈现中，Views 通常不进行数据的读取和逻辑运算，数据的读取和逻辑运算都交付给 Controllers 负责。为了能够方便地将 Controllers 与 Views 进行整合并在 Views 中呈现 Controllers 中的变量，可以使用 ViewData 整合 Controllers 与 Views 从而进行数据读取和显示。

在 ASP.NET MVC 应用程序的 Views 中，其值并不是固定的，而是通过 Controllers 传递过来的。在 Controllers 类文件中的页面实现代码中，将数据从控制器 Controllers 传递给视图 Views 的一种方法是使用 ViewBag (视图包)对象，ViewBag 是 Controller 基类的一个成员。

BetaControllers.cs 中 Index()的方法示例代码如下所示。

```
public class BetaController : Controller
{
    public ActionResult Index() //实现 Index 方法
    {
        int Hour = DateTime.Now.Hour;
        ViewBag.Greeting = Hour < 12 ? "Good Morning" : "Good afternoon";
        //使用 ViewBag
        return View();    //返回视图
    }
}
```

在 ASP.NET MVC 应用程序中，字符输出都需要呈现在 Views 视图中，在 Controllers 中进行 ViewBag 变量的赋值，就需要在 Views 中输出相应的变量。Index.cshtml 文件代码如下。

```
<h2>Index</h2>
<p>
    <span style="color:Red">这是一个测试页面</span><br />
    <span style="color:Green">@ViewBag.Greeting World!</span>
</p>
```

上述代码在运行后会输出 ViewBag.Greeting 变量中存储的值，运行后如图 9-12 所示。

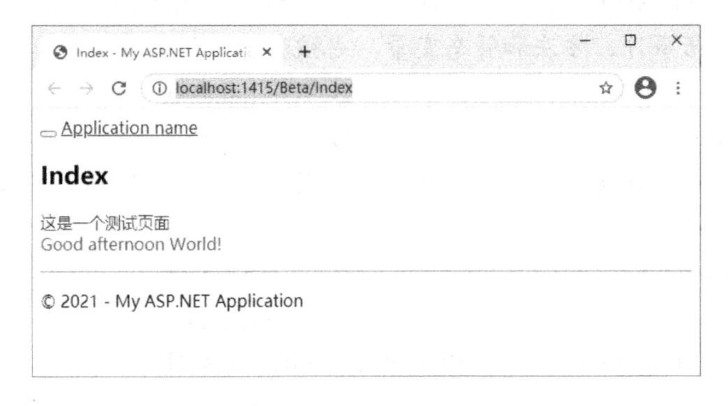

图 9-12 输出 ViewBag

说明： Greeting 可以是任意名称，也可以写成 @ViewBag.name，只要和 Index 界面对应，就可以实现值传递。

9.4 习　题

1．填空题

(1) ASP.NET MVC 是微软公司.NET 平台上的一个________，它为开发者提供了一种构建结构良好的 Web 应用程序的方式。

(2) MVC 将软件开发过程分割为 3 个单元，分别为________、模型和控制器。

(3) 创建 ASP.NET MVC 项目时，可以使用预安装项目模板，包含________、Internet 应用程序模板、移动应用程序模板、Web API 模板。

(4) ASP.NET MVC 开发模型在用户进行页面请求时会进行________拦截并通过相应的编程实现访问路径和页面的呈现。

(5) ________是一组类，描述了要处理的数据以及修改和操作数据的业务规则，建立领域模型。

2．选择题

(1) ASP.NET MVC 自 2007 年首次公布预览以来，作为(　　)的替代品，普及度已明显提高，现在很多大型 Web 应用程序都是使用这一技术构建的。

A．ASP　　B．ASP.NET Web Form

C．PHP　　D．JSP

(2) MVC 不是一种(　　)。

A．编程语言　　B．开发架构

C．开发观念　　D．程序设计模式

(3) 在 ASP.NET MVC 项目中默认(　　)文件夹存放数据库、XML 文件，或应用程序所需的其他数据。

A．App_Start　　B．App_Data

C．Content　　D．Models

(4) 在 ASP.NET MVC 项目中默认(　　)文件提供全局可用代码，包括应用程序的事件处理程序以及会话事件、方法和静态变量，也被称为应用程序文件。

A．Web.config　　B．Global.asax

C．Site.css　　D．Config.cs

(5) 在 ASP.NET MVC 项目中默认(　　)文件含有网站正确运行所必需的配置细节，包括数据库连接字符串等。

A．Web.config　　B．Global.asax

C．Site.css　　D．Config.cs

(6) 在新建的 MVC 项目的 App_Start\RoutConfig.cs 文件中，(　　)方法注册了默认的路由配置。

A．RegisterRoutes　　B．Application_Start

C．EnrollRoutes　　D．WriteRoutes

9.5 上机实验

使用 ASP.NET MVC 实现通过控制器向视图传递变量，显示用户名和密码，如图 9-13 所示。

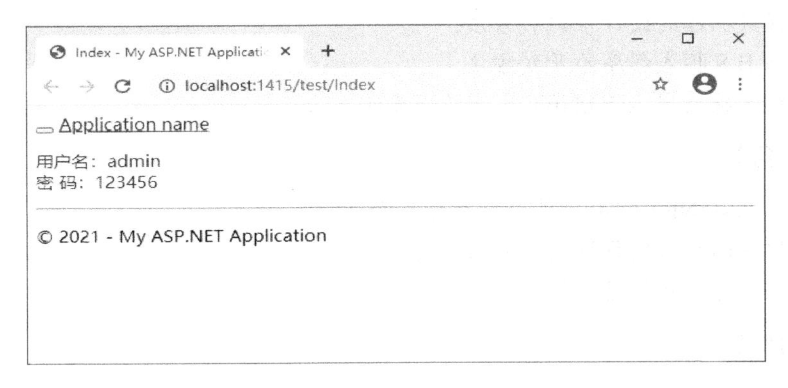

图 9-13　通过控制器向视图传递变量，显示用户名和密码

第 10 章　综合案例(ASP.NET 4.5 版)

【学习目标】

- 掌握数据库的设计步骤和方法；
- 掌握 B/S 模式程序的开发方法；
- 熟练掌握使用 ADO.NET 操作数据库的方法。

【工作任务】

- 使用 ASP.NET 常用控件设计程序界面；
- 使用面向对象的程序设计方法开发软件；
- 使用自定义控件进行模块化开发。

【大国自信】

“嫦娥四号”实现人类首次月背软着陆

等待了数十亿年后，月球永远背向地球那面的山地荒原，终于迎来第一个翩翩降临的地球访客。

2019 年 1 月 3 日，“嫦娥四号”探测器成功着陆在月球背面东经 177.6 度、南纬 45.5 度附近的预选着陆区，并通过“鹊桥”中继星传回了世界第一张近距离拍摄的月背影像图，揭开了古老月背的神秘面纱。

从 2018 年 12 月 8 日发射升空，到 2019 年 1 月 3 日顺利到达，“嫦娥四号”走完了约 40 万公里的地月之路。她着陆后，静态着陆器和月球车分别被部署到月球表面，两者都携带了一系列探测仪器，探测该地区的地质特征，并进行了生物实验。

月球总有一面背对着地球，且不像正面那样平坦，着陆区的选择及精准着陆是难题。“嫦娥四号”着陆从未实地探测过的处女地，或将取得突破性发现，同时可以填补射电天文领域在低频观测段的空白。“嫦娥四号”将我国航天器制导、导航与控制技术提升到了新的高度。

《培训管理系统》软件实现了对企业职工开展培训工作的信息化管理，包括培训信息的发布、学员报名、缴费、收支管理和用户管理等功能。通过本章的学习使学生掌握 B/S 模式软件开发的基本步骤，综合应用 ADO.NET 和 ASP.NET 控件实现对数据库的增删改查操作。

10.1　培训管理系统设计

10.1.1　系统需求分析

1. 培训信息发布

培训信息发布主要包括的内容有：培训项目名称、培训内容、培训开始时间、培训结束时间、培训费用；其中，培训项目名称由培训时间的年份(四位年份)+培训项目名+期次构成。在发布培训信息时，系统为每个培训项目自动生成培训项目编号。

如果同一个培训项目一年内多次开班，为了区别不同的培训期次，对培训项目进行命名时需要加上该培训项目是第几期次。

2. 培训报名

学员在浏览学院培训部在网站上发布的培训信息后，根据自己的意向，可以在网上完成报名。报名时学员需要填报以下基本信息：学员姓名、性别、工作单位、培训项目、缴费金额等；其中缴费金额是由所参加的培训项目收费标准所定，学员不需要填写，交费时，系统自动显示，并和缴费时间一并由系统自动保存；报名流水号在学员报名时由系统自动生成，方便学员交费和财务人员收费，学员在计财处缴费时只需要报出流水号，财务人员即可根据流水号完成收费工作，降低财务人员的劳动强度。

3. 培训缴费及收支统计

财务处根据学员的报名流水号完成学员缴费；财务处在年底将本年度开展的所有培训项目的收支进行汇总；收入主要是学员的报名费，支出费用包括教材费、学习用具费用、班级活动费用、教师酬金、证书工本费等。支出科目主要有：教师酬金、教材费、宣传费、管理费、其他支出等。

4. 用户管理

每位用户可以修改本人的信息和登录密码，管理员可以添加新用户。

5. 角色的设置

本系统中的角色分为：管理员、财务人员。各角色的权限分配如下：管理员，具有培训信息发布、编辑学员的报名信息、添加新用户和年度收支情况统计的权限；财务人员，具有培训收费、年度收支情况统计和修改个人信息权限。

10.1.2 系统功能模块

系统总体功能按照角色进行划分，培训部相关工作人员具有管理员的权限，能使用本系统的功能模块有：培训信息发布、学员报名信息、支出费用登记、用户管理；财务处的工作人员具有收费的角色，能使用本系统的功能模块有：学员缴费管理、年度收支统计、用户密码管理。具体划分如图 10-1 所示。

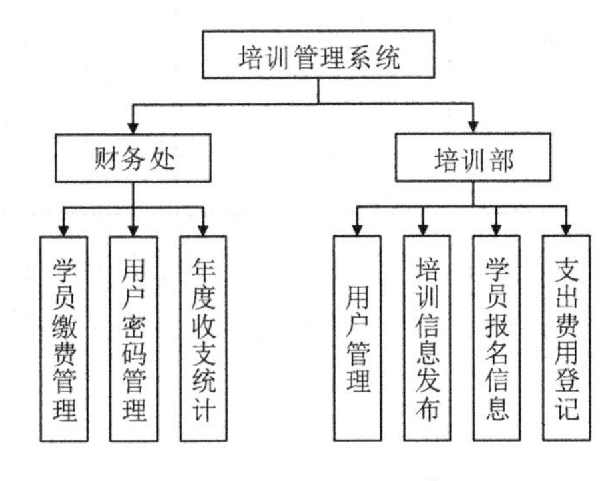

图 10-1　系统功能模块

10.1.3 系统逻辑结构设计

1. 数据表的设计

数据库包含 5 个数据表：培训信息表、学员报名表、培训项目支出费用表、用户信息表、单位名称表。功能描述分别如下：

培训信息表用于存储培训项目的举办时间、培训收费、项目名称等信息，对于年度内相同的培训项目(多次举办)，则通过培训期次字段进行区别。字段及含义如表 10-1 所示。

表 10-1 培训信息表(pxxx)

字段名称	数据类型	字段含义	备 注
pxid	int	培训项目编号	自动编号，主键
pxsj	int	培训项目年份	
pxmc	nvarchar(50)	培训项目名称	
pxqc	int	培训项目期次	
bengintime	date	培训开始时间	
endtime	date	培训结束时间	
yjje	int	培训费用	

学员报名表存储学员的姓名、工作单位、性别、所填报的培训项目信息、报名流水号、缴费金额等；其中报名流水号是在学员报名时自动生成，到财务处缴纳培训费时，学员只要报出参加的培训项目名称和报名流水号就可以快速完成缴费，缴费成功后，该学员的缴费金额字段会自动添加该培训项目的培训费用。字段及含义如表 10-2 所示。

表 10-2 学员报名表(pxbmb)

字段名称	数据类型	字段含义	备 注
id	int	自动编号	关键字
lsh	int	流水号	学员缴费时，报号缴费
xm	nvarchar(20)	学员的姓名	
xb	nvarchar(1)	性别	
gzdw	nvarchar(50)	工作单位	
jfje	int	缴费金额	默认值为 0，缴费成功后自动添加该培训项目的培训费用
pxid	int	培训信息编号	

培训项目支出费用表存储某培训项目在开展的过程中发生的费用(主要包括：教材费、教师酬金、宣传费、教具费、其他费用)、费用金额、经办人和费用发生时间等信息。字段及含义如表 10-3 所示。

表 10-3　培训项目支出费用表(pxzcb)

字段名称	数据类型	字段含义	备　注
id	int	自动编号	主键
pxid	int	培训项目编号	
fymc	nvarchar(10)	支出科目	教材费、教师酬金、宣传费、教具费、其他费用
fyje	float	费用金额	
fyrq	datetime	费用办理日期	
jbr	nvarchar(10)	经办人	

用户信息表存储用户的登录名、所在部门、口令、角色等信息，其中角色分为：管理员、财务人员；用户在登录时，系统会根据登录用户的角色提供相应功能模块的操作。字段及含义如表 10-4 所示。

表 10-4　用户信息表(UserInfo)

字段名称	数据类型	字段含义	备　注
username	nvarchar(10)	登录用户名	关键字
department	nvarchar(20)	部门	
password	nvarchar(50)	口令	
role	nvarchar(20)	角色	

单位名称表存储报名学员的工作单位信息，便于报名时快速选择工作单位信息，字段及含义如表 10-5 所示。

表 10-5　单位名称表(dwmc)

字段名称	数据类型	字段含义	备　注
id	int	自动编号	主键
mc	nvarchar(50)	企业名称	

2．数据表的创建

在 SQL Server 中创建数据库 pxgl.mdf，然后分别创建数据表：

培训信息表(pxxx)的表结构如图 10-2 所示。

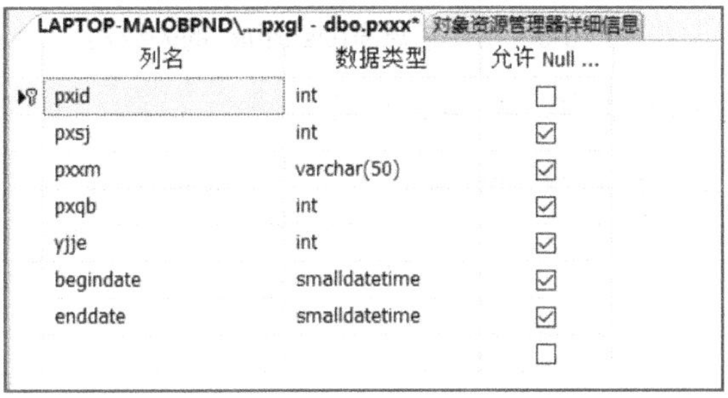

LAPTOP-MAIOBPND\....pxgl - dbo.pxxx*　对象资源管理器详细信息

列名	数据类型	允许 Null ...
pxid	int	☐
pxsj	int	☑
pxxm	varchar(50)	☑
pxqb	int	☑
yjje	int	☑
begindate	smalldatetime	☑
enddate	smalldatetime	☑
		☐

图 10-2　培训信息表(pxxx)的表结构

学员报名表(pxbmb)的表结构如图 10-3 所示。

LAPTOP-MAIOBPND...gl - dbo.pxbmb* 对象资源管理器详细信息

列名	数据类型	允许 Null ...
id	int	☐
lsh	int	☑
xm	nvarchar(20)	☑
xb	nvarchar(1)	☑
gzdw	nvarchar(50)	☑
jfje	int	☑
pxid	int	☐
jfdate	datetime	☑

图 10-3　学员报名表(pxbmb)的表结构

培训项目支出费用表(pxzcb)的表结构如图 10-4 所示。

LAPTOP-MAIOBPND\...xgl - dbo.pxzcb* 对象资源管理器详细信息

列名	数据类型	允许 Null ...
id	int	☐
pxid	int	☑
fymc	nvarchar(10)	☑
fyje	int	☑
fyrq	datetime	☐
jbr	nvarchar(10)	☑

图 10-4　培训项目支出费用表(pxzcb)的表结构

用户信息表(UserInfo)的表结构如图 10-5 所示。

LAPTOP-MAIOBPND\...l - dbo.userinfo* 对象资源管理器详细信息

列名	数据类型	允许 Null ...
username	nvarchar(10)	☐
password	nvarchar(20)	☑
department	nvarchar(50)	☑
role	nvarchar(20)	☑

图 10-5　用户信息表(UserInfo)的表结构

单位名称表(dwmc)的表结构如图 10-6 所示。

LAPTOP-MAIOBPND\....pxgl - dbo.dwmc 对象资源管理器详细信息

列名	数据类型	允许 Null ...
id	int	☐
mc	nvarchar(50)	☐

图 10-6　单位名称表(dwmc)的表结构

10.2　公共模块的创建

10.2.1　配置 Web.config 文件

ASP.Net 的 Web.config 文件中提供了自定义可扩展的系统配置，从中就可以定义数据库的连接字符串代码。打开当前项目的 Web.config 文件，在<configuration>节点下面创建<connectionStrings>节点，并添加如下连接 SqlServer 数据库的连接信息：

```
<connectionStrings>
<add name ="conStr" connectionString="server=.\sqlexpress;
database=pxgl;uid=sa;pwd=123"/>
</connectionStrings>
```

公共模块设计.mp4

10.2.2　创建数据访问公共类

在数据库应用软件的开发过程中，很多页面都会对数据库进行增、删、改、查的操作，并且会多次重复出现，在这些操作中，前台程序都是通过 ADO.NET 操作后台数据库，因此为了便于对后台数据的访问，减少代码的冗余和重复问题，在本项目中创建通用的数据库访问类 SqlHelper，用来执行对数据库的操作，同时为了防止 SQL 语句注入的危险，对 SQL 语句的执行使用参数化的方式，在 ADO.NET 对象模型中执行一个参数化查询，需要向 SqlCommand 对象的 Parameters 集合添加 SqlParameter 对象。

在当前项目中，在网站名称上右击鼠标，在弹出的菜单中依次选择“添加”→“添加新项”命令，打开“添加新项”对话框，在中间的模板列中选择“类”，在“名称”文本框中输入类的文件名 SqlHelper，单击“添加”按钮。

编写通用的数据库访问类 SqlHelper 代码如下：

```
public class SqlHelper
{
   static string conStr = ConfigurationManager.ConnectionStrings
["conStr"].ToString();
   public static SqlConnection ConnectionDB()
   {
       string constr = ConfigurationManager.ConnectionStrings
["constr"].ToString();
       SqlConnection con = new SqlConnection(constr);
       con.Open();
       return con;
   }
/// <summary>
/// 执行 Insert、delete、update 语句
/// </summary>
/// <param name="sql"> Sql 语句</param>
/// <param name="p">参数数组</param>
```

```
/// <returns></returns>
public static int ExecuteSql(string sql, SqlParameter[] para=null)
{
    using (SqlConnection con = new SqlConnection(conStr))
    {
        using (SqlCommand cmd = new SqlCommand(sql, con))
        {
            if (para != null)
            {
                cmd.Parameters.AddRange(para);
            }
            con.Open();
            return cmd.ExecuteNonQuery();
        }
    }
}
/// <summary>
/// 返回统计结果
/// </summary>
/// <param name="sql">Sql 语句</param>
/// <param name="para">参数数组</param>
/// <returns></returns>
public static int ExecuteScalar(string sql, SqlParameter[] para=null))
{
    using (SqlConnection con = new SqlConnection(conStr))
    {
        using (SqlCommand cmd = new SqlCommand(sql, con))
        {
            if (para != null)
                cmd.Parameters.AddRange(para);
            con.Open();
            object count = cmd.ExecuteScalar();
            cmd.Parameters.Clear();
            if (count is DBNull)
                return 0;
            else
                return (int.Parse(count.ToString()));
        }
    }
}
/// <summary>
/// 返回 DataTable 类型的结果集
/// </summary>
/// <param name="sql"> Sql 语句</param>
/// <param name="para">参数数组</param>
/// <returns></returns>
public static DataTable GetTable(string sql, SqlParameter[] para=null))
```

```
    {
        DataTable dt = new DataTable();
        using (SqlDataAdapter adapter = new SqlDataAdapter(sql, conStr))
         {
            if (para != null)
               adapter.SelectCommand.Parameters.AddRange(para);
            adapter.Fill(dt);
          }
          return dt;
      }
  }
```

10.2.3　创建用户自定义控件

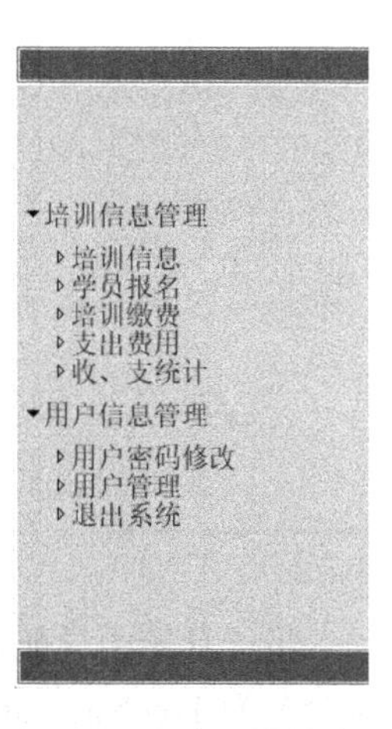

图 10-7　自定义导航控件

为了便于对用户的权限管理，登录时通过判断用户的角色来控制导航菜单项的显示，在此系统中使用 TreeView 控件进行自定义导航控件的设计，如图 10-7 所示，将设计好的自定义控件放置在一个页面文件(left.aspx)中，再将 left.aspx 文件放置在主页面的左侧，应用效果如图 10-8 所示。

自定义控件设计步骤：

在当前项目中新建一个文件夹 usercontrol，右击该文件夹，在弹出的菜单中依次选择“添加”→“添加新项”命令，打开“添加新项”对话框，在如图 10-9 所示的“添加新项”对话框中选择“Web 窗体用户控件”，在“名称”文本框中输入类的文件名 tree，单击“添加”按钮。

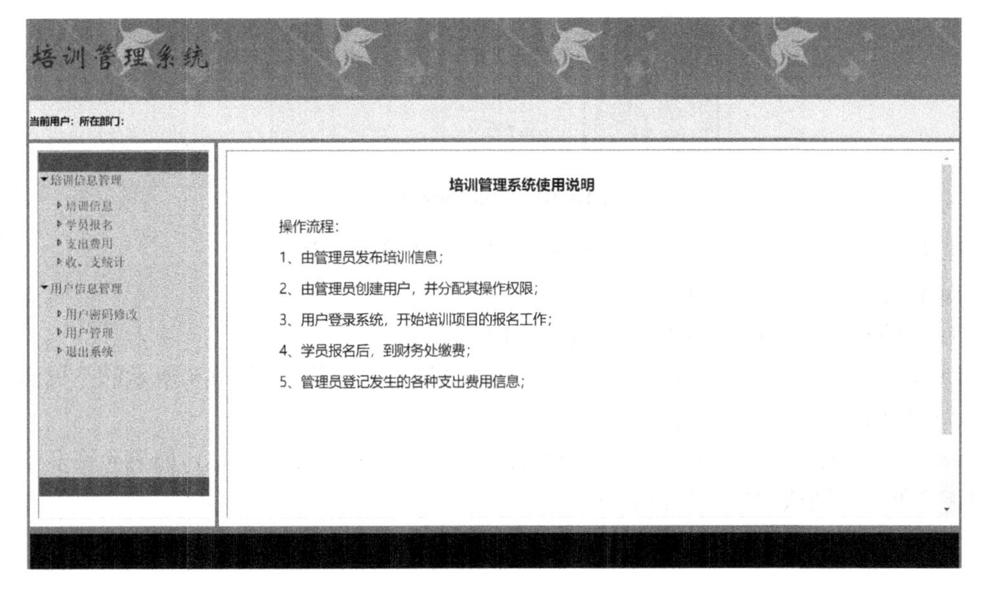

图 10-8　主页面

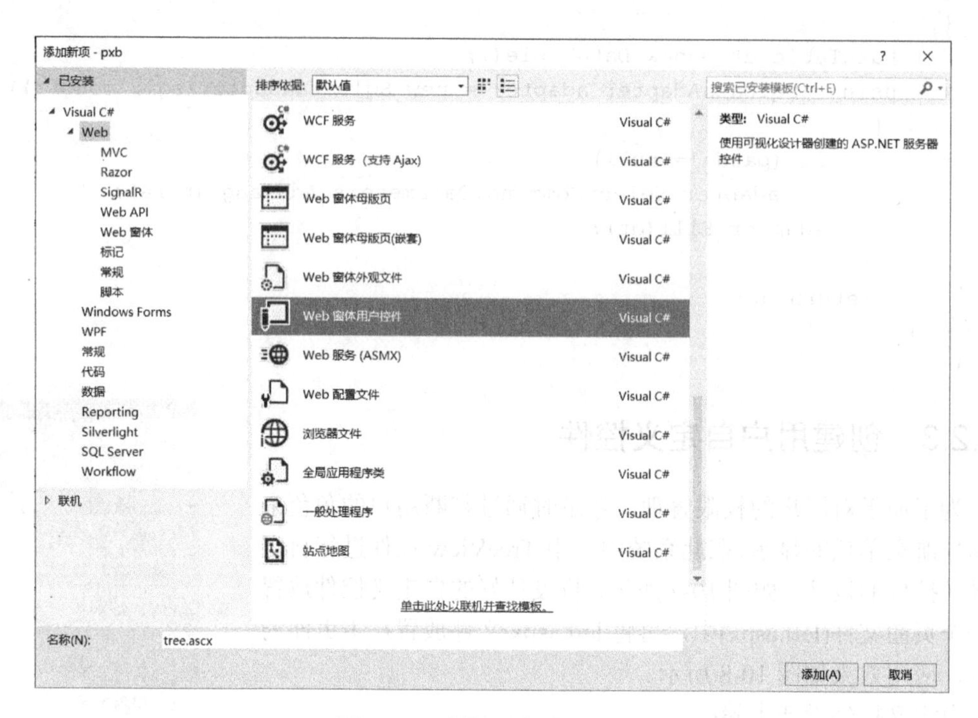

图 10-9 “添加新项”对话框

将工具箱中导航选项卡下的 TreeView 控件拖放到 tree.ascx 页面上，将该控件的 ID 重新命名为 TreeNavigation，如图 10-10 所示，单击该控件右上角的箭头，单击“编辑节点”选项，在弹出的“TreeView 节点编辑器”对话框中输入导航菜单项，如图 10-11 所示。

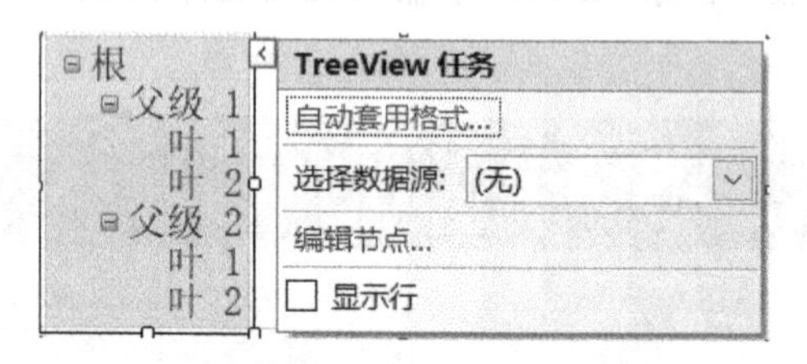

图 10-10 TreeView 控件

在图 10-11 所示对话框右侧的属性列表中，需要设置下列属性。

Text：树节点显示的文本。

NavigateUrl：树节点选中时定位到的 URL。

Target：树节点选中时使用的定位目标，在这里设置的值是图 10-8 所示的主页面的右侧显示区域(iframe 框架的名称)。

Value：树节点的值，在这里设置为允许访问该菜单项的角色名称，如果允许多个角色使用该菜单项，则依次输入角色名称。

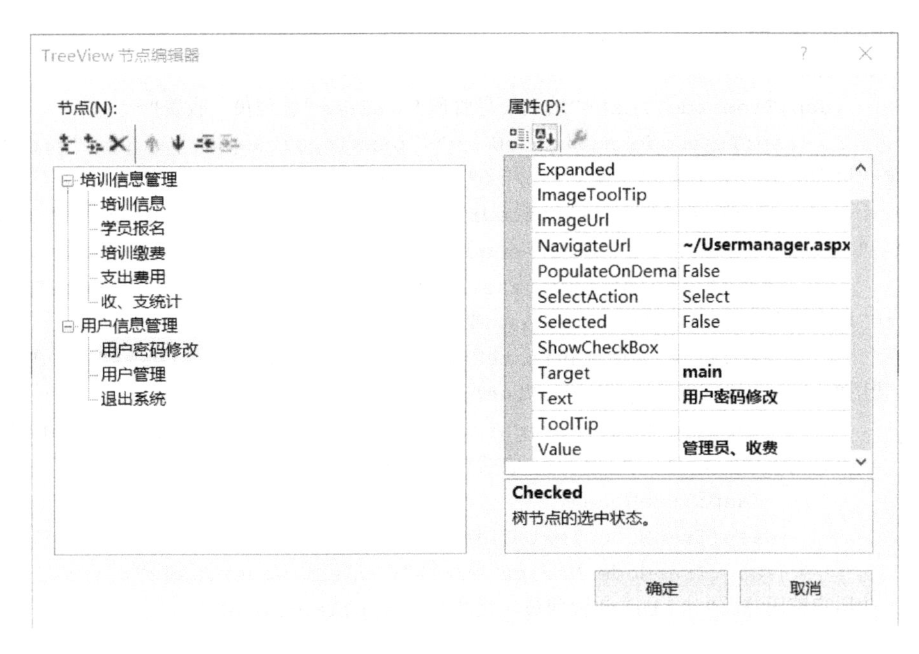

图 10-11 TreeView 节点编辑器

输入完所有的导航菜单项后，再进行外观样式设计。完成的自定义控件的完整代码如下：

```
<%@ Control Language="C#" AutoEventWireup="true" CodeBehind="tree.ascx.cs"
Inherits="pxb.usercontrol.tree" %>
<style>
    #main {
        width: 100%;
        height: auto;
        margin: 0;
    }
    .bottom {
        width: 100%;
        height: 25px;
        background-color: #0066ff;
    }
    .tree {
        width: 100%;
        height: 393px;
        background-color: #C0C0FF;
    }
</style>
<div id="main">
<div class="bottom"> </div>
    <div class="tree">
      <asp:TreeView ID="TreeNavigation" runat="server" ImageSet="Arrows"
```

```
Width="192px">
     <Nodes>
        <asp:TreeNode Text="培训信息管理" Value="管理员、收费">
           <asp:TreeNode NavigateUrl="~/pxxxinput.aspx" Target="main"
Text="培训信息" Value="管理员"></asp:TreeNode>
            <asp:TreeNode NavigateUrl="~/pxbmb.aspx" Target="main" Text="学
员报名" Value="管理员"></asp:TreeNode>
             <asp:TreeNode NavigateUrl="~/pxxm/jccpx.aspx" Target="main"
Text="培训缴费" Value="收费"></asp:TreeNode>
             <asp:TreeNode NavigateUrl="~/pxcost.aspx" Target="main" Text="
支出费用" Value="管理员"></asp:TreeNode>
              <asp:TreeNode NavigateUrl="~/pxcostTotal.aspx" Target="main"
Text="收、支统计" Value="管理员、收费"></asp:TreeNode>
              </asp:TreeNode>
              <asp:TreeNode Text="用户信息管理" Value="管理员收费">
              <asp:TreeNode NavigateUrl="~/Usermanager.aspx" Target="main"
Text="用户密码修改" Value="管理员、收费"></asp:TreeNode>
                <asp:TreeNode NavigateUrl="~/createuser.aspx" Target="main"
Text="用户管理" Value="管理员"></asp:TreeNode>
                    <asp:TreeNode NavigateUrl="~/Pxbmain.aspx" Target="main"
Text="退出系统" Value="管理员、收费"></asp:TreeNode>
                </asp:TreeNode>
            </Nodes>
            <NodeStyle ChildNodesPadding="10px" />
        </asp:TreeView>
    </div>
    <div class="bottom">
    </div>
</div>
```

对自定义控件编写后台代码，在该控件的 Load 事件中获取登录用户的角色(Session 对象)，将角色信息传递给用户自定义的方法 TreeNodeRole，通过遍历 TreeView 控件的各个节点的 Value 值是否包含角色信息来判断该节点是否显示。代码如下：

```
protected void Page_Load(object sender, EventArgs e)
{
    if (!IsPostBack)
    {
       string role = Session["role"].ToString().Trim();
       TreeNodeRole(role);
    }
}
/// <summary>
/// 根据登录用户的角色判断导航菜单要显示的菜单项
/// </summary>
```

```
/// <param name="NodeValue"></param>
private void TreeNodeRole(string NodeValue)
{
    for (int n = 0; n < TreeNavigation.Nodes.Count; n++)
    for (int i = TreeNavigation.Nodes[n].ChildNodes.Count - 1; i >= 0; i--)
    {
      if(TreeNavigation.Nodes[n].ChildNodes[i].Value.IndexOf(NodeValue) <0)
      {
          TreeNavigation.Nodes[n].ChildNodes.Remove(TreeNavigation.Nodes
[n].ChildNodes[i]);
      }
    }
}
```

在当前项目上添加一个新的 Web 窗体页面，命名为 Left.Aspx，将该自定义控件拖放到该页面。页面前台代码如下：

```
<%@ Page Language="C#" AutoEventWireup="true" CodeBehind="left.aspx.cs"
Inherits="pxb.left" %>
<%@ Register src="usercontrol/tree.ascx" tagname="tree" tagprefix="uc1" %>
<!DOCTYPE html>
<html xmlns="http://www.w3.org/1999/xhtml">
<head runat="server">
   <title ></title>
 </head>
 <body >
    <div  style="vertical-align: top; text-align: center">
        <form id="Form1" method="post" runat="server">
            <uc1:tree ID="tree1" runat="server" />
         </form>
        </div>
    </body>
</html>
```

10.3 模块功能实现

10.3.1 登录功能

在当前网站项目中添加一个新 Web 窗体页面(Login.aspx)，用户登录界面设计视图如图 10-12 所示。

登录成功后，使用 Session 变量保存登录用户的角色、用户名、所在部门信息，然后跳转到主页面 default.aspx。“确定”按钮的 Click 事件代码如下：

```
protected void BtnLogin_Click(object sender, EventArgs e)
{
   string sql = "select * from userinfo where username=@username  and
password=@password";
//防止 Sql 语句注入攻击，使用参数化查询
   SqlParameter[] p ={
               new  SqlParameter("@username",TxtUsername.Text),
               new  SqlParameter("@password",TxtPassword.Text)
               };
   DataTable dt = SqlHelper.GetTable(sql, p);
   if (dt.Rows.Count == 1)
   {
       //保存用户信息到 session 对象
       Session["role"] = dt.Rows[0]["role"].ToString();
       Session["Username"] = dt.Rows[0]["username"].ToString();
       Session["dept"] = dt.Rows[0]["department"].ToString();
       Response.Redirect("Default.aspx");   //页面跳转
   }
   else
   {
        Response.Write("<script>alert ('登录失败！);
        window.opener=null;window.close();</script>");
   }
}
```

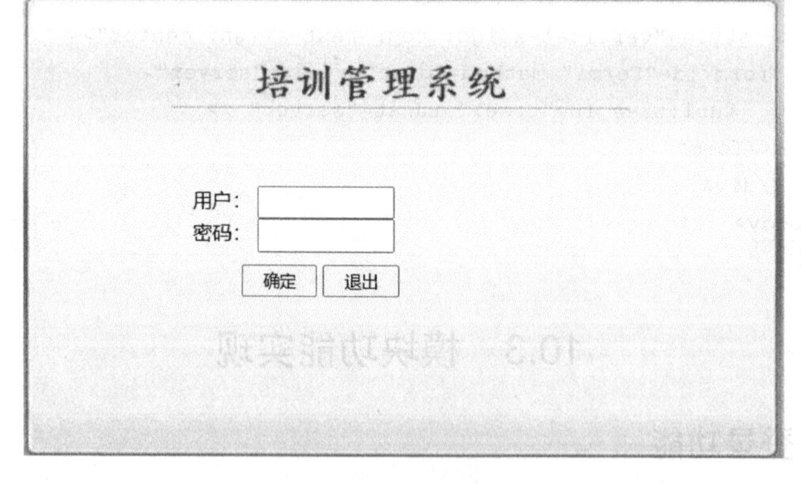

培训管理系统设计.mp4

图 10-12　登录界面

10.3.2　创建主页面

登录成功后页面跳转到主页面(default.aspx)，如图 10-13 所示。主页面主体由左右两部分构成，左侧是导航页面(Left.aspx)，右侧默认显示的是使用操作流程说明页面

(pxglxt.html)，当单击左侧导航菜单时则在右侧显示相应页面内容。左右两侧分别使用 iframe 内联框架实现。

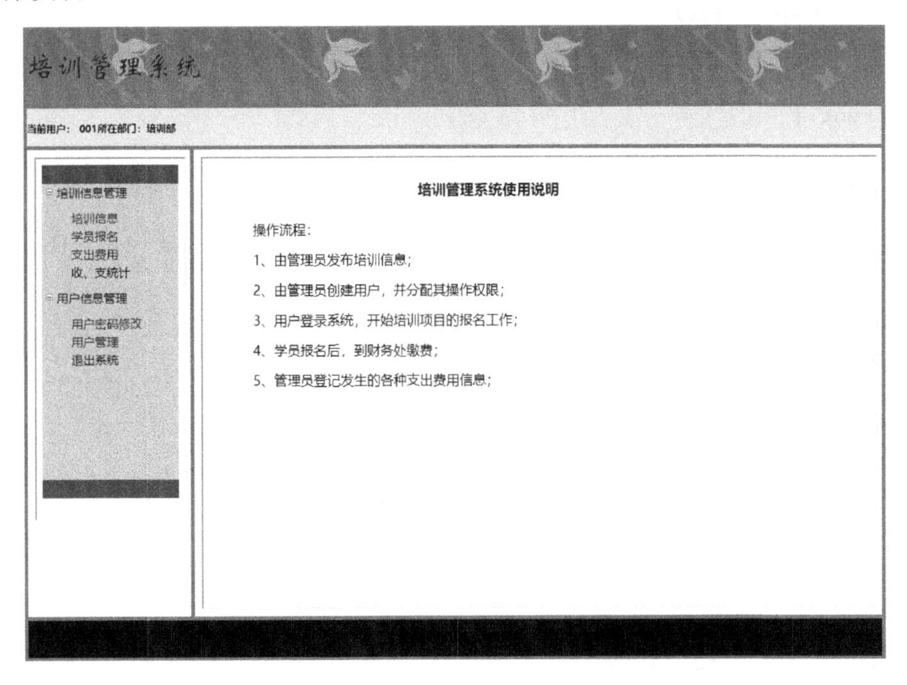

图 10-13 主页面视图

1. CSS 样式文件

在当前项目中创建 CSS 文件夹，创建样式文件 default.css。

```
html,body {
    height: 100%;
    background-color: gray;
}
header {
    height: 100px;
    background-image: url(../images/lgo.jpg);
    margin: 5px 5px 0 5px;
}
    header span {
        font-family: 华文新魏;
        font-size: 30pt;
        color: red;
        height: 100px;
        line-height: 100px;
    }
nav {
    height: 50px;
    background-color: #b6ff00;
    margin: 5px 5px 0 5px;
```

```
}
    nav div {
        float: left;
        margin-top: 15px;
    }
.content {
    position: absolute;
    top: 160px;
    bottom: 100px;
    width: 100%;
}
.tablecontent {
    display: table;
    border-spacing: 5px;
    height: 100%;
    width: 100%;
}
.tablerow {
    display: table-row;
}
#left {
    display: table-cell;
    background-color: white;
    width: 20%;
    vertical-align: top;
    padding: 10px;
    margin: 0 0 0 10px;
}
#right {
    display: table-cell;
    background-color: white;
    width: 80%;
    padding: 10px;
    vertical-align: top;
}
.foot {
    position: fixed;
    bottom: 0px;
    right: 0px;
    width: 100%;
    height: 100px;
}
footer {
    height: 50px;
    line-height: 50px;
    background-color: blue;
    margin: 0 5px 5px 5px;
```

```
    text-align: center;
}
```

2. 主页面 HTML 代码

```
<%@ Page Language="C#" AutoEventWireup="true" CodeBehind="Default.aspx.cs"
Inherits="pxb.Default" %>
<!DOCTYPE html>
<html xmlns="http://www.w3.org/1999/xhtml">
<head runat="server">
    <meta http-equiv="Content-Type" content="text/html; charset=utf-8" />
    <title>培训管理系统</title>
    <link href="css/default.css" rel="stylesheet" />
</head>
<body>
    <header>
        <span>培训管理系统</span>
    </header>
    <nav>
        <div>
            <asp:Label ID="Label1" runat="server" Font-Bold="True"
Font-Size="Smaller" Text="当前用户: "></asp:Label>
            <asp:Label ID="LblUserInfo" runat="server" Text=""
Font-Bold="True" Font-Size="Smaller"></asp:Label>
        </div>
        <div>
            <asp:Label ID="Label5" runat="server" Font-Bold="True"
Font-Size="Smaller" Text="所在部门: ">
            </asp:Label><asp:Label ID="LblDept" runat="server"
Font-Bold="True" Font-Size="Smaller" Width="105px"></asp:Label>
        </div>
    </nav>
    <div class="content">
        <div class="tablecontent">
            <div class="tablerow">
                <section id="left">
                    <iframe class="iframestyle" runat="server"
src="left.aspx"></iframe>
                </section>
                <aside id="right">
                    <iframe class="iframestyle" name="main" runat="server"
src="pxglxt.html"></iframe>
                </aside>
            </div>
        </div>
    </div>
    <div class="foot">
        <footer>
            <span style="font-size: 10pt">联系电话: 0562-2864696</span>
        </footer>
```

```
    </div>
</body>
</html>
```

3. 主页面后台代码

为了防止用户跳过登录窗体，直接访问主页面，需要在主页面的 Load 事件中判断登录用户的 session 对象是否为空，为空则跳转到登录页面(Login.aspx)。实现代码如下：

```
protected void Page_Load(object sender, EventArgs e)
{
    if (!IsPostBack)
    {
        if (Session["role"] == null)
            Response.Redirect("Login.aspx");
        else
        {
            LblUserInfo.Text = Session["Username"].ToString();
            LblDept.Text = Session["dept"].ToString();
        }
    }
}
```

10.3.3 培训信息发布

在当前网站项目中添加新的 Web 窗体页面(pxxxinput.aspx)，培训信息发布页面主要是发布培训项目的基本信息，设计视图如图 10-14 所示，该页面需要“管理员”角色的用户才能访问。

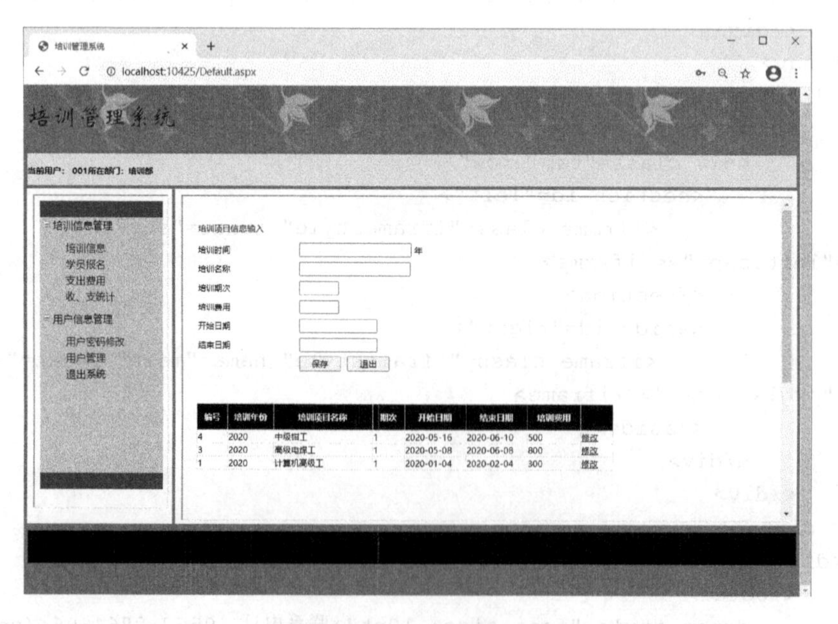

图 10-14　培训信息发布

为了防止用户不登录直接访问当前页面，在页面的 Load 事件中判断登录用户的 Session["role"]对象变量值(角色)是否为空，为空则跳转到登录页面。代码如下：

```
protected void Page_Load(object sender, EventArgs e)
{
    if (!IsPostBack)
    {
        if (Session["role"] == null)
            Response.Redirect("Login.aspx");
        else
            Binddata();   //登录成功则在 GridView 控件中显示已经创建的培训信息
    }
}
/// <summary>
/// 在 Gridview 控件中显示已经创建的培训信息
/// </summary>
void Binddata()
{
    string sql = "select * from pxxx  order by pxid desc";
    GridView1.DataSource = SqlHelper.GetTable(sql);
    GridView1.DataKeyNames = new string[] { "pxid" };//主键
    GridView1.DataBind();
}
/// <summary>
/// 保存培训信息
/// </summary>
protected void BtnSave_Click(object sender, EventArgs e)
{
   if (BtnSave.Text == "保存")
   {
       string countsql = @"select count(*) from pxxx where pxsj=@pxsj
                           and pxxm=@pxxm and pxqb=@pxqb";
       SqlParameter[] p ={
              new  SqlParameter("@pxsj",TxtYear.Text),
              new  SqlParameter("@pxxm",TxtProject.Text),
              new  SqlParameter("@pxqb",TxtQb.Text)
              };
   if (SqlHelper.ExecuteScalar(countsql, p) > 0)
          Response.Write("<script>alert('该培训信息已经存在!')</script>");
       else
       {
           //构造参数数组，向数据表插入培训信息
           string sql = @"insert into pxxx(pxsj,pxxm,pxqb,yjje,
begindate,enddate) values(@pxsj,@pxxm,
                         @pxqb,@yjje,@begindate,@enddate)";
           SqlParameter[] para ={
                        new  SqlParameter("@pxsj",TxtYear.Text),
```

```
                    new SqlParameter("@pxxm",TxtProject.Text),
                    new SqlParameter("@pxqb",TxtQb.Text),
                    new SqlParameter("@yjje",TxtCost.Text),
                    new SqlParameter("@begindate",TxtBegin.Text),
                    new SqlParameter("@enddate",TxtEnd.Text)
                   };
            if (SqlHelper.ExecuteSql(sql, para) > 0)
              Response.Write("<script>alert('保存成功!')</script>");
        }
    }
    else
    {
        //保存当前修改的培训信息
        string updateSql =@"update pxxx set pxsj=@pxsj,pxxm=@pxxm ,
                    pxqb =@pxqb,yjje=@yjje ,begindate=@begindate,
                enddate=@enddate where pxid=@pxid";
         SqlParameter[] para ={
                    new SqlParameter("@pxsj",TxtYear.Text),
                    new SqlParameter("@pxxm",TxtProject.Text),
                    new SqlParameter("@pxqb",TxtQb.Text),
                    new SqlParameter("@yjje",TxtCost.Text),
                    new SqlParameter("@begindate",TxtBegin.Text),
                    new SqlParameter("@enddate",TxtEnd.Text),
                    new SqlParameter("@pxid",TextBox5.Text)
                   };
         SqlHelper.ExecuteSql(updateSql, para);
          BtnSave.Text = "保存";
    }
    Binddata();
}
/// <summary>
/// 在 GridView 中单击"修改"按钮时，读取当前行的培训信息在文本框中显示
/// </summary>
/// <param name="sender"></param>
/// <param name="e"></param>
protected void GridView1_SelectedIndexChanged(object sender, EventArgs e)
{
    TxtYear.Text = GridView1.SelectedRow.Cells[1].Text;
    TxtProject.Text = GridView1.SelectedRow.Cells[2].Text;
    TxtQb.Text = GridView1.SelectedRow.Cells[3].Text;
    TxtBegin.Text = GridView1.SelectedRow.Cells[4].Text;
    TxtEnd.Text = GridView1.SelectedRow.Cells[5].Text;
TxtCost.Text = GridView1.SelectedRow.Cells[6].Text;
//保存要修改的培训信息 ID 号
    TextBox5.Text = GridView1.SelectedRow.Cells[0].Text;
    BtnSave.Text = "保存修改";
}
```

```
/// <summary>
/// 切换页码
/// </summary>
/// <param name="sender"></param>
/// <param name="e"></param>
protected void GridView1_PageIndexChanging1(object sender,
GridViewPageEventArgs e)
{   //下一页
    GridView1.PageIndex = e.NewPageIndex;
    Binddata();
}
```

10.3.4　学员报名

在当前网站项目中添加新的 Web 窗体页面(pxbm.aspx)，设计视图如图 10-15 所示，管理员角色的用户才能访问该页面，主要完成学员报名信息的填报。

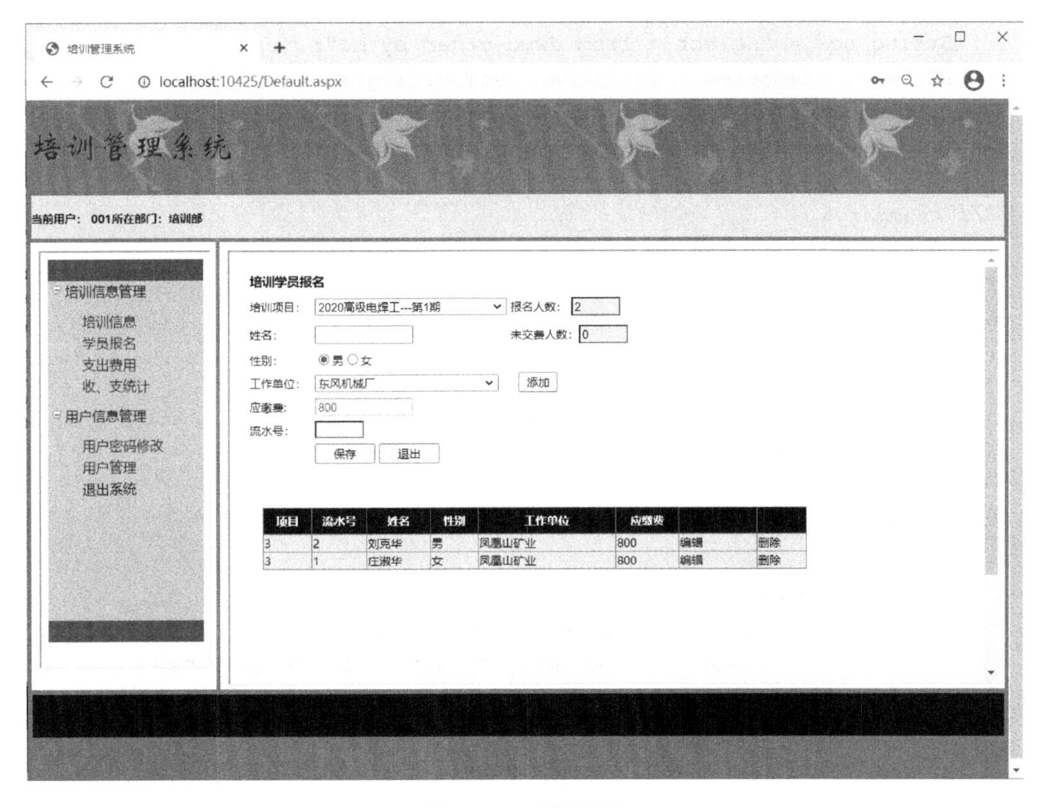

图 10-15　学员报名

页面加载时，判断 Session["role"]对象变量是否为空，若不为空，则调用 BindPxxx()方法获取所有的培训项目信息，填充到培训项目下拉列表，调用 BindDDLdw()方法读取单位名称信息填充到单位信息下拉列表。主要代码如下：

```
protected void Page_Load(object sender, EventArgs e)
{
```

```
    if (!IsPostBack)
    {
        if (Session["role"] == null)
            Response.Redirect("Login.aspx");
        else
        {
            BindPxxx();  //填充培训信息下拉列表框
            BindDDLdw(); //填充单位信息下拉列表框
        }
    }
}
/// <summary>
/// 将工作单位信息在下拉列表框中显示
/// </summary>
void BindDDLdw()
{
    DDLDwmc.Items.Clear();
    String sql = "select * from dwmc order by mc";
    DDLDwmc.DataSource = SqlHelper.GetTable(sql);
    DDLDwmc.DataTextField = "mc";//下拉列表显示的字段信息(单位名称)
    DDLDwmc.DataBind();
}
/// <summary>
/// 绑定培训项目信息下拉列表框
/// </summary>
public void BindPxxx()
{
    string pxxxsql = "select * from pxxx";
    DataTable dt = SqlHelper.GetTable(pxxxsql);
    string pxList;
    int i;
    for ( i = 0; i < dt.Rows.Count; i++)
    {
        pxList = dt.Rows[i]["pxsj"].ToString() +
                 dt.Rows[i]["pxxm"].ToString() +
                 "---第" + dt.Rows[i]["pxqb"].ToString() + "期";
        DDLPxxx.Items.Add(pxList);
        DDLPxxx.Items[i].Text = pxList;
        DDLPxxx.Items[i].Value = dt.Rows[i]["pxid"].ToString();
    }
    DDLPxxx.Items.Add(" ");
    DDLPxxx.Items[i].Text = "请选择培训项目";
    DDLPxxx.Items[i].Value = "-1";
    DDLPxxx.Items[i].Selected = true;
}
```

当在培训项目下拉列表中选择不同的培训项目时，在表格中显示相应培训项目的报名信息，同时显示该培训项目应缴费用，并统计当前培训项目已经报名的总人数和未缴费人数。代码如下：

```
protected void DDLPxxx_SelectedIndexChanged(object sender, EventArgs e)
{
    this.TxtPxid.Text = DDLPxxx.SelectedItem.Value;
    string pxxxjfje = "select yjje from pxxx where pxid=@pxid";
    SqlParameter[] p = { new SqlParameter("@pxid", TxtPxid.Text) };
    DataTable dt = SqlHelper.GetTable(pxxxjfje, p);
    TxtMoney.Text = dt.Rows[0][0].ToString();//显示该培训项目应缴金额
    if (DDLPxxx.Items[DDLPxxx.Items.Count - 1].Value == "-1")
        DDLPxxx.Items.RemoveAt(DDLPxxx.Items.Count - 1);
    GridDatabind();
}
///显示当前选中培训信息的报名信息
public void GridDatabind()
{
    string jbqksql = "select * from pxbmb where pxid=@pxid  order by lsh desc";
    SqlParameter[] p = { new SqlParameter("@pxid", TxtPxid.Text) };
    DataTable dt = SqlHelper.GetTable(jbqksql, p);
    GridView1.DataSource = dt;
    GridView1.DataKeyNames = new string[] { "id" };//主键
    GridView1.DataBind();
    int peopleCount = dt.Rows.Count;// 统计报名人数
    int noPayCount = 0; // 统计报名人数
    for (int i = 0; i < dt.Rows.Count; i++)
    {
        if (int.Parse(dt.Rows[i]["jfje"].ToString()) == 0)
            noPayCount += 1;
    }
    TxtNoPayCount.Text = noPayCount.ToString();
    TxtCount.Text = peopleCount.ToString();
}
```

学员信息填写完成后单击“保存”按钮，将学员信息保存在后台数据库中，同时生成报名流水号，并在流水号标签对应的文本框中显示，学员到财务部门缴费时只需报出流水号即可快速缴费。代码如下：

```
protected void BtnSave_Click(object sender, EventArgs e)
{
    string sex = "女";
    if (sexList1.SelectedIndex == 0)
        sex = "男";
    string sqlLsh = "select max(lsh) from pxbmb where pxid=@pxid";
    SqlParameter[] para = { new SqlParameter("@pxid", TxtPxid.Text) };
    int lsh = SqlHelper.ExecuteScalar(sqlLsh, para) + 1;  //返回报名流水号
    string sqlpxbm = @"insert into pxbmb (lsh,xm,xb,gzdw,jfje,pxid)values
```

```
                         (@lsh,@xm,@xb,@gzdw,@jfje,@pxid)";
        SqlParameter[] paraBm ={
                new SqlParameter("@lsh" ,lsh ),
                new SqlParameter("@xm" , TxtName.Text),
                new SqlParameter("@xb" ,sex ),
                new SqlParameter("@gzdw" ,DDLDwmc.SelectedValue.ToString()),
                new SqlParameter("@jfje" ,TxtMoney.Text),
               new SqlParameter("@pxid" ,TxtPxid.Text)
                };
        SqlHelper.ExecuteSql(sqlpxbm, paraBm);
        TxtLsh.Text = lsh.ToString();
        GridDatabind();
    }
```

10.3.5 培训项目支出费用登记

用户管理.mp4

在当前网站项目中添加新的 Web 窗体页面(pxcost.aspx)，设计视图如图 10-16 所示。培训项目在开展的过程中，会发生各种费用，如：教师酬金、教材费、宣传费、其他费用等，管理员登录后，选择某个培训项目，选择费用名称、金额、经办人和办理日期，将数据保存在后台数据库中。

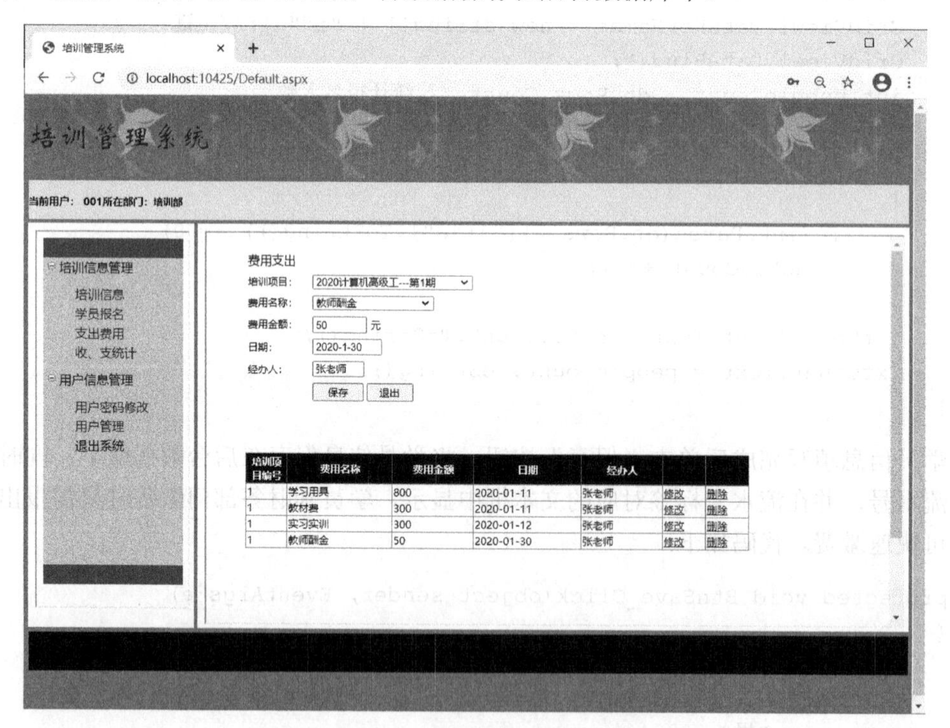

图 10-16　培训项目支出费用登记

页面加载时，判断 Session["role"]对象变量是否为空，若不为空，则调用 BindPxxx()方法获取所有的培训项目信息，填充到培训项目下拉列表，调用 GridDataBind ()方法读取当前培训项目已经发生的支出费用信息在表格中显示。主要代码如下：

```
protected void Page_Load(object sender, EventArgs e)
{
    if (!IsPostBack)
    {
        if (Session["role"] == null)
            Response.Redirect("Login.aspx");
        else
        {
            GridDataBind ();
            BindPxxx ();
        }
    }
}
private void GridDataBind ()
{
    string sqlPxcost = "select * from pxzcb where pxid=@pxid";
    SqlParameter[] para = { new SqlParameter("@pxid", TxtPxid.Text) };
    DataTable dt = SqlHelper.GetTable(sqlPxcost, para);
    GridView1.DataSource = dt;
    GridView1.DataKeyNames = new string[] { "id" };//在绑定时设置主键
    GridView1.DataBind();
}
/// <summary>
/// 设置培训项目信息
/// </summary>
public void BindPxxx ()
{
    string sqlPxxx = "select * from pxxx ";
    SqlParameter[] para = null;
    DataTable dt = SqlHelper.GetTable(sqlPxxx, para);
    string s;
    int i;
    for (i = 0; i <= dt.Rows.Count - 1; i++)
    {
        s = dt.Rows[i]["pxsj"].ToString() + dt.Rows[i]["pxxm"].ToString() +
"---第" + dt.Rows[i]["pxqb"].ToString() + "期";
        DDLPxxx.Items.Add(s);
        DDLPxxx.Items[i].Text = s;//使用组合框的 value 属性保存培训项目的 id 号
        DDLPxxx.Items[i].Value = dt.Rows[i]["pxid"].ToString();
    }
    DDLPxxx.Items.Add(" ");
    DDLPxxx.Items[i].Text = "请选择培训项目";
    DDLPxxx.Items[i].Value = "-1";
    DDLPxxx.Items[i].Selected = true;
}
///选择培训项目下拉列表时，调用 GridDataBind ()方法显示选中的培训项目的支出费用信息
protected void DDLPxxx_SelectedIndexChanged1(object sender, EventArgs e)
{
```

```
        TxtPxid.Text = DDLPxxx.SelectedItem.Value;
        Labelpxxm.Visible = false;
        if (DDLPxxx.Items[DDLPxxx.Items.Count - 1].Value == "-1")
            DDLPxxx.Items.RemoveAt(DDLPxxx.Items.Count - 1);
        GridDataBind ();
    }
```

10.3.6 培训项目收支统计

在当前网站项目中添加新的 Web 窗体页面(pxcostTotal.aspx)，在文本框中输入要统计的年份，单击“统计”按钮，将年度内开展的培训项目的信息、缴费合计、支出合计和人数显示在表格中。设计视图如图 10-17 所示，主要代码如下：

```
protected void BtnSearch_Click(object sender, EventArgs e)
{
   if (TxtYear.Text.Trim() == "")
       return;
    string sql = @"select a.* ,b.* ,c.* from  pxxx a,  (select pxid,sum(fyje)
pxzc from pxzcb group by pxid) c   right join  (select pxid,
sum(jfje)jfhj,count(*) peoplecount  from pxbmb group by pxid) b on
c.pxid=b.pxid   where  a.pxid=b.pxid  and a.pxsj=@pxsj";
     SqlParameter[] para = { new SqlParameter("@pxsj", TxtYear.Text) };
     GVPxTotal.DataSource = SqlHelper.GetTable(sql, para);
     GVPxTotal.DataBind();
 }
```

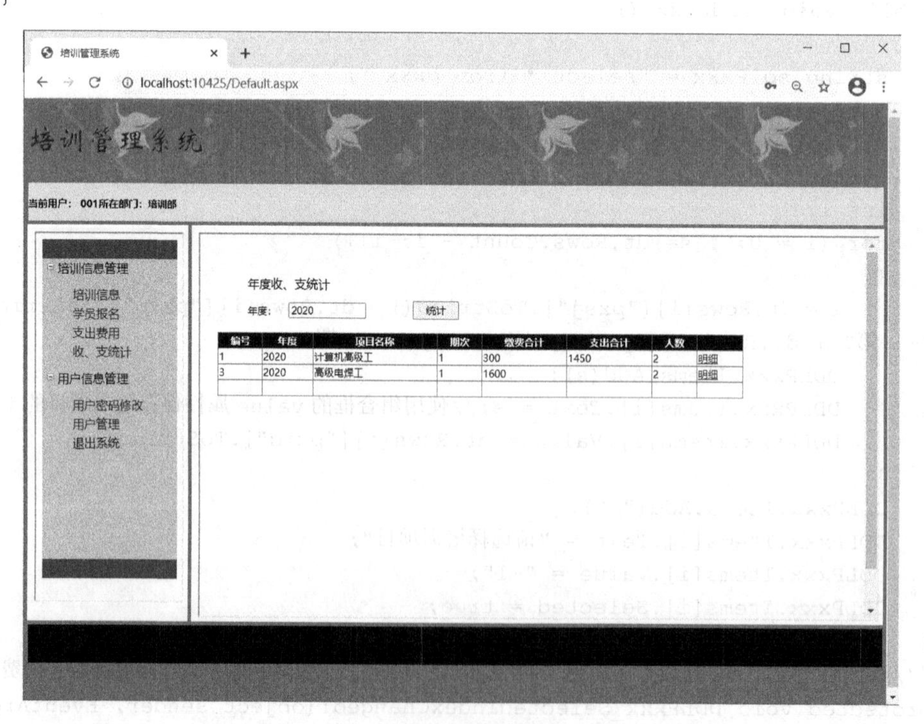

图 10-17　年度收支统计

单击图 10-17 所示的表格某行的“明细”超链接，该培训项目收入明细和支出明细分别在表格中显示。设计视图如图 10-18 所示，主要代码如下：

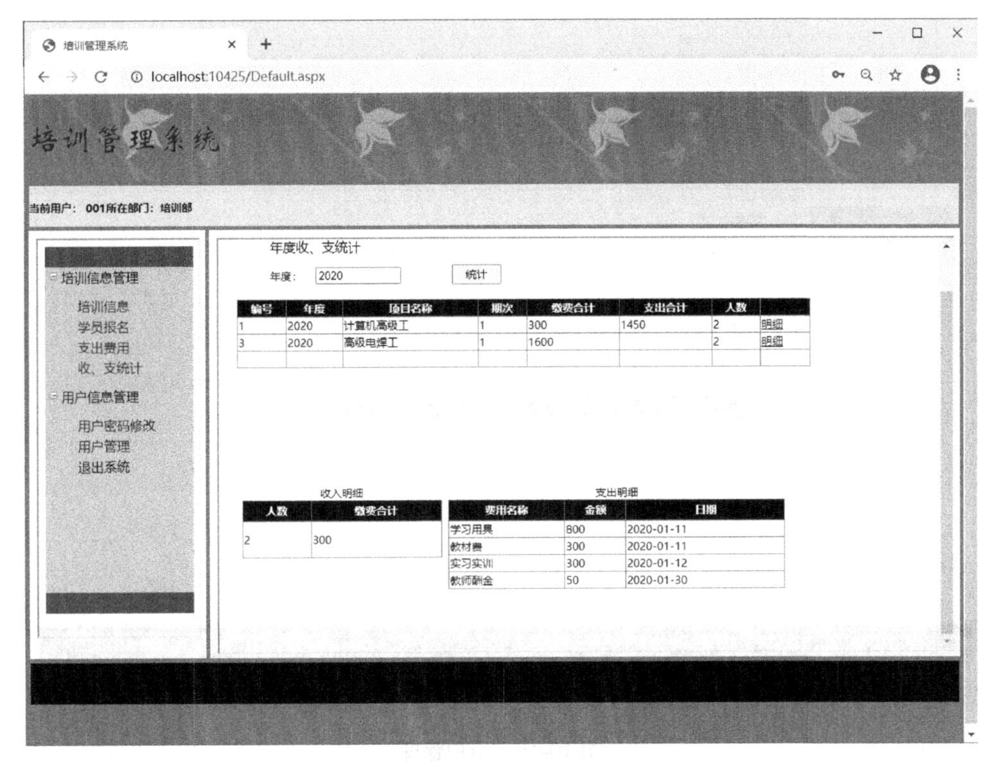

图 10-18　收支明细

```
protected void GVPxTotal_SelectedIndexChanged(object sender, EventArgs e)
{
    //显示培训项目的收费情况、报名情况
    string _pxid = GVPxTotal.SelectedRow.Cells[0].Text;
    string pxIncome = @"select * from (select pxid ,sum(jfje) jfhj
                    from pxbmb  where pxid=@pxid group by pxid) a,
                    (select pxid,count(*) Peoplesum  from pxbmb
                    where pxid=@pxid  group by pxid) b
                    where a.pxid=b.pxid";
     SqlParameter[] para = { new SqlParameter("@pxid", _pxid) };
     GVIncome.DataSource = SqlHelper.GetTable(pxIncome, para);
     GVIncome.DataBind();
     string pxPaySql = "select * from pxzcb where pxid=" + _pxid;
     GVSpend.DataSource = SqlHelper.GetTable(pxPaySql);
     GVSpend.DataBind();
}
```

10.3.7　用户管理

在当前网站项目添加新的 Web 窗体页面(createuser.aspx)，设计视图如图 10-19 所示，管理员角色的用户才能访问该页面，主要完成新用户的添加和原有用户的删除。

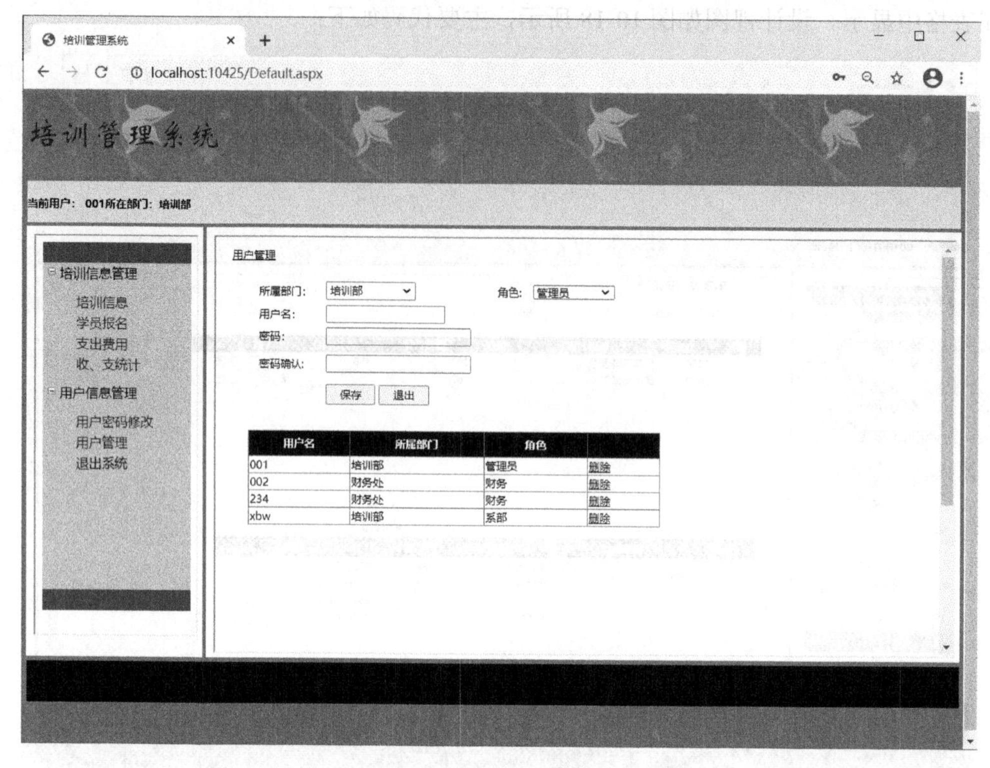

图 10-19 用户管理

页面加载时，判断 Session["role"]对象变量是否为空，若不为空，则调用 Gridbind ()方法获取所有用户信息在表格中显示。主要代码如下：

```
protected void Page_Load(object sender, EventArgs e)
{
    if (!IsPostBack)
    {
        if (Session["role"] == null)
            Response.Redirect("Login.aspx");
        else
            Gridbind();
    }
}
void Gridbind()
{
    string sql = "select * from userinfo";
    GridView1.DataSource = SqlHelper.GetTable(sql);
    GridView1.DataKeyNames = new string[] { "username" };//主键
    GridView1.DataBind();
}
```

单击“保存”按钮，判断两次输入的口令是否一致，如果不一致则不能保存数据。代码如下：

```
protected void BtnSave_Click(object sender, EventArgs e)
{
    if (TxtPwd.Text != TxtPwdAgain.Text)
          return;
     string sql = "select count(*) from userinfo where username=@username";
     SqlParameter[] para = {
                      new SqlParameter("@username", TxtUserName.Text) };
    if (SqlHelper.ExecuteScalar(sql, para) > 0)
    {
        LblnameMessage.Visible = true;
        TxtUserName.Focus();
        return;
    }
    else
       LblnameMessage.Visible = false;
string InsSql = @"insert userinfo(username,password,department,role)
                    values(@username,@password,@department,@role)";
    SqlParameter[] p ={
                    new SqlParameter("@username",TxtUserName.Text),
                    new SqlParameter("@password",TxtPwd.Text),
                    new SqlParameter("@dcpartmcnt",DDLDcparent.Text),
                    new SqlParameter("@role",DDLRole.Text)
                };
    SqlHelper.ExecuteSql(InsSql, p);
    Gridbind();
}
///删除用户
protected void GridView1_RowDeleting(object sender,
GridViewDeleteEventArgs e)
{
    string userName = GridView1.DataKeys[e.RowIndex].Value.ToString();
    string deleSql = "delete from userinfo where username=@username";
    SqlParameter[] para = { new SqlParameter("@username", userName) };
    SqlHelper.ExecuteSql(deleSql, para);
    Gridbind();
}
```

10.3.8 密码修改

在当前网站项目添加新的 Web 窗体页面(usermanager.aspx)，设计视图如图 10-20 所示，任何角色的用户都可以访问该页面，主要完成用户密码的修改。

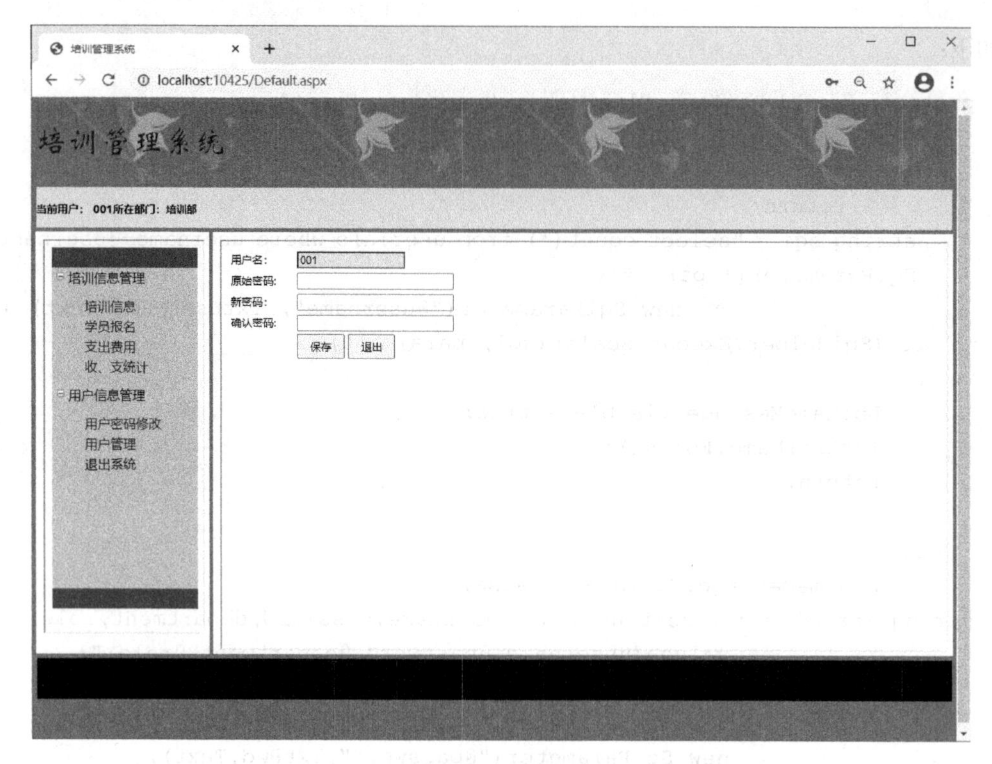

图 10-20　密码修改

为了确保用户只能修改本人的口令，在用户登录时，会使用 Session["Username"]保存登录用户的用户名，图 10-20 所示的界面中，用户名对应的文本框中显示的就是 Session["Username"]的值，不能修改。代码如下：

```
protected void Page_Load(object sender, EventArgs e)
{
    if (!IsPostBack)
    {
        if (Session["Username"] == null)
            Response.Redirect("login.aspx");
        else
            TxtUsername.Text = Session["Username"].ToString();
    }
}
```

保存时，要先判断用户的原始口令输入是否正确，如果不正确则返回，如果正确则再判断两次输入的新口令是否一致，新口令一致则保存数据到后台数据库。代码如下：

```
protected void BtnSave_Click(object sender, EventArgs e)
{
    string sql = "select * from usermanager where username=@username";
    SqlParameter[] para = {
                    new SqlParameter("@username", TxtUsername.Text) };
    DataTable dt = SqlHelper.GetTable(sql, para);
    if (dt.Rows[0]["password"].ToString().Trim() != TxtOldpassword.Text)
```

```
    {
        LblOldmsg.Visible = true;
        TxtOldpassword.Focus();
        return;
    }
    else
        LblOldmsg.Visible = false;
    if (TxtNewpassword.Text != TxtNewpasswordAgain.Text)
    {
        LblNewmsg.Visible = true;
        TxtNewpasswordAgain.Focus();
        return;
    }
    else
        LblNewmsg.Visible = false;
    string saveSql = @"update usermanager set password=@passord  where
                     username=@username";
    SqlParameter[] p = {
                     new SqlParameter("@username", TxtUsername.Text),
                     new SqlParameter("@passord", TxtNewpassword.Text)
                     };
    SqlHelper.ExecuteSql(saveSql, p);
}
```

10.4 习　　题

选择题

(1) 在下列选项中，不是 Page 指令的属性的是(　　)。

A. CodeFile　　B. Inherits

C. Namespace　　D. Language

(2) 下面对状态保持对象的说法错误的是(　　)。

A. Session 对象是针对单一会话的，可以用来保存对象

B. Cookie 保存在浏览器端，若没设置 Cookie 的过期时间，在关闭当前会话的相关浏览器后 Cookie 丢失

C. Application 是应用程序级的，所有浏览器端都可以获取到 Application 中保存的信息

D. Session 对象保存在浏览器端，容易丢失

(3) 在 ADO. NET 中，对于 Command 对象的 ExecuteNonQuery()方法和 ExecuteReader()方法，下列叙述中错误的是(　　)。

A. Insert、Update、Delete 等操作的 SQL 语句主要用 ExecuteNonQuery()方法来执行

B. ExecuteNonQuery() 方法返回执行 SQL 语句所影响的行数

C. Select 操作的 SQL 语句只能由 ExecuteReader()方法来执行

D. ExecuteReader()方法返回一个 DataReader 对象

(4) 下列关于用户控件的说法错误的是(　　)。

A. 用户控件以.ascx 为扩展名，可以在 ASP.NET 布局代码中重用

B. 用户控件不能在同一应用程序的不同网页上使用

C. 用户控件使用@Control 指令

D. 用户控件是一种自定义的组合控件

(5) 关于 GridView 的使用，下列说法中错误的是(　　)。

A. GridView 会生成以表格布局的列表

B. GridView 内置了分页、排序以及增、删、改、查等功能

C. 在给 GridView 设置数据源时可以指定该控件的 DataSourceID 为某数据源控件的 ID

D. 在给 GridView 设置 DataSource 属性后必须调用 DataBind()方法，且 DataSource 和 DataSourceID 不可以同时指定

10.5 上机实验

(1) 设计一个简单的培训新闻发布系统，要求前台能展示培训项目的开班信息列表、浏览培训项目信息内容。

(2) B/S 模式的开发中，为了防止用户不登录而直接访问某个页面，需要在每个页面加载时进行 Session 对象的验证来判断该用户是否为非法登录用户。代码如下：

```
if (Session["role"] == null)
    Response.Redirect("Login.aspx");
```

思考：如何使用面向对象的设计思想将上面的代码进行封装，避免代码的重复？

附录　常用 SQL 查询语句

1．基本查询语句

1)　查询所有列

select * from 表名

例：select * from classes;

2)　查询指定列

select 列 1，列 2，...from 表名

例：select id,name from classes;

2．数据插入语句

说明：主键列是自动增长，但是在全列插入时需要占位，通常使用空值(0 或者 null)；字段默认值 default 来占位，插入成功后以实际数据为准。

(1)　全列插入：值的顺序与表结构字段的顺序完全一一对应，此时字段名列表可省略。

insert into 表名 values (...)

例：insert into students values(0, '郭靖',1,'蒙古','2016-1-2');

(2)　部分列插入：值的顺序与给出的列顺序对应。此时需要根据实际的数据的特点填写对应字段列表。

insert into 表名 (列 1,...) values(值 1,...)

例：insert into students(name,hometown,birthday) values('黄蓉','桃花岛','2016-3-2');

上面的语句一次可以向表中插入一行数据，还可以一次性插入多行数据，这样可以减少与数据库的通信。

(3)　全列多行插入。

insert into 表名 values(...),(...)...;

例：insert into classes values(0,'python1'),(0,'python2');

(4)　部分列多行插入。

insert into 表名(列 1,...) values(值 1,...),(值 1,...)...;

例：insert into students(name) values('杨康'),('杨过'),('小龙女');

3．数据修改语句

update 表名 set 列 1=值 1,列 2=值 2... where 条件

例：update students set gender=0,hometown='北京' where id=5;

4．数据删除语句

delete from 表名 where 条件

例：delete from students where id=5;

逻辑删除，本质就是修改操作。

update students set isdelete=1 where id=1;

5．as 关键字

使用 as 给字段起别名。

select id as 序号, name as 名字, gender as 性别 from students;

6．条件语句

where 后面支持多种运算符，进行条件的处理。

例：查询编号大于 3 的学生。

select * from students where id > 3;

例：查询编号不大于 4 的学生。

select * from students where id <= 4;

例：查询姓名不是“黄蓉”的学生。

select * from students where name != ‘黄蓉’;

例：查询没被删除的学生。

select * from students where is_delete=0;

例：查询编号大于 3 的女同学。

select * from students where id > 3 and gender=0;

例：查询编号小于 4 或没被删除的学生。

select * from students where id < 4 or is_delete=0;

7．模糊查询

查询语句中加入 like 关键字。%表示任意多个任意字符，_表示一个任意字符。

例：查询姓黄的学生。

select * from students where name like ‘黄%’;

例：查询姓黄并且“名”是一个字的学生。

select * from students where name like ‘黄_’;

例：查询姓黄或叫靖的学生。

select * from students where name like ‘黄%’ or name like ‘%靖’;

8．范围查询

范围查询分为连续范围查询和非连续范围查询。in 表示在一个非连续的范围内，between … and …表示在一个连续的范围内。

例：查询编号是 1 或 3 或 8 的学生。

select * from students where id in(1,3,8);

例：查询编号为 3 至 8 的学生。

select * from students where id between 3 and 8;

例：查询编号是 3 至 8 的男生。

select * from students where (id between 3 and 8) and gender=1;

9．空判断

1) 判断为空 is null

例：查询没有填写身高的学生。

select * from students where height is null;
注意：　null 与‘　’是不同的。
2)　判非空 is not null
例：查询填写了身高的学生。
select * from students where height is not null;
例：查询填写了身高的男生。
select * from students where height is not null and gender=1;

10．排序

排序查询语法：
select * from 表名 order by 列 1 asc|desc [,列 2 asc|desc,...]
语法说明：将行数据按照列 1 进行排序，如果某些行 列 1 的值相同时，则按照 列 2 排序，以此类推。asc 从小到大排列，即升序；desc 从大到小排序，即降序。默认按照列值从小到大排列(即 asc 关键字)。
例：查询未删除男生信息，按学号降序。
select * from students where gender=1 and is_delete=0 order by id desc;
例：查询未删除学生信息，按名称升序。
select * from students where is_delete=0 order by name;
例：显示所有的学生信息，先按照年龄从大到小排序，当年龄相同时，按照身高从高到矮排序。
select * from students　order by age desc,height desc;

11．聚合函数

1)　总数
count(*) 表示计算总行数，括号中写星与列名，结果是相同的。
例：查询学生总数。
select count(*) from students;
2)　最大值
max(列) 表示求此列的最大值。
例：查询女生的编号最大值。
select max(id) from students where gender=2;
3)　最小值
min(列) 表示求此列的最小值。
例：查询未删除的学生最小编号。
select min(id) from students where is_delete=0;
4)　求和
sum(列) 表示求此列的和。
例：查询男生的总年龄。
select sum(age) from students where gender=1;
例：查询男生的平均年龄。

select sum(age)/count(*) from students where gender=1;

5)　平均值

avg(列) 表示求此列的平均值。

例：查询未删除女生的编号平均值。

select avg(id) from students where is_delete=0 and gender=2;

习 题 答 案

请扫二维码获取习题答案。

参考文献

[1] 许礼捷等. ASP.NET 程序设计项目教程[M]. 北京：电子工业出版社，2016.

[2] 李军. 动态网页设计(ASP.NET)[M]. 北京：高等教育出版社，2019.

[3] 涂俊英. ASP.NET 程序设计案例教程[M]. 北京：清华大学出版社，2019.

[4] 徐占鹏等. ASP.NET 程序设计[M]. 北京：高等教育出版社，2017.

[5] 董义革等. ASP.NET 网站建设项目实战[M]. 北京：北京邮电大学出版社，2014.

[6] 催连和. ASP.NET 网络程序设计[M]. 北京：中国人民大学出版社，2010.